宋英杰　主编

二十四节气研究文集

（2023 年）

气象出版社
China Meteorological Press

内 容 简 介

本书汇集了中国天气·二十四节气研究院2023年度完成的主要科研论文。论文从跨学科、跨民族、跨国界的角度，通过大量科学数据统计分析与丰富的史料梳理，研究了二十四节气相关科学和文化问题，研究领域涵盖气候学、天文学、民俗学、历史学、文学、物候学、美术等多个学科，论述严谨，图文并茂，兼具科研与科普价值。本论文集是对二十四节气文理贯通的研究范式的系统呈现，对拓展二十四节气研究的广度和深度具有重要价值，适合从事相关研究的专业人员和对二十四节气科学文化知识感兴趣的普通读者阅读参考。

图书在版编目（CIP）数据

二十四节气研究文集. 2023年 / 宋英杰主编. -- 北京 : 气象出版社, 2024.5
ISBN 978-7-5029-8194-5

Ⅰ. ①二… Ⅱ. ①宋… Ⅲ. ①二十四节气一文集
Ⅳ. ①P462-53

中国国家版本馆CIP数据核字(2024)第092760号

审图号：GS京(2024)0798号

二十四节气研究文集(2023年)

Ershisi Jieqi Yanjiu Wenji(2023 Nian)

出版发行：气象出版社
地　　址：北京市海淀区中关村南大街46号　邮政编码：100081
电　　话：010-68407112(总编室)　010-68408042(发行部)
网　　址：http://www.qxcbs.com　E-mail：qxcbs@cma.gov.cn
责任编辑：胡育峰　杨　辉　终　　审：吴晓鹏
责任校对：张硕杰　责任技编：赵相宁
封面设计：追韵文化
印　　刷：北京建宏印刷有限公司
开　　本：787 mm×1092 mm　1/16　印　　张：18.75
字　　数：260千字
版　　次：2024年5月第1版　印　　次：2024年5月第1次印刷
定　　价：95.00元

《二十四节气研究文集(2023 年)》编委会

序

二十四节气是中华民族无比丰富的优秀遗产中的重要计时方式之一。

包括人在内的一切实在的事物都存在于永恒的运动、变化当中，而用以表征事物运动和变化的，便是时间。

时间本身并不是实在的客观对象，只是实在事物的存在方式，是物质运动、变化的持续性、顺序性的标志，是人类用以描述物质运动过程或事件发生过程的一个维度。

描述时间需要找到相应的参照物，以便于认识和说明实在的事物。这个参照物必须满足几个必要的条件：首先，具有最大程度不受外界事物影响而长久一致的永恒性，并具有能够为所有人和所有时代共同认知的普适性；其次，具有可以裁切为衡量尺度的周期循环性。为了满足这些要求，地球、月亮和太阳，特别是地球自转的周期、月球绕地球的周期、地球绕太阳的周期等就成为优选的参照物，于是有了日、月、年等时间计量系统。当然，在日以下还有小时、分、秒等时间单位。而在秒以下，还存在一系列的微小时间单位，其中有些仍然保留在我们今天的日常用语当中，例如“刹那”“瞬间”“弹指”“须臾”等。

在时间计量体系方面，中国古人多有发明，传承给了我们极为丰富的文化遗产。例如，《史记·太史公自序》有言：“夫阴阳四时、八位、十二度、二十四节各有教令。”

四时，亦称四季，即春、夏、秋、冬，古人分别以四象加以阐释，形成季节计时体系：青龙春季、朱雀夏季、白虎秋季、玄武冬季，春种夏长秋收冬藏，万世序进、有条不紊。

我们至今还在许多场合沿用着天干地支的计时传统，将十天干与十二地支相互配合，作为年、月、日、时的时间计算参数。最常用的是以 60 年为一个甲子，干支相配循环记录时间。另外，又取十二地支，配以12种动物，标志为每个人的生年属相，称作十二生肖。

二十四节气是中华民族传承久远的时间制度。中国古人将太阳周年运动轨迹划分为24等份，每一等份为一个节气，统称“二十四节气”，同时又将每个节气划分为三候，共计“七十二候”。二十四节气以五日为候，三候为气，六气为时，四时为岁，循环往复、周而复始，指导一年稼穑，成为农耕社会生产生活的时间指南。

在以上时间计算体系当中，最有特点的当属二十四节气这一计时方式。虽然诸多民族特别是各早期文明古国都有名称不同的关于春分、夏至、秋分、冬至的时间认知，但是将太阳周年运动轨迹详细分解为二十四节气，并进一步以黄河流域的地理、气候、物候和自然景象总结细化成七十二候，则是我国古人留给我们的宝贵非物质文化遗产，同时也是对整个人类的杰出文化贡献。其突出优长十分鲜明。

首先，这是我国古代天文学家对自然运行规律进行深入观察、探测和研究的科学总结和伟大成就。地球人感念伟大的太阳，它给了我们光明、温暖和人类存在不可或缺的条件，因此，地球同太阳的关联，就成为我们不断探索的重要课题，二十四节气正是这种探索的优秀成果。

其次，因为有了这种探索，在保护传承二十四节气的过程中，为加强建设人类命运共同体，我们会更加关注、感恩太阳和地球。我们把地球看成是人类生存的摇篮，诗人郭沫若的白话诗名篇的题目就是《地球，我的母亲》，热爱自然，尊重自然，关心自然，保护自然，像保护母亲一样，特别用心地保护地球、保护人类共同生存的摇篮，成为我们刻不容缓的紧要任务。

再次，二十四节气是我国古代用来指导农事活动的历法补充。在广袤的中华大地上，各地民众根据不同的现实条件，因地制宜地运用二十四节气的计时方式，安排各自的农事活动和日常生活，这是一部生产生活的时间指南。

最后，中华民族是一个情感丰富、知礼仪、讲道德、情操高尚、热爱生活的民族，二十四节气为我们提供了一个敬畏自然、热爱群体、完善修为、抒发情感的极好场域。当每个节气到来的时候，很多地方都会举行相应的节庆仪式和活动，比如“立春鞭春牛”，以策励农耕、兆示丰稔；清明祭扫，追怀先人，表达感恩之情；山西稷山在秋分“开杆”，收获板枣、庆祝丰收；冬至日，北方地区吃饺子，南方地区吃汤圆、糍粑，驱除冬寒、祝福健康；等等。我们这个民族的情感、道德和文化观念在二十四节气的时间体系里得到了充分彰显。

归根结底，我们每个人都生活在二十四节气的反复循环当中，它记录着我们生命的轨迹，是我们每个人生命历程的“年轮”。同时，在一定意义上，二十四节气也是整个人类发展进程的“年轮”以及地球的“年轮”。

因此，对于二十四节气的关注、研究、传承和保护，必然就是我们光荣而神圣的责任。

宋英杰是中央电视台天气预报节目主持人，是深受广大观众喜爱的“气象先生”，还是二十四节气科学与文化融合研究的专家。宋英杰先生带领的中国天气·二十四节气研究院有一批年轻学者，他们有志向、有追求、有胸怀、有热情，在探索二十四节气的奥秘及其对中华民族现实生活的价值意义方面，努力贡献自己的智慧和心力，在研究方面多有心得、多有创见。各位读者手中的这部文集就是他们的研究成果之一。

谨此，我衷心祝愿这些青年才俊前程似锦，为中华民族的生活美好作出更大贡献。

中国社会科学院荣誉学部委员
二十四节气保护传承联盟荣誉理事长、学术委员会主任 刘魁立

2023 年 11 月

刘魁立

中国社会科学院荣誉学部委员

二十四节气保护传承联盟荣誉理事长、学术委员会主任

前 言

United Nations Educational, Scientific and Cultural Organization

Intangible Cultural Heritage

Convention for the Safeguarding of the Intangible Cultural Heritage

The Intergovernmental Committee for the Safeguarding of the Intangible Cultural Heritage has inscribed

The Twenty-Four Solar Terms, knowledge in China of time and practices developed through observation of the sun's annual motion

on the Representative List of the Intangible Cultural Heritage of Humanity upon the proposal of China

Inscription on this List contributes to ensuring better visibility of the intangible cultural heritage and awareness of its significance, and to encouraging dialogue which respects cultural diversity

Date of inscription
30 November 2016

Director-General of UNESCO
Irina Bokova

联合国教科文组织 2016 年 11 月 30 日颁发的二十四节气人类非遗证书

什么是二十四节气？

根据 2016 年中国政府代表团参加联合国教科文组织保护非物质文化遗产政府间委员会第十一届常会时的项目申报介绍，二十四节气是“中国人通过观察太阳周年运动而形成的时间知识体系及其实践”。

所以，二十四节气不是迷信，不是玄学，而是基于“天文之学”的“人文之学”。

以气象科学的视角，二十四节气是将“天上的时间”折算为“地上的时间”，是中国古人创制的简明气候历，是对气候密码的中国式破译。

由北斗指时到“四立”定季，确定了中国独特的四季划分方案，中国走出了有别于其他文明古国的时间体系发展路径。由“四时八节”到二十四节气，中国形成了对气候节律的精确辨识。节气序列，体现着太阳的回归周期；节气尺度，体现着月亮的朔望周期。中国人“跟着节气过日子”的理念，体现的是顺天应时，是对日月之行的依循。

北斗七星指时——春

隰桑有阿，其叶有沃。

既见君子，云何不乐！

——《诗经·隰桑》

北斗七星指时——夏

雄雉于飞，下上其音。

展矣君子，实劳我心。

——《诗经·雄雉》

北斗七星指时——秋

野有蔓草，零露瀼瀼。

有美一人，婉如清扬。

——《诗经·野有蔓草》

北斗七星指时——冬

北风其喈，雨雪其霏。

惠而好我，携手同归。

——《诗经·北风》

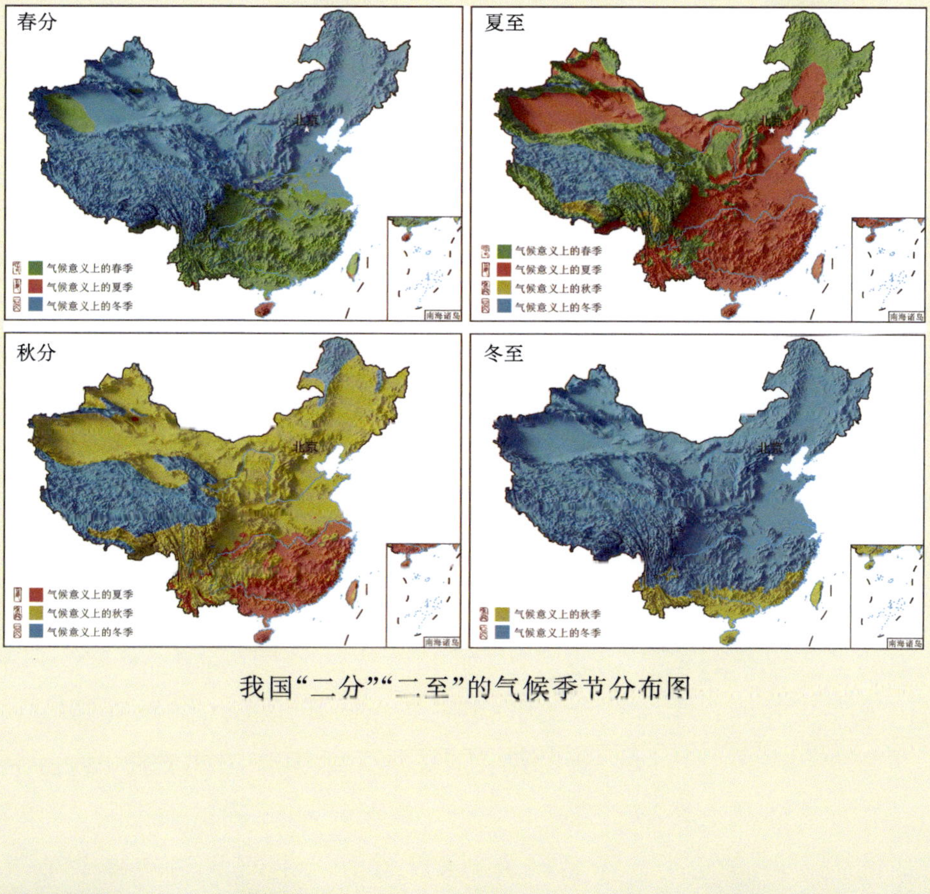

我国“二分”“二至”的气候季节分布图

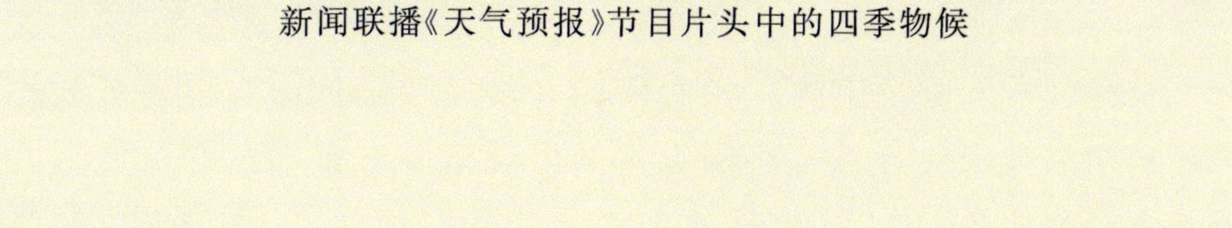

新闻联播《天气预报》节目片头中的四季物候

同时，表征气候的二十四节气又通常是以物候情节的方式进行降维表达和破圈传播的。人们通过大地之封解、候鸟之来去、蛰虫之启闭、草木之枯荣解读时光的流转。在此基础上，人们建构着耕耘稼穑、起居生养的文化体系，进而形成了超越国界的节气文化圈，实现了二十四节气的人类文化共享。

二十四节气是科学与文化的集成体，每个相关的自然学科和人文学科都需要加持，通过融合研究，挖掘人文现象背后的科学逻辑，梳理科学规律之上的人文响应。

中国天气·二十四节气研究院以二十四节气的当代活态传承为己任，聚焦二十四节气科学与文化的融合研究。这本论文集，积聚了我们2023年度多个学科的研究成果。难的选题，不惧其难；小的选题，不嫌其小。

例如，本文集中的论文《二十四节气气候时段的伸缩与漂移》要解决的是气候变化背景下，节气天文时间相对固定的情况下，如何刻画各地的节气气候时间变迁的问题，研究形成的节气气候时间算法已获得国家发明专利；《由古代日影长度记录推算观测年代与地理纬度》是在文献学和考古学难以企及的情况下，以天文学算法追溯中国古人最初是在什么年代、什么纬度进行冬至、夏至日影观测的；《基于气候和物候的二十四节气英文译名研究》涵盖了对二十四节气的每个节气、七十二候的每个候应名称的英译，该英译版本已作为团体标准发布施行；《基于方志的冬至食俗的地图化呈现路径研究》是通过抓取明清以来的方志信息，探索节气饮食习俗的地图化集成呈现。

还有一些选题，看似“很小”“很冷”，例如古人所说的阴气、阳气该怎么量化？古人所设定的三伏时段的气候逻辑是什么？小满节气的“满”最初的含义是什么？小阳春气候出现概率有多高？立秋之后的回热天气为什么叫作“秋老虎”？这些选题我们也力求以科学和文化的完整证据链进行推演。

在路上，不断发现问题、解析问题的感觉，真好！

二十四节气，
充盈着科学的雨露，
洋溢着文化的馨香；
既在我们的居家日常，
也是我们的诗和远方。

中国天气·二十四节气研究院副院长
二十四节气保护传承联盟学术委员会委员　宋英杰

2023年12月

目 录

二十四节气气候时段的伸缩与漂移（二）

隋伟辉[1]，宋英杰[1]，信欣[2]，王也[2]

（1 中国天气·二十四节气研究院，北京 100081；2 华风气象传媒集团，北京 100081）

摘要：二十四节气是中国人类非物质文化遗产，是表征气候态和气候节律的时间体系，然而在气候变化背景下，节气气候时段与节气天文时段不吻合甚至严重背离的情况已经越来越普遍地影响到公众和社会对于二十四节气的科学应用和文化传承。本文依据现行的定气法规制，确立二十四节气的太阳周年视运动即各个节气按照黄经等分方法，计算确定二十四节气精确到日的节气天文时段，选取国家级地面观测站 1961—1990 年日平均气温，分析该气候期二十四节气天文时段的气温变化特征，据此匹配设定为气候基准期节气天文时段特征阈值，基于阈值判断解析 1991—2020 年气候变化背景下节气气候时段与气候基准期节气天文时段的偏离程度即伸缩（节气时段长短变化）、漂移（节气时段日期偏离），从而提供准确的科学量化的节气气候时段变化依据。

关键词：二十四节气；节气天文时段；节气气候时段；伸缩；漂移；气候变化

1 引言

1.1 二十四节气创立发展历史概况

二十四节气于2016年被联合国教科文组织列入人类非物质文化遗产代表作名录。中国的二十四节气体系始于先秦，起源于人们对天象的观察。古人严格按照太阳的坐标位置确定节气，并参照月相变化节律，以阴阳合历的方式，在寒来暑往和朔望盈亏的节律中界定时间，因此节气的定义可完善为“二十四节气是中国古人观察太阳周年运动，并参照月相节律而形成的知识体系及应用实践”。

二十四节气从创立、发展到完善，经历了漫长的过程，其内涵在传承过程中不断丰富。从“二至”“二分”到立春、立夏、立秋、立冬的8个节气首见于《左传》，到节气体系完备见于《淮南子·天文训》。公元前104年，西汉武帝颁布《太初历》，节气进入国家历法。或经汉代改易或增附的战国古籍《逸周书》的名篇《时训解》中开始出现代表节气与自然物候对应规律的七十二候。二十四节气的发展从最初的天文学范畴进入了气候和物候学领域，并可分为6个类别（表1）。

表1 二十四节气分类

节气类别	节气名称	数量/个
天文类节气	春分、夏至、秋分、冬至	4
季节类节气	立春、立夏、立秋、立冬	4
寒暑类节气	小暑、大暑、处暑、小寒、大寒	5
物候类节气	惊蛰、小满、芒种	3
天气与物候复合类节气	清明、谷雨	2
水汽状态类节气	雨水、白露、寒露、霜降、小雪、大雪	6

古代节气的社会地位既有官方立法的权威性，又有民间应用的普遍性，进而能够指导农业生产及社会生活秩序，是中国古人创制的简明气候历，以天文界定时间节点，在此基础上匹配与这个时间节点相

应的核心气候要素特征（如季节更迭时段、寒暑极致时段、初霜初雪时段、冰始融、水始冰等）。

1.2 气候变化背景

以上海为例，最近的百年间年代际气温对比，20 世纪头 10 年的平均气温是 15.13 ℃，21 世纪头 10 年跃升到了 17.85 ℃（图 1）。2021 年更是达到创纪录的 18.60 ℃！而北京最近的百年之间，冬季时长由原来的 169 d 减少到 134 d、夏季时长由原来的 83 d 增加到 131 d，夏冬时长比例从一个世纪前不足 50％到现在接近 100％（图 2）。

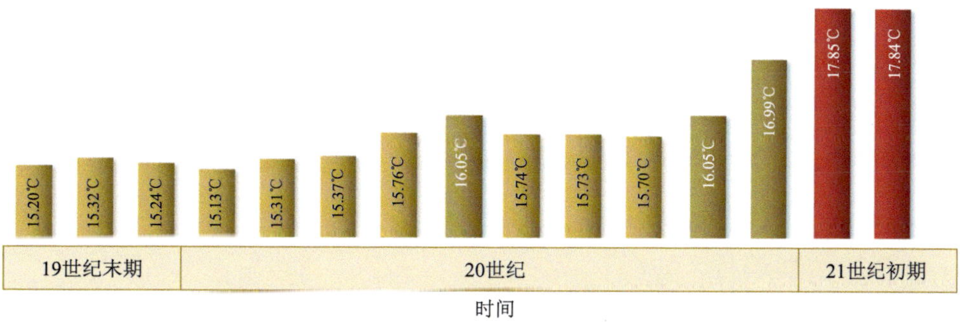

图 1　上海徐家汇观象台 1873—2021 年观测到的年代平均气温变化

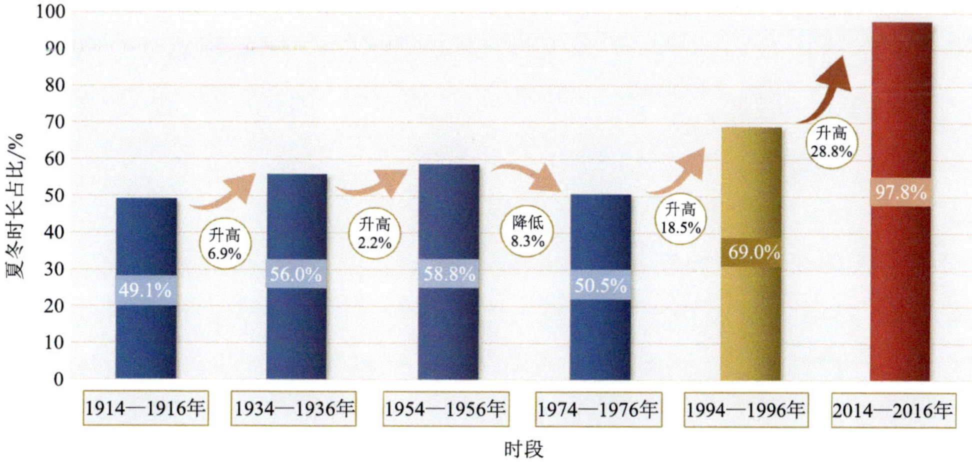

图 2　北京 1914—2016 年 6 个时段夏冬时长比例

1.3 节气气候变化的研究现状

学术界已有较多关于二十四节气气候特征、对农事的指导作用等相关研究，如李耀宁、侯亚红、沈姣姣等普遍是运用气象要素资料和统计方法，利用二十四节气相对固定的天文时段分析节气基本气候特征或不同背景气候变化特征[1-3]。钱诚等基于1960—2008年中国549个地面观测站资料、节气公历开始日期前后浮动天数，定义“气候学二十四节气”，揭示了二十四节气的气候状况已随全球变暖而发生变异，全国平均而言，与1961—1990年相比，1998—2007年早春到初夏阶段的气候学节气显著提前6～15 d，夏末到初冬阶段的气候学节气显著推迟5～6 d，大暑天数增加81%，大寒天数减少57%[4]。钱诚等基于北京1941—2016年、上海1874—2016年更长尺度的年平均气温分析得到二十四节气气温都呈现变暖趋势，极端冷事件（以大寒标准定义）均呈现显著的减少趋势，上海的极端热事件（以大暑标准定义）呈现显著的增多趋势[5]。

1.4 节气气候时段伸缩与漂移的逻辑基础

《二十四节气农谚大全》中有谚语云：“节到气不到，气到节不到。”[6]是通俗化地将“节气”一词拆解为“节”和“气”两个概念，“节到”指节气的天文时间，“气到”指节气的气候时间（图3）。气候变化背景下，春夏节气是典型的“气到节不到”，秋冬节气是典型的“节到气不到”。关于节（天文时间）与气（气候时间）的关系，古人是用“太过”和“不及”这两个概念来界定的。《黄帝内经·素问·六节藏象论》：“未至而至，此谓太过……至而不至，此谓不及。”[7]如果天文时间未到、气候时间已提前到，例如尚在大寒节气，天气已像立春了，谓之“太过”。如果天文时间已到，但气候时间未到，例如已经过了立秋，却依然秋老虎盛行，谓之“不及”。春天回暖太快，“又是一年春来早”，即气候时间早于天文时间，为“太过”，属于“冬行春令”。如何判断节与气的关系呢？其实《黄帝内经·素问·六节藏象论》已有阐述："所谓求其至者，气至之时也。谨候其时，气可与期。"即判断什么是正常气候，要以天文时间为基准，以此来衡量气候时间的提前或滞后，需要精确测算气候时间的偏差，从而推断温、热、湿、燥、寒等气候特征的偏差。

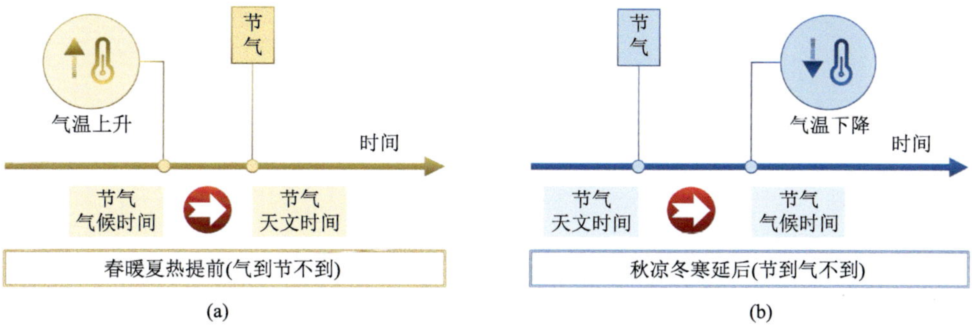

图 3 "气到节不到"(a)"节到气不到"(b)解析示意图

可见，随着气候变化，节气气候与节气天文时点的背离会更加显著，但是目前关于节气与气候等相关研究均未能解答，在二十四节气每个节气的天文时段相对固定的情况下，如何量化界定节气气候时段的变化？这也是朱英杰等首次提出二十四节气气候时段的伸缩与漂移算法的初衷，以解决二十四节气的当代化、本地化的适用问题[8]。该研究利用 1951—1980 年节气天文时段气候特征确定每个节气温度阈值，以此讨论解析 1981—2010 年气候变化背景下所界定节气气候时段的变化。本文将在以上研究基础上，通过计算得到更为严谨的节气天文时段，采用新的气候期资料，改进优化节气气候阈值的设定方法。

2 资料来源和分析方法

基础数据来源于国家气候中心"1961 年以来中国地面日值资料数据集""中国地面气候标准值数据集（1991—2020 年）"[9]。上述数据集经过了严格的质量控制，气候标准数据集的整编统计结果经过测试检查，质量良好。

2.1 累年日平均气温值

累年某日平均气温值由历年该日平均气温值平均求得，2 月 29 日不计入统计之内，全年为 1—365 d 的日平均气温累年平均序列，如下公式：

$$单个站点累年日平均气温值\ \bar{t}=\frac{\sum_{i=1}^{n} t_i}{n} \tag{1}$$

式中，t_i 表示第 i 年的日平均气温值，i 取值为 1，2，…，n，n 表示资料年数。

全国累年日平均气温值计算公式如下：

$$全国累年日平均气温值\ \overline{T}=\frac{\sum_{s=1}^{n} \bar{t}_s}{n} \tag{2}$$

式中，$\bar{t}_s$ 表示第 s 个站点的累年日平均气温值，s 取值为 1,2,3,…,2221。

参照中国气象局发布的气候资料统计整编方法（1981—2010 年），利用谐波分析方法对上面求得的累年日平均气温值资料进行处理，滤去高频波动，谐波分析的具体计算公式如下：

$$f(t)=\frac{a_0}{2}+\sum_{k=1}^{\infty}[a_k\cos(k\omega t)+b_k\sin(k\omega t)] \tag{3}$$

其中，

$$a_k=\frac{2}{N}\sum_{j=1}^{\infty} f_j\cos\frac{2\pi k(j-1)}{N}$$

$$b_k=\frac{2}{N}\sum_{j=1}^{\infty} f_j\sin\frac{2\pi k(j-1)}{N}$$

式中，N 为 365，k 为需要截取的波数，ω 为圆周运动角速度，$\omega=\frac{2\pi}{N}$，$\frac{a_0}{2}$为累年日平均气温值的年均值，$f(t)$为谐波分析后第 t 日的累年日平均气温值，t 为 1—365 日序列，f_j 为单个站点第 j 日的累年日平均气温值，j 取值为 1，2，3，…，365。

2.2 累年日平均气温值的 5 d 滑动序列

一个节气分为三候，一候 5 d，为减小天气波动干扰、真实反映节气气候变化趋势，最大可能实现节气气候阈值“唯一”设定，在累年日平均气温基础上，进行 5 d 滑动平均计算（为向前、向后各 2 d，滑动均值中间日期简称为滑动均值当日），如下公式：

$$\overline{T}_{Ml}=\frac{\overline{t}_{l-4}+\overline{t}_{l-3}+\overline{t}_{l-2}+\overline{t}_{l-1}+\overline{t}_{l}}{5} \tag{4}$$

式中，$\overline{T}_{Ml}$ 为第 l 日 5 d 滑动均值，单位为℃，$l=1,2,3,\cdots,365$，$\overline{t}_{l}$ 为第 l 日累年日平均气温（$l=1,2,3,\cdots,365$）。

以下节气漂移算法分析都是基于 1961—1990、1991—2020 年累年日平均气温 5 d 滑动序列值 $\overline{T}_{Ml}$（$l=1,2,3,\cdots,365$），简称日气温序列。

2.3 节气气候阈值设定与改进

在二十四节气气候时段的伸缩与漂移研究基础上，首先更新 1961—1990 年为基准期，根据其日气温序列变化趋势和节气天文时段的气候特点（如上文给出），设定节气气候阈值，分析 1991—2020 年气候变化背景下节气气候时段变化；其次针对基准期上升、下降区间以及峰区、谷区的阈值判断方法上进行完善优化，具体如下。

2.3.1 1961—1990 年节气天文时段基准期的气温趋势特点

计算 1961—1990 年每个节气天文时段初末日气温、区间最大最小值，全年日气温序列最大最小值及其所在节气为 $S_{\max}$、$S_{\min}$，全年日气温序列最大 32 个值（夏季 2 个节气单位天数）及其首末日日期所覆盖的时段记为 $\mathrm{Sterm}_{\max}$，气温排序最低 15 个值（冬季 1 个节气单位天数）、首末日覆盖时段为 $\mathrm{Sterm}_{\min}$。

2.3.2 气温上升、下降、峰区、谷区区间节气

基于基准期气温趋势特点，判定具有上升、下降、峰区、谷区 4 类

趋势特征节气区间。

1)气温处于上升区间的节气，为 $Sterm_{min}$ 至 $Sterm_{max}$ 之间的节气。

2)气温处于峰值区间节气为 $Sterm_{max}$。

3)气温处于下降区间的节气，为节气序列在 $Sterm_{max}$ 至 $Sterm_{min}$ 之间节气。

4)气温处于谷值区间节气为 $Sterm_{min}$。

2.3.3 基于基准期节气区间趋势特征设定节气气候阈值

2.3.3.1 节气气候时段起始日确定

1)处于基准期气温上升区间的节气(如大寒至夏至)，满足开始日气温<结束日气温且开始日气温为该节气区间最小值、结束日气温为该节气区间最大值即为单调上升区间，该节气基准期开始日气温作为阈值，气候变化背景下气温≥阈值的当日为该节气气候时段起始日。

2)处于基准期气温下降区间的节气(如立秋至冬至)，满足开始日气温>结束日气温且开始日气温为该节气区间最大值、结束日气温为该节气区间最小值即为单调下降区间，该节气基准期开始日气温作为阈值，气候变化背景下气温≤阈值的当日为该节气气候时段起始日。

3)处于基准期全年气温峰区的节气，根据基准期日气温序列中 S_{max} 所在节气区间内的位置不同、$Sterm_{max}$ 时段在峰值区间覆盖节气个数以及 $Sterm_{max}$ 时段前后临近节气是否满足单调上升或者下降趋势等特点，进行气候变化背景下阈值的适应设定。

处于基准期峰值区间的 $Sterm_{max}$ 时段覆盖节气，或基准期峰值区间前临近节气(气温上升区间)、基准期峰值区间后临近节气(气温下降区间)气温不满足单调上升或者下降，则以上节气总个数记为 M 个节气序列，该 M 个节气序列的节气气候时段的阈值如下。

(1)M 个节气序列中的第一个节气，以基准期该节气区间的最小值作为阈值，气候变化背景下气温≥阈值的当日为该节气气候时段起始日。

(2)气候变化背景下，M 个节气序列中的第一个节气开始日、M 个节气序列最后一个节气的结束日(即本节第 2 条判断的位于单调下降区间第一个节气开始日前一日）天数为 L，找到 M 个节气序列中气温排序最大的$\{L\times(M-1)/M\}$天和该序列的最大值。

(3)计算基准期 M 个节气中，连续最热$(M-1)$个节气天数的时段 H，基于每个节气起始日相对于时段 H、S_{max} 所在日期位置的百分位，作为判断气候变化背景下$\{L\times(M-1)/M\}$天中该序列的最大值与每个节气起始日的气温关系的依据，确定起始日的开始日期。

4)处于基准期全年气温谷区的节气（如小寒、大寒），根据基准期日气温序列中 S_{min} 所在节气区间内的位置不同、$Sterm_{min}$ 时段在谷值区间覆盖节气个数以及 $Sterm_{min}$ 在气候变化背景下是否缩短或者消失等特点，进行气候变化背景下阈值的适应设定。

(1)当基准期的日气温序列 S_{min} 位于节气开始日，则阈值为气候变化背景下日气温序列的全年最小值，首个气温≥阈值的当日为该节气气候时段起始日。

(2)当基准期的日气温序列 S_{min} 位于节气区间内，根据节气起始日期相对于 S_{min} 所在日期位置的百分位，作为判断气候变化背景下该节气开始日气温与全年日气温序列最小值关系的依据。

(3)当基准期的日气温序列 S_{min} 位于该节气结束日，则阈值为气候变化背景下日气温序列的全年最小值，首个气温＞阈值的当日为该节气下一个节气气候时段起始日。

(4)当气候变化背景下日气温序列无法满足基准期任一节气气温区间，认为该节气消失。

① 消失节气的前一节气和后一节气如果气温区间不重合，则阈值为基准期内后一节气起始日，气候变化背景下气温≥阈值当日为后一节气气候时段起始日；

② 消失节气的前一节气和后一节气如果区间出现交叉，采取拐点法判断，阈值为气候变化背景下全年最小值。比较基准期前一节气、后一节气气温区间最小值，如果最小值位于前一节气内，则气候变化背景下后一节气气候时段起始日为最小值出现的次日；如果最小值位于后一节气内，则气候变化背景下后一节气气候时段起始日为最小值出现当日。

2.3.3.2 节气气候时段结束日确定

以某一节气气候时段起始日前一日，作为上一个节气气候时段终止日。

3 结果分析与讨论

为严谨量化表征某一区域、某一站点气候变化背景下二十四节气气候时段与气候基准期二十四节气天文时段的偏离程度，采用以上计算方法，得到气候变化背景下节气气候时段是延长、缩短或者消失，还是节气气候时段漂移到了其他节气的天文时段之中。

3.1 本研究二十四节气天文时段的确定依据

就公历而言，二十四节气的天文时间是基本固定的，这体现了节气的太阳历本质，每个节气时段（时节）的起止时间，正如歌谣所云："一月两节不更变，最多只差一两天，上半年是六廿一，下半年是八廿三。"各个节气的时长，在从前的平气法规制下本是等长的，但现行的定气法规制下，各个节气按照黄经等分，地球绕日的椭圆形轨道（黄道）上，远日点（夏至）附近，地球运行的角速度较慢、黄道上运行 15°的时间较长；相反，在近日点（冬至）附近，地球角速度较快，黄道上运行 15°的时间较短（图 4）。所以，夏至前后的每个节气时段将近 16 d，冬至前后的每个节气时段不足 15 d[10]。基于以上分析，本文根据天文

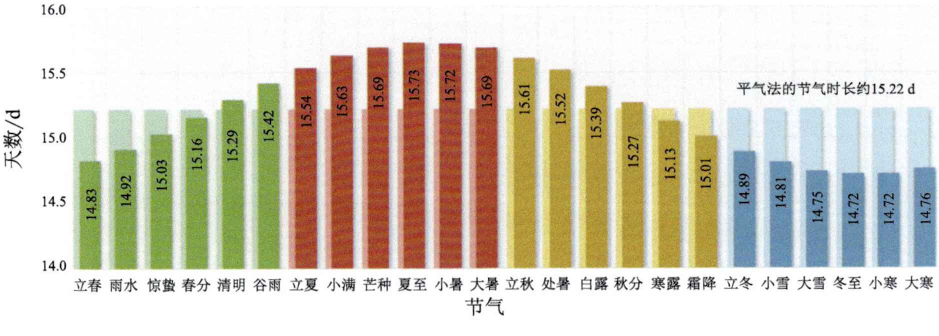

图 4　1645 年清颁行《时宪历》定气法规制下节气时长不均等

（图中深色柱体为定气法的节气时长，浅色柱体为平气法的节气时长）

时长和交节的太阳黄经度数，计算得到本研究使用的精确到日的二十四节气开始和结束日期(图 5)。

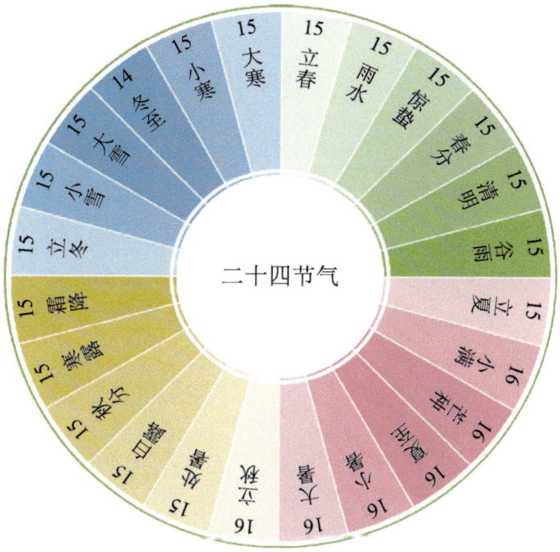

图 5　本研究计算使用的二十四节气时长(单位:d)

3.2　二十四节气气候时段伸缩与漂移分析

3.2.1　全国总体平均状况分析

首先通过全国范围面积加权日平均气温均值计算分析得到，与1961—1990 年相比，1991—2020 年的各个节气平均增温幅度不同，春季的立春、雨水、惊蛰、春分增温幅度最大(图 6)。

以 1961—1990 年作为二十四节气的气候基准期，全国面积加权平均气温单调上升、单调下降、谷值、峰值区间清晰，计算 1991—2020 年每个节气气候时长变化，盛夏的小暑、大暑增加到了 52 d，增长了 63%(图 7)；而隆冬的大寒减少到 10 d，最冷的小寒节气完全消失了，隆冬小寒、大寒缩减了 67%。节气时段伸缩漂移可见，夏季节气的延长，导致秋季迟到，春季早退，冬季节气开始时间延后，提前结束(图 8)。立春节气的气候时间提前 10 d 开始，在大寒时节，已经是以往的立春气候。

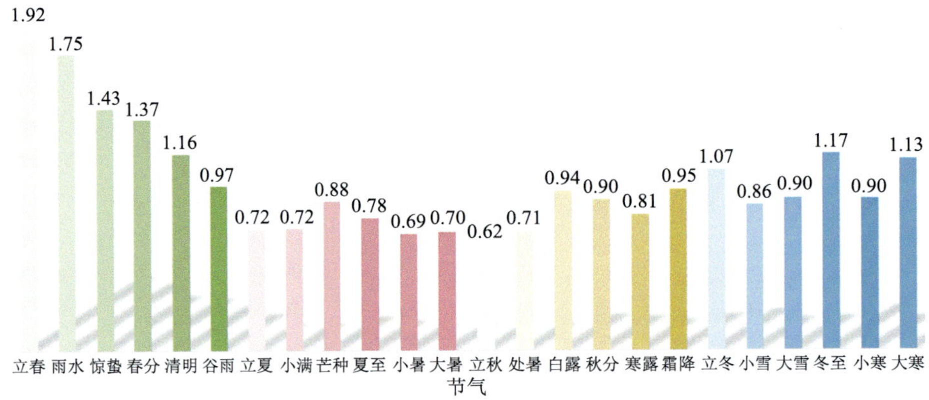

图 6　我国 1991—2020 年较 1961—1990 年各个节气增温幅度(单位:℃)

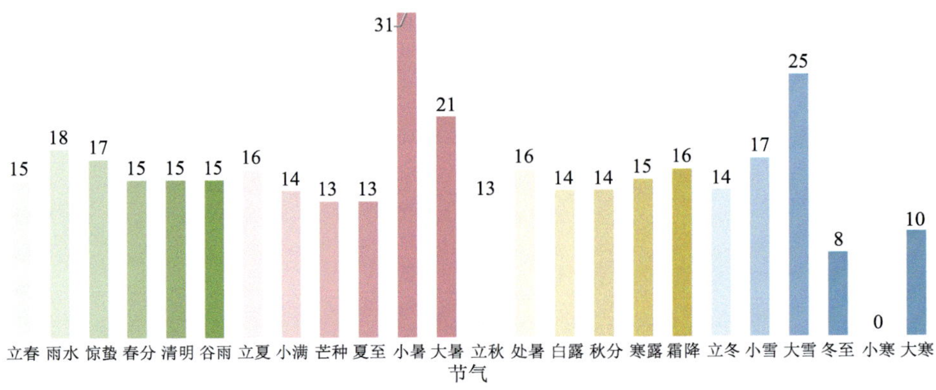

图 7　我国 1991—2020 年较 1961—1990 年节气气候时长变化(单位:d)

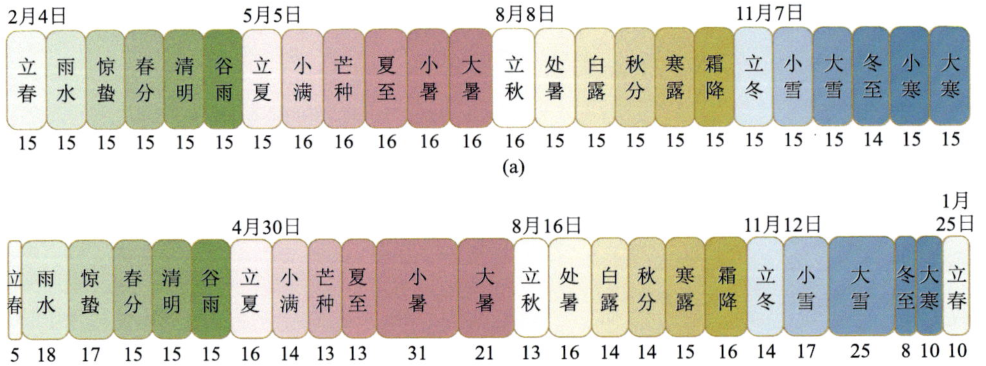

图 8　我国平均节气气候时段伸缩漂移变化(单位:d)

(a)1961—1990 年;(b)1991—2020 年

3.2.2 不同气候特点的代表性城市分析

3.2.2.1 气候变化响应不一

我国地域从南到北跨越纬度接近 50°，从西到东地形有三大阶梯，因此中国气候分布存在很大差异，气候变化背景下，各地普遍升温，西南地区一些地方出现降温（图 9），因此不同区域的气候变化响应的差异化讨论尤为必要。从全国部分大城市年平均气温变幅可见，其中，上海升温最明显，贵阳成为唯一气温下降的城市（图 10）。

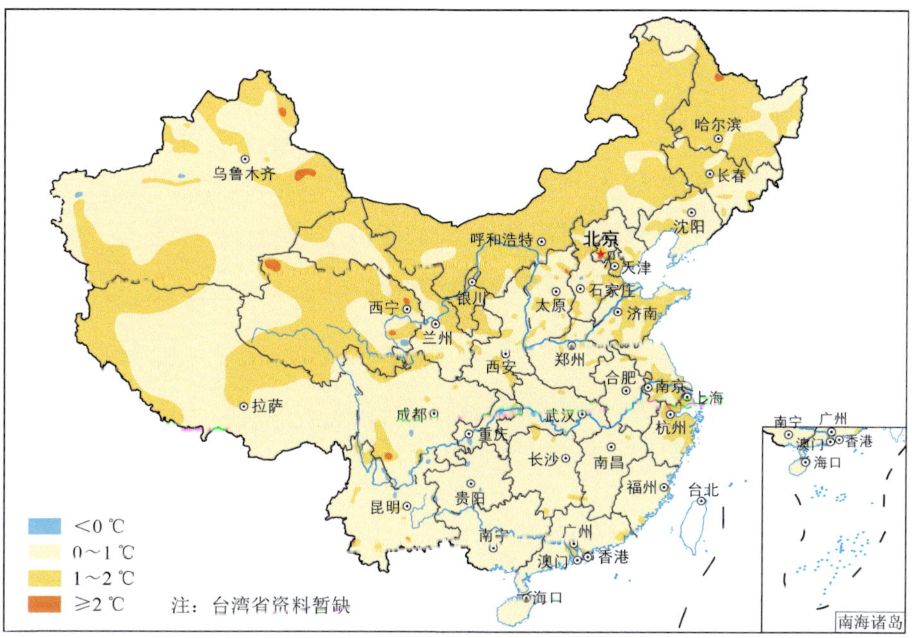

图 9 我国 1991—2020 年较 1961—1990 年的年平均气温变幅分布

3.2.2.2 寒暑极致角度分型

全国多数城市最热的节气是在小暑、大暑，最冷节气是在小寒、大寒，但云南昆明等地最热节气在夏至，最冷节气在冬至。按照寒暑极致节气分布特点可以分型，例如：哈尔滨大暑—大寒型，北京、深圳小暑—小寒型，昆明夏至—冬至型。

1）小暑—小寒型

北京位于北纬 40°附近，计算 1991—2020 年气候变化背景下节气

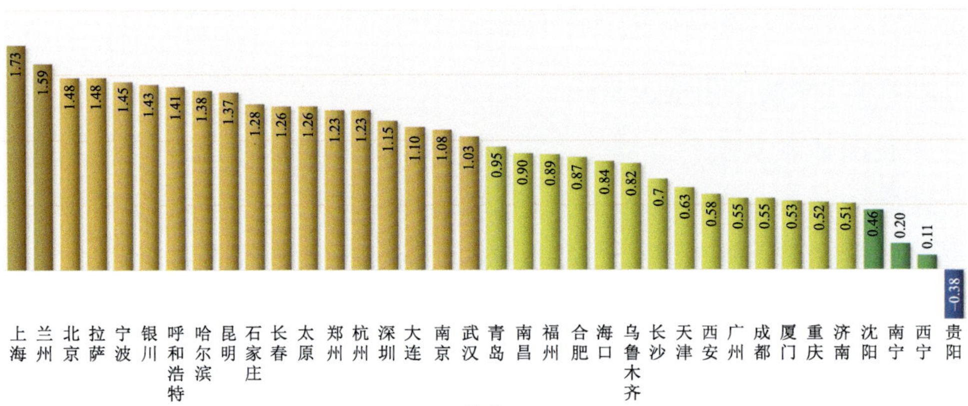

图 10　我国部分城市 1991—2020 年较 1961—1990 年的年平均气温变幅(单位:℃)

气候时段伸缩，小暑和大暑天数，增加到 53 d，2 个节气延长至将近 3～4 个节气；冬季节气小雪、大雪延长到 42 d，最冷的冬至、小寒、大寒都完全消失了(图 11)。

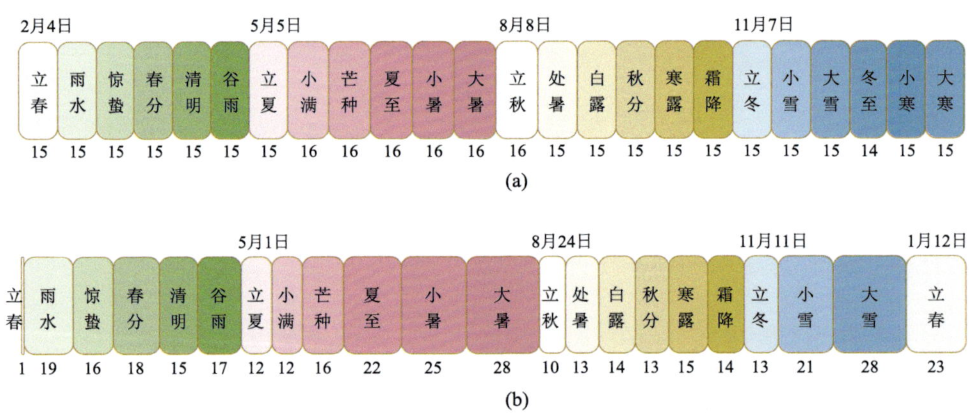

图 11　北京二十四节气气候时段伸缩漂移变化(单位:d)

(a)1961—1990 年;(b)1991—2020 年

深圳位于北回归线以南，最热的夏至、小暑、大暑节气气候时间更是增加到 100 d(6 月 10 日—9 月 17 日)，气候变化背景下 3 个节气气候时段超过一个天文夏季(立夏到大暑)长度！最冷的小寒、次冷的大寒，也是完全消失(图 12)。

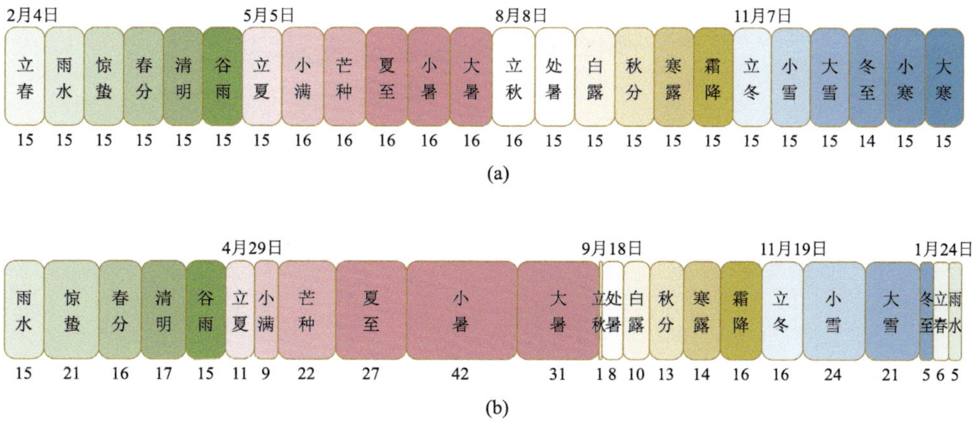

图 12　深圳二十四节气气候时段伸缩漂移变化(单位:d)

(a)1961—1990 年;(b)1991—2020 年

2)大暑—大寒型

哈尔滨 1991—2020 年气候变化背景下节气气候时段伸缩与漂移情况是:最热的大暑增加一个节气的长度,为 33 d;最冷的大寒缩短至 8 d,小寒完全消失(图 13)。

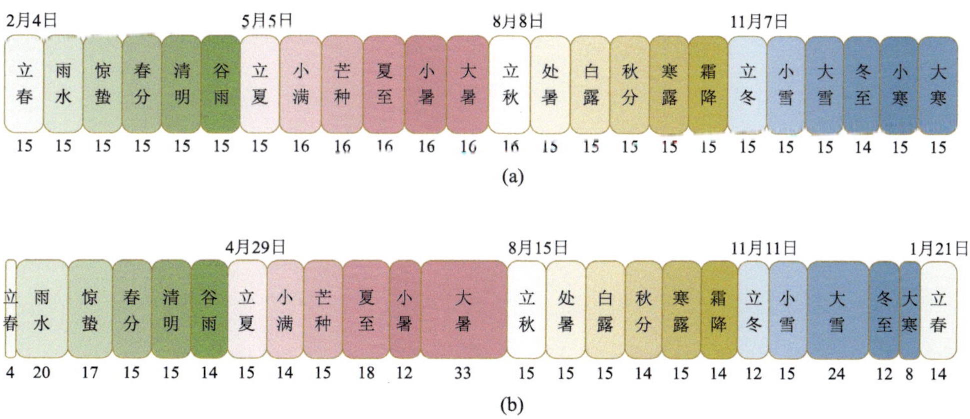

图 13　哈尔滨二十四节气气候时段伸缩漂移变化(单位:d)

(a)1961—1990 年;(b)1991—2020 年

3)夏至—冬至型

位于亚热带的昆明,春秋相连。在雨季开始后,小满节气气温下降特征已经消失;最热的夏至、次热的小暑节气延长了一个节气尺度;

最冷的大雪到大寒共 4 个节气完全消失；立春的气候时段已经偏离，提前在冬至一候开始、持续到大寒三候结束，超过两个节气尺度（图 14）。

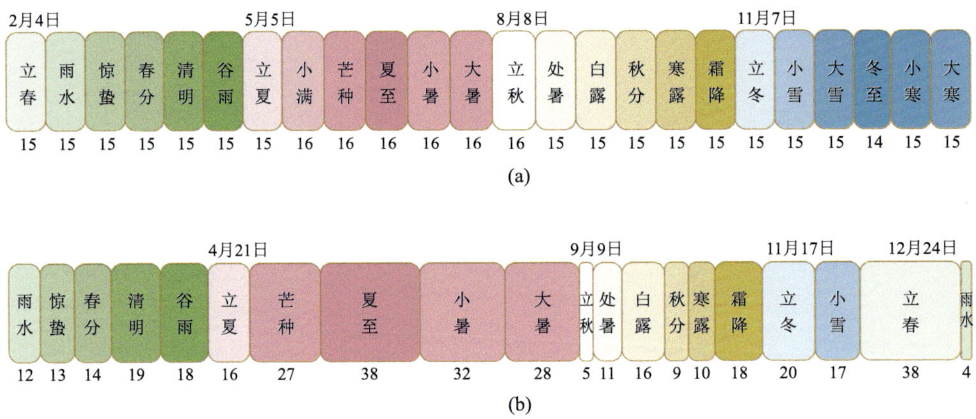

图 14　昆明二十四节气气候时段伸缩漂移变化（单位：d）

(a)1961—1990 年；(b)1991—2020 年

4　结论

二十四节气是人们表征和刻画气候规律的时间体系，很多耕作理念和养生智慧都基于人们对于各个节气天文时段内气候态的认知积淀，具有适用性。利用更新的 1961—1990 年气候基准期、1991—2020 年气候变化背景下的长序列站点气温资料，修订完善各个节气气候时段的伸缩与漂移方法，提供客观的节气气候变化依据，量化表征在节气的天文时点相对固定情况下，气候时点发生了怎样的变化，有助于人们与时俱进地、本地化地形成社会适应和文化响应。

（1）各个节气的时长，从等长的平气法规制发展到现行不等长的定气法规制，各个节气按黄经等分，本文根据天文时长和交节的太阳黄经度数，计算确定研究使用的精确到日的二十四节气开始和结束日期。

（2）二十四节气，是中国古人创制的简明气候历[11]，谚语有云“节到气不到、气到节不到”，“节到”指节气的天文时间，“气到”指节气的气候时间。节与气的关系，古人用“太过”和“不及”界定，在《黄帝内经》中已有阐释，也是本研究二十四节气气候时段伸缩与漂移概念源起。

（3）气候变化背景下，全国普遍呈现趋势性增温，多数城市增温0～2 ℃，但西南部分地区气温下降。因此，节气气候时段的伸缩与漂移既有普遍性，也有区域特异性。

（4）分析节气气候伸缩与漂移，普遍的特点是春季节气向前的漂移幅度最大，夏季节气向春秋两边漂移、节气伸长幅度最大，秋季节气推后开始、时段缩短，冬季节气向后漂移、缩短最显著，小寒、大寒般“冻成冰团”的隆冬在很多地方消失。以全国平均状况为例，春季提前至大寒一候，夏季从谷雨三候持续到立秋二候，延长了13 d，秋季减少4 d，冬季缩短多达15 d，春夏节气是典型的“气到节不到”，秋冬节气是典型的“节到气不到”。

参考文献

[1] 李耀宁，陶立新，张德山. 北京市朝阳区二十四节气气温的气候特征分析[J]. 科技创新导报，2009（20）：98-100.

[2] 侯亚红，路爽，张蕊. 辽宁省二十四节气气温的气候特征分析[J]. 安徽农业科学，2011，39（16）：9916-9917.

[3] 沈姣姣，徐虹，李建科，等. 近60年西安市二十四节气气温变化特征及突变分析[J]. 资源科学，2013，35（3）：646-654.

[4] 钱诚，严中伟，符淙斌. 1960—2008年中国二十四节气气候变化[J]. 科学通报，2011（56）：3011-3020.

[5] 钱诚，严中伟，曹丽娟，等. 基于1873年以来器测气温的二十四节气气候变化[J]. 气候与环境研究，2018，23（6）：670-682.

[6] 王秀忠，隋斌. 二十四节气农谚大全［M］. 北京：中国农业出版社，2016.
[7] 张志聪. 黄帝内经集注［M］. 北京：中国古籍出版社，2015.
[8] 宋英杰，隋伟辉，信欣，等. 二十四节气气候时段的伸缩与漂移［A］//中国农业博物馆. 二十四节气国际学术研讨会论文集［C］. 北京：中国农业出版社，2021：31-47.
[9] 中国气象局. 地面气象观测规范［M］. 北京：气象出版社，2003.
[10] 宋英杰. 二十四节气志［M］. 北京：中信出版集团，2017.
[11] 陈连山. 二十四节气精英与民众共同创造的简明物候历［J］. 文化遗产，2017（2）：8-11.

二十四节气色谱创制研究

宋英杰，王廷宇，隋伟辉

（中国天气·二十四节气研究院，北京 100081）

摘要： 二十四节气色谱的创制是基于文化与科学融合的量化设定。中国传统五色理论体系是节气色谱创制的文化基础。本文通过景别推拉的运镜方式观察四季变化，选定每个季节经典的物候标识，然后设置基于“四立”体系的四季基准色，最后运用天文和气候两种算法对四季基准色进行节气尺度的细化。一是以节气天文数据为依据，基于不同纬度阳光直射点变化，量化研制具有通用化的节气色彩体系；二是以节气气候数据为依据，根据每个节气的气温变化幅度，量化研制具有本地化气候特征的节气色彩体系。由此，建立了二十四节气色谱应用图例。二十四节气色谱体系包含了对文化认知的尊重和基于科学的量化表达，可为节气色彩理论研究及节气可视化传播提供参考。

关键词： 二十四节气；色谱；透明度；阴阳；天文气候；物候

1 引言

二十四节气是中国人通过观察太阳周年运动而形成的时间知识体系。刻画气候与物候律动的节气是具有视像感的，每一个节气留给人们的印象是自然物象和人文景象的叠合。所以，在人们意念中的节气时间是有声有色的。节气，是对气候密码的中国式破译。而基于“四立”的准等长的四季体系，是“解密”的要义之所在。自此，中国走出了有别于其他文明古国的时间文化的路径，进而逐步建立了“春木、夏火、秋金、冬水”的属性化、“春青、夏朱、秋白、冬玄”的色彩化以及“春青龙、夏朱雀、秋白虎、冬玄武”的图腾化体系。

五行体系，是中国古人总括式的自然观，也是对异维具象进行同维类比的方法论（表 1）。其中，自然季节时序具有与之对应的地理方位、气候特性，也具有与之对应的颜色、音韵。每一个季节都是有象、有感、有声、有色的，这也是中国古人眼中的季节之“象”。

表 1　取象比类的五行体系

五行	五季	五方	五候	五色	五音	五味	五脏	五官	五常
木	春	东	风	青	角	酸	肝	目	仁
火	夏	南	热	朱	徵	苦	心	舌	礼
土	长夏	中	湿	黄	宫	甘	脾	口	信
金	秋	西	燥	白	商	辛	肺	鼻	义
水	冬	北	寒	玄	羽	咸	肾	耳	智

我们在二十四节气色谱的创构上，借鉴了中国传统五色理论体系，通过景别推拉的运镜方式观察四季变化，然后选定特定季节经典的物候标识，再基于“四立”（立春、立夏、立秋、立冬）的四季体系设定每个季节的色彩基准，最后运用天文和气候两种算法对四季基准色进行节气尺度的细化。

因此，二十四节气色谱的创制，是从文化和科学融合的角度上进行节气色彩研究的尝试，也是节气可视化的一种探索。

2 色彩设定的逻辑

在五行体系中，每个季节尺度的时序都具有色彩属性。由此，我们根据四季的典型物象色彩，提取各个季节的颜色基准。二十四节气色谱的建立是自然物象和人文景象的叠合，并兼顾文化意象。《汉书·礼乐志》中记载："精健日月，星辰度理，阴阳五行，周而复始。"[1] 日月轮转，万物循环相通，气象万千，美之不尽。中国的传统色彩来源于天地万物，也来自古人的审美意象。"赋色达意""以意传情"都是注重色彩意象的表现。中国传统文化体系博大精深，节气色谱的设色以中国传统五色理论体系作为启发，运用意象思维，也是将"五色"从形而上转化为形而下的一种应用。

四时流转为 周，一春、一夏、一秋、一冬。观自然物象，取色彩意象，从四季之中"观物取象"。一个季节的节气序列有着纷繁的物候具象，一个季节的色彩基准是对多元具象情节进行色彩的提取和抽象，是由一个季节的色彩基准形成整个节气序列的色彩谱系。

2.1 以文化为依据，四季色彩的设定逻辑

在中国传统文化背景下，中国色彩独具智慧与魅力。《淮南子·原道训》写道："色之数不过五，而五色之变不可胜观也。"[3]卷一 中国传统五色观贯穿历史文化长河，衍生万色。古人的色彩审美是将天、地、人等联系起来。天地万物，阴阳分合，四时绘为一卷。中国传统色彩体系的基础为五色观，五色与五位、五行属性相关，古与今相连，是以五色观结合了阴阳五行说。《周礼·冬官·考工记》说："画缋之事，杂五色。东方谓之青，南方谓之赤，西方谓之白，北方谓之黑，天谓之玄，地谓之黄。"[4] 可见，色彩在具体事物中有了象征意义，是以证明"五色观"结合了中国传统自然理念。

自然界中所呈现出的美是最纯粹的。在二十四节气色的设色逻

辑上，以“五色”为启发，以观察自然的不同视角选择四季景别和风物，以主观印象提取出四季色基准，结合客观算法进而再形成节气序列的色彩体系。

2.1.1 四时之美的景别差异

我们观察四季变化，通过由推到拉的运镜方式感受四时之美。不同的景别角度有不同感受的特点与叙述的能力。二十四节气色彩的创制是通过观察四季的视角，由近及远形成一种景别序列。色彩表现可以受外在环境与内在因素等影响，从小景别到大景别，由细节到整体的变化从而形成一个叙述单元，是一种视觉形象思维表现形式。

视觉艺术的景别运用是二十四节气色谱的创构视角。推是由远及近，近景取其形（具象），而拉是由近及远，远景取其意（抽象）。《周易·系辞下》中记载：“古者包牺氏之王天下也，仰则观象于天，俯则观法于地，观鸟兽之文与地之宜，近取诸身，远取诸物，于是始作八卦。”[2]从中产生“观物取象”，其方式为“仰观俯察”。这是说，“观物”不能固定一个角度，也不能局限于某一个孤立的对象，而应该“仰观”“俯察”，既观于大（宏观），又观于小（微观），既观于远，又观于近[5]74。

基于此，二十四节气色谱设定逻辑在远近推拉、仰观俯察过程中，客观上体现了观、感的整体性。

春天之美，草木发芽吐蕊，我们在庭院之中俯察近景，近处的微观带给我们感动和惊喜。

夏天之美，万物浓密繁茂，我们徜徉在田园乡野之间，尽情去感触生命的灵动与狂欢。

秋天之美，秋风萧瑟飘摇，我们感受生命的沉淀之美，感受高洁的云朵与斑斓的山峰。

冬天之美，天地静谧美好，我们在辽阔之处仰观远景，感受大气的通透与辽阔的美感。

近景呈现了春天里各种鲜活的细节，远景呈现了冬天里万物凋敝的辽阔。这就是节气色谱设定逻辑中由近及远的视角、由推到拉的景别。因此，四季景别分别设为：春庭、夏野、秋山、冬霄。

2.1.2 四时之美的风物差异

二十四节气色谱的设色可同于绘画中的“随类赋彩”[6]。随色象之意，顺应万物规律，赋予象的色彩。

在创制二十四节气色谱的过程中，我们以一个季节作为一个单元，为每个季节设定颜色基准。季节基准色选取特定季节经典的物候标识作为季节基准色，并兼顾文化意象。我们选定了春季—桑叶、夏季—莲花、秋季—桐树、冬季—天空。因此，节气色设定的各个季节颜色基准分别为：春季—桑绿、夏季—莲红、秋季—桐黄、冬季—天青。

2.1.3 四时之美的色彩提取方式

清代书画家郑板桥在创作实践中提出了“眼中之竹”“胸中之竹”“手中之竹”[7]。“眼中之竹”是对于“境”（审美的自然）的直接观照，“胸中之竹”是经过画家审美意识的熔铸加工（即“情”“景”契合）而产生的审美意象，“手中之竹”则是画家运用艺术技巧把头脑中的意象加以物化，也就是画面所呈现的审美意象[5]546。我们在提取实践中，选择直接提取桑叶、桐树、天空的颜色，为“眼中之竹”；间接提取莲花的颜色，为“胸中之竹”和“手中之竹”。

基于此，二十四节气色谱设定逻辑在提取物候色彩的过程中，主观上也体现了观、感的统一性。

2.1.3.1 春庭：桑绿的提取

阳春三月有蚕月的雅称，古人有“蚕月桑叶青，莺时柳花白”[8]的名句。阳春谷雨有“戴胜降于桑”的候应，耕地有“桑田”之说，广义的农业有“农桑”之谓。桑绿，体现阳春物候，是草木青葱时光的写照，契合五行体系中的春属木、色属青的属性，更是对田园春色的总括。所以，我们选定桑绿为春季的基准色。

2.1.3.2 夏野：莲红的提取

农历六月有荷月的雅称，以莲花代言夏色，入情入理。《诗经》中便有“山有扶苏，隰有荷华”[9]之句。在雨热同季的盛夏，土润溽暑，塘沼丰泽，使得莲花成为最灿烂的夏花。而且莲花既有“出淤泥而不染”[10]的文化品格，也有“风过池塘无溽暑”[11]的消夏意境。莲红，契合五行体系中夏属火、色朱的色调，而在朱红的暖色中，“映日荷花别样红”[12]，难得莲色有着别样的淡雅温润。所以，我们选定莲红为夏季的基准色。

2.1.3.3 秋山：桐黄的提取

《淮南子·说山训》中便有“见一叶落，而知岁之将暮”[3]卷十六之说。“一叶知秋”更是成为深刻的文化认知。《梦粱录·卷四》中记载：“立秋日，太史局委官吏于禁廷内，以梧桐树植于殿下，俟交立秋时，太史官穿秉奏曰：‘秋来。’其时梧叶应声飞落一二片，以寓报秋意。”[13]宋代时，已有梧桐落叶作为秋始的物候标识。在古人笔下，桐叶是秋雨、秋凉、秋声的物候“道具”。李白的“秋色老梧桐”[14]，更是将桐叶作为界定秋色的“坐标”。以金黄色的桐叶作为秋季的基准色，亦契合“金秋”的意象。所以，我们选定桐黄为秋季的基准色。

2.1.3.4 冬霄：天青的提取

“青出于蓝而胜于蓝”[15]。在诗人戴望舒笔下，“天青色的心”是天地之间最纯粹最明洁的颜色。在“以风鸣冬”[16]的寒冷时节，繁华褪尽，万物萧瑟，“颜色”顿失。苏轼的“照见新晴水碧天”[17]，描述的是秋尽冬初时节雨后的水天一色。在五行体系中，冬属水，而水天一色的天青，是冬季最惊艳最典雅的色彩。高远的青天，是人们在冬季自然而然的视线所向。所以，我们选定天青为冬季的基准色。

宏观万物自然韵律，微观万物生长变化。源自草木的桑绿、莲红、桐黄，是与阳春、盛夏、晚秋相对应的物候状态。我们在实践中运用了直接提取法和间接提取法。

直接提取法是直接提取一定范围内的物候颜色。其中，桑绿，是桑树始花期至展叶盛期的桑叶色彩；桐黄，是梧桐叶尽染秋色但并未斑驳并开始落叶时的桐叶色彩；天青，是天空被风“干洗”过或被雨“水洗”过的清澈天色。

而莲红的提取较为复杂，因为莲花花色丰富，并有多重间色，所以采用间接提取法。莲红取自古代绘画中多见的粉红色单瓣莲花，是以莲花有别于其他花色的特质所在。

粉红色单瓣莲花花萼，既有横向的色彩纹理，也有纵向的色彩渐变。在设色创制的过程中，运用了“余光法”（简化事物的过程），结合了通感意象方式。夏季温度较高，夏日炎炎，莲韵飘香，清雅幽香的味道渲染了夏季典型景色。我们综合提取了一定范围内的莲瓣颜色，以高度朦胧化形成具有色彩整体感的莲红，呈现出大多数人心目中莲花盛夏色彩的通感（图 1）。

图 1　莲红提取过程示意图

二十四节气色谱的四季基准色：春庭—桑绿、夏野—莲红、秋山—桐黄、冬霄—天青，分别如图 2 所示。

2.2　以气候、天文为依据，科学量化节气色谱

2.2.1　以科学的方式客观量化

二十四节气色谱以科学的方式客观量化，采用了两种算法，分别为天文算法、气候算法，量化研制节气色谱的本地化和通用化。

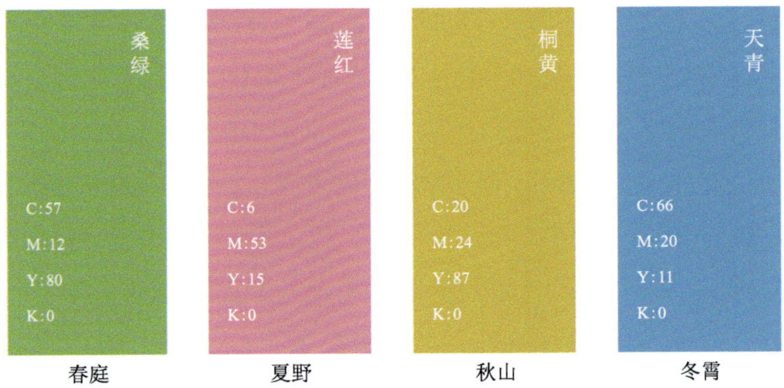

图 2　二十四节气色谱的四季基准色

2.2.1.1　以节气气候数据为依据，量化研制的节气色谱——本地化

根据气象观测站点的气温日值数据，计算 1991—2020 年 30 年气候期的累年日平均气温序列。基于精确到日节气天文时段（表 2），计算站点 1991—2020 年 30 年累年节气时段平均气温，计算方式如下。

表 2　按天文时长计算节气（精确到日）

季节	二十四节气	起止时间	季节	二十四节气	起止时间
春季	立春	2 月 4—18 日	秋季	立秋	8 月 8—23 日
	雨水	2 月 19 日—3 月 5 日		处暑	8 月 24 日—9 月 7 日
	惊蛰	3 月 6—20 日		白露	9 月 8—22 日
	春分	3 月 21 日—4 月 4 日		秋分	9 月 23 日—10 月 7 日
	清明	4 月 5—19 日		寒露	10 月 8—22 日
	谷雨	4 月 20 日—5 月 4 日		霜降	10 月 23 日—11 月 6 日
夏季	立夏	5 月 5—19 日	冬季	立冬	11 月 7—21 日
	小满	5 月 20 日—6 月 4 日		小雪	11 月 22 日—12 月 6 日
	芒种	6 月 5—20 日		大雪	12 月 7—21 日
	夏至	6 月 21 日—7 月 6 日		冬至	12 月 22 日—1 月 4 日
	小暑	7 月 7—22 日		小寒	1 月 5—19 日
	大暑	7 月 23 日—8 月 7 日		大寒	1 月 20 日—2 月 3 日

某一节气色彩透明度＝1－|(基准节气平均气温－该节气平均气温)/该季节气温变幅|

其中，四季的基准节气平均气温的确定方法如下。

① 气温上升期或气温的峰值时段，基准为该季节气温最高节气，如春夏。

② 气温下降期或气温的谷值时段，基准为该季节气温最低节气，如秋冬。

该季节的气温变幅为该季节基准节气与上一季节的最后一个节气的气温差。

按照春、夏、秋、冬四季先后顺序，基于“四立”的四季节气分别如下。

春季：立春、雨水、惊蛰、春分、清明、谷雨；

夏季：立夏、小满、芒种、夏至、小暑、大暑；

秋季：立秋、处暑、白露、秋分、寒露、霜降；

冬季：立冬、小雪、大雪、冬至、小寒、大寒。

春、夏、秋、冬四季分别缩写为：Spr、Sum、Fal、Win。

四季中某个节气缩写为：Spr_N、Sum_N、Fal_N、Win_N（N＝1，2，3，4，5，6，共 6 个节气）。

四季中某个节气平均气温缩写为：$\mathrm{Spr}_{N,t}$、$\mathrm{Sum}_{N,t}$、$\mathrm{Fal}_{N,t}$、$\mathrm{Win}_{N,t}$。

四季节气平均气温最大值缩写为：$\mathrm{Spr}_{t,\max}$、$\mathrm{Sum}_{t,\max}$、$\mathrm{Fal}_{t,\max}$、$\mathrm{Win}_{t,\max}$。

四季节气平均气温最小值缩写为：$\mathrm{Spr}_{t,\min}$、$\mathrm{Sum}_{t,\min}$、$\mathrm{Fal}_{t,\min}$、$\mathrm{Win}_{t,\min}$。

以全国加权平均气温为例，四季基准节气气温分别为：Spr 谷雨$_{t,\max}$、Sum 大暑$_{t,\max}$、Fal 霜降$_{t,\min}$、Win 小寒$_{t,\min}$。

四季节气色谱量化计算公式如下。

① 春季节气色彩透明度

第 N 个节气色彩透明度＝$1-|(\mathrm{Spr}_{t,\max}-\mathrm{Spr}_{N,t})/(\mathrm{Spr}_{t,\max}-\mathrm{Win}_{6,t})|$

② 夏季节气色彩透明度

第 N 个节气色彩透明度 $=1-|(\mathrm{Sum}_{t,\max}-\mathrm{Sum}_{N,t})/(\mathrm{Sum}_{t,\max}-\mathrm{Spr}_{6,t})|$

③ 秋季节气色彩透明度

第 N 个节气色彩透明度 $=1-|(\mathrm{Fal}_{t,\min}-\mathrm{Fal}_{N,t})/(\mathrm{Fal}_{t,\min}-\mathrm{Sum}_{6,t})|$

④ 冬季节气色彩透明度

第 N 个节气色彩透明度 $=1-|(\mathrm{Win}_{t,\min}-\mathrm{Win}_{N,t})/(\mathrm{Win}_{t,\min}-\mathrm{Fal}_{6,t})|$

2.2.1.2 以节气天文数据为依据，量化研制的节气色谱——通用化

基于阳光直射点纬度的归一化量化表征古人描述的阴气、阳气的强度，计算方法有两种。

(1)二十四个节气作为统一体系计算并体现阴阳消长的算式为：

$$二十四节气中第\ i\ 个节气阳气量化数值=\frac{\mathrm{LAT}_i-\mathrm{LAT}_{\min}}{\mathrm{LAT}_{\max}-\mathrm{LAT}_{\min}} \quad (1)$$

式中，LAT_i 为第 i 个节气时段平均纬度($i=1,2,\cdots,24$)，$\mathrm{LAT}_{\max}$ 为二十四个节气时段平均纬度最大值，$\mathrm{LAT}_{\min}$ 为二十四个节气时段平均纬度最小值。

(2)基于“四立”的每个季节作为一个单元计算并体现阴阳五行的统一，则有以下公式：

$$春夏季的第\ i\ 个节气数字色彩透明色量化数值=\frac{\mathrm{LAT}_i-\mathrm{LAT}_{6,i-1}}{\mathrm{LAT}_{\max}-\mathrm{LAT}_{6,i-1}} \quad (2)$$

$$秋冬季的第\ i\ 个节气数字色彩透明色量化数值=\frac{\mathrm{LAT}_i-\mathrm{LAT}_{6,i-1}}{\mathrm{LAT}_{\min}-\mathrm{LAT}_{6,i-1}} \quad (3)$$

式中，LAT_i 为某一季节第 i 个节气时段平均纬度($i=1,2,3,4,5,6$)，$\mathrm{LAT}_{\max}$ 为该季节 6 个节气时段平均纬度最大值，$\mathrm{LAT}_{\min}$ 为该季节 6 个节气时段平均纬度最小值，$\mathrm{LAT}_{6,i-1}$ 为上一季第 6 个节气平均纬

度值。

3 二十四节气色谱应用图例

二十四节气色谱应用于不同地区有不同的色彩变化，形成不同的节气气候韵律，表征古人所说的阳气和阴气的强度。

3.1 以客观的气候变量界定色彩差异

我们以一个季节作为一个单元，为季节设定颜色基准之后，由客观的气候来确定同一季节 6 个节气的颜色渐变的速率。

采用 1991—2020 年气候期的全国二十四节气时段平均气温，同一季节中的色彩透明度渐变幅度取决于节气气温的升降幅度。因此，我们所创作的二十四节气色谱中色系及浓淡的变化，蕴含着气温涨跌的疾徐节奏，蕴含着气候起承转合的韵律。这是基于全国平均的气候状况所制作的色谱，不同地区的二十四节气，可以有基于本地气候的不同色谱。

3.1.1 全国平均

基于气候算法的四季节气颜色透明度如下。

立春 14.4%，雨水 29.1%，惊蛰 46.8%，春分 65.9%，清明 83.4%，谷雨 100%；立夏 25.4%，小满 51.6%，芒种 73.6%，夏至 90.2%，小暑 97.6%，大暑 100%；立秋 7.5%，处暑 18.9%，白露 35.9%，秋分 54.4%，寒露 76.6%，霜降 100%；立冬 31.0%，小雪 60.1%，大雪 82.6%，冬至 94.2%，小寒 100%，大寒 95.5%。

气候算法采用 1991—2020 年二十四节气时段全国平均气温，同一季节中的色彩透明度渐变幅度取决于气温的升降幅度（图 3、图 4）。

3.1.2 北京

北京为大暑最热、小寒最冷型气候，其基于 1991—2020 年节气时段平均气温的二十四节气色谱见图 5。

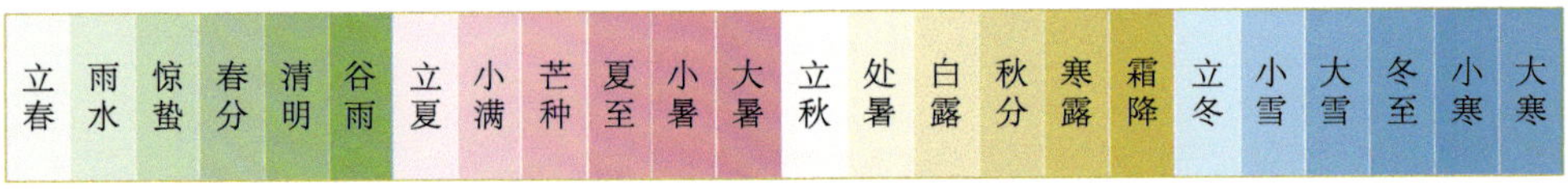

图 3　基于全国 1991—2020 年节气时段平均气温的二十四节气色谱

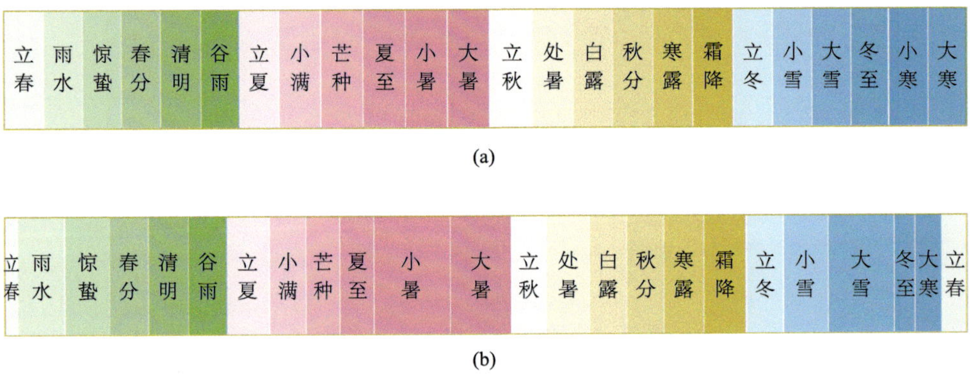

图 4　二十四节气气候时段的伸缩与漂移色谱

(a)1961—1990 年；(b)1991—2020 年

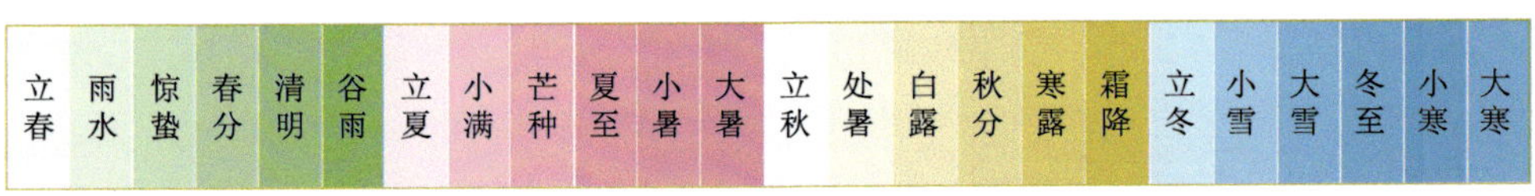

图 5　基于北京 1991—2020 节气时段平均气温的二十四节气色谱

3.1.3　上海

上海为大暑最热、大寒最冷型气候，其基于 1991—2020 年节气时段平均气温的二十四节气色谱见图 6。

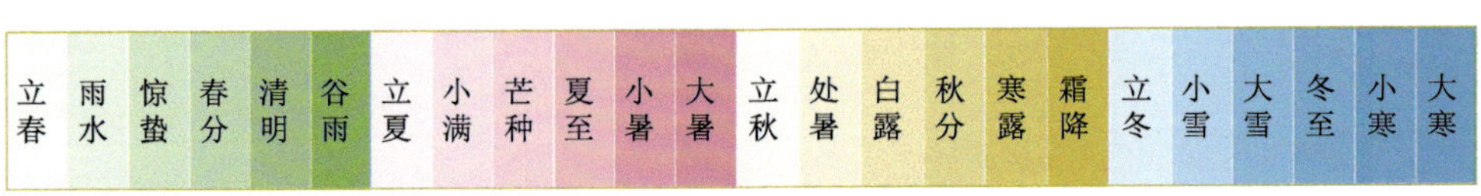

图 6　基于上海 1991—2020 节气时段平均气温的二十四节气色谱

3.1.4　昆明

昆明为夏至最热、冬至最冷型气候，其基于 1991—2020 年节气时段平均气温的二十四节气色谱见图 7。

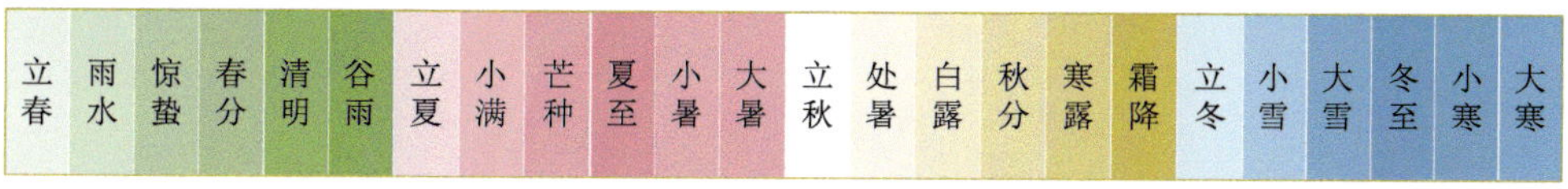

图 7　基于昆明 1991—2020 节气时段平均气温的二十四节气色谱

综上,从图 5、图 6、图 7 可以看出,不同城市有不同的节气气温峰值和谷值,进而体现出不同城市节气色谱图例的差异性。

3.2　以客观的天文变量界定色彩差异

二十四节气色谱除了以客观的气候界定色彩差异和过渡节奏之外,还可以用天文算法界定。以阳光直射点纬度的归一化表征古人所说的阳气和阴气的强度,确定阳气和阴气在[0,1]区间的数值。

春季以谷雨为 100%(阳气增长期),夏季以“日北至”的夏至为 100%(阳气峰值期),秋季以霜降为 100%(阴气增长期),冬季以“日南至”的冬至为 100%(阴气峰值期)。同一季节中的其他节气以与基准节气的阳气(阴气)强度差异来界定色彩差异。

3.2.1　基于天文算法所形成的二十四节气色谱

用天文算法:以阳光直射点纬度表征阳气、阴气强度。

春季以谷雨为 100%(阳),夏季以夏至为 100%(阳),秋季以霜降为 100%(阴),冬季以冬至为 100%(阴)。

基于天文算法的四季节气颜色透明度如下。

立春 13.6%,雨水 30.0%,惊蛰 48.1%,春分 66.5%,清明 84.0%,谷雨 100%;立夏 44.5%,小满 78.6%,芒种 98.3%,夏至 100%,小暑 83.6%,大暑 50.9%;立秋 14.0%,处暑 30.3%,白露 47.6%,秋分 65.7%,寒露 83.7%,霜降 100%;立冬 46.8%,小雪 80.9%,大雪 99.1%,冬至 100%,小寒 83.9%,大寒 51.1%。

基于天文算法所形成的二十四节气色谱如图 8 所示。

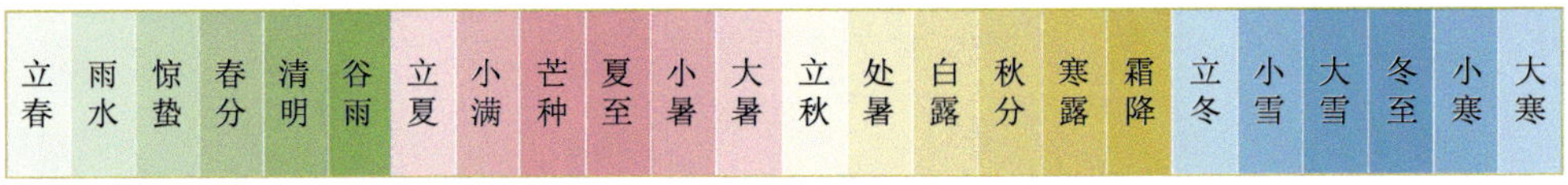

图 8　基于天文算法所形成的二十四节气色谱

3.2.2　阳气或阴气视角下的二十四节气色谱

还可以采取同一色系界定各个节气的阳气、阴气强度（图 9）。

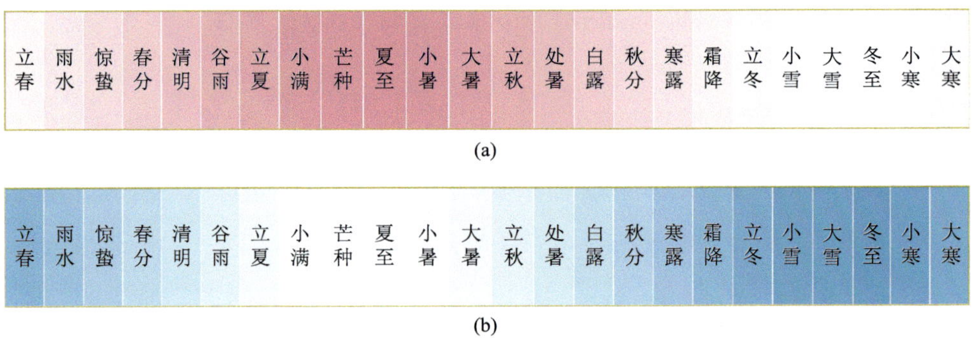

图 9　阳气视角下（a）和阴气视角下（b）的二十四节气色谱

以阳气为基准的四季节气颜色透明度如下。

立春 19.3%，雨水 30.6%，惊蛰 43.1%，春分 55.8%，清明 67.8%，谷雨 78.9%；立夏 88.3%，小满 95.5%，芒种 99.6%，夏至 100%，小暑 96.5%，大暑 89.6%；立秋 79.9%，处暑 68.6%，白露 56.6%，秋分 44.0%，寒露 31.6%，霜降 20.2%；立冬 10.8%，小雪 3.9%，大雪 0.2%，冬至 0%，小寒 3.3%，大寒 9.9%。

另外，在此基础上，还可以依据色温建立二十四节气色谱。人们在摄影或摄像时，想要拍摄出什么色调的影像，都会考量环境色温的差异。本文采用的色温数值取值范围为 1000～10000 K（单位为 K，1 色温为 1 K）。光源色温不同，光色就不同（图 10）。

以阳气最强的节气，色温设定为 1000 K；阳气最弱的节气，色温设定为 10000 K。其他节气的色温由各节气时段的阳气强度界定。阳气强度以阳光直射点纬度的归一化表征。

以气温最高的节气，色温设定为 1000 K；气温最低的节气，色温

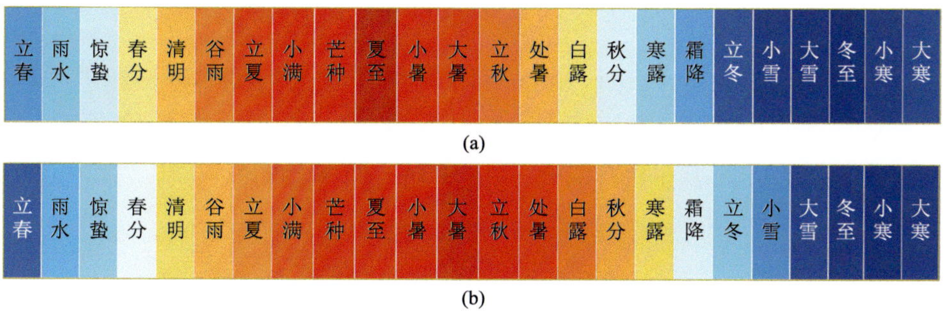

图 10　以色温体现气温变化对阳气变化的滞后性

(a)阳气变化;(b)气温变化

设定为 10000 K。其他节气的色温由各节气时段的平均气温(1991—2020 年全国测站平均数据)界定。

① 基于天文算法的节气气温计算方法

某个节气的色温的计算公式为:

$$S_x=(10000-1000)\times\left(1-\frac{T_x-T_{min}}{T_{max}-T_{min}}\right)+1000 \tag{4}$$

式中,T_x 为该节气时段阳光直射点纬度归一化的均值,T_{max} 为夏至节气时段阳光直射点纬度归一化的均值,T_{min} 为冬至节气时段阳光直射点纬度归一化的均值。

基于天文算法的四季节气色温值如下,单位为 K。

立春 8267,雨水 7247,惊蛰 6121,春分 4980,清明 3894,谷雨 2897;

立夏 2053,小满 1406,芒种 1033,夏至 1000,小暑 1311,大暑 1933;

立秋 2807,处暑 3824,白露 4906,秋分 6037,寒露 7157,霜降 8178;

立冬 9031,小雪 9652,大雪 9983,冬至 10000,小寒 9706,大寒 9109。

② 基于气候算法的节气气温计算方法(采用 1991—2020 年全国平均气温)

某个节气的色温计算公式为:

$$S_x=(10000-1000)\times\left(1-\frac{T_x-T_{min}}{T_{max}-T_{min}}\right)+1000 \tag{5}$$

式中,T_x 为该节气时段平均气温,T_{max} 为气温最高节气时段的平均气温,T_{min} 为气温最低节气时段的平均气温。

基于气候算法的四季节气色温值如下，单位为K。

立春8951，雨水8070，惊蛰7008，春分5864，清明4809，谷雨3817；立夏3100，小满2364，芒种1743，夏至1276，小暑1066，大暑1000；立秋1371，处暑1934，白露2765，秋分3676，寒露4767，霜降5921；立冬7186，小雪8373，大雪9290，冬至9763，小寒10000，大寒9819。

4 结论

本文聚焦二十四节气色谱的创制研究。文章从文化认知、观察角度、物候标识等方面阐述如何确定季节基准色。在确定季节基准色的基础上，从天文、气候两个方面为每个季节六个节气提供量化研制的色彩标准。二十四节气色谱创制的思维导图如图11所示。

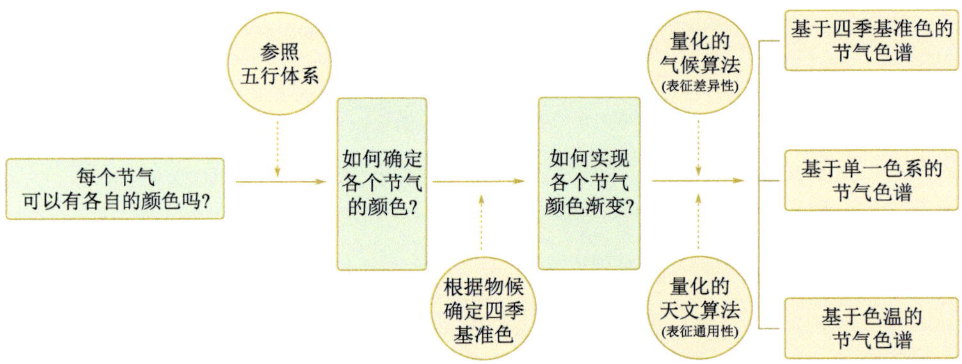

图11　二十四节气色谱创制的思维导图

本文为二十四节气色谱提供了两种算法，分别是天文算法和气候算法。其中，运用天文算法所呈现的特点是区域上的通用化，运用气候算法所呈现的特点是区域上的差异化。二者的共同特点都具有科学性、客观性。在此基础上，文中阐述了二十四节气色谱的设定逻辑和应用图例。其创制依据四季基准色并结合天文、气候算法，以数字色彩中透明度值的变化形成了整个节气序列的色彩体系。不同应用图例的色彩过渡形成了一定的动态韵律，蕴含着气温涨跌的疾徐节奏、蕴含着气候变化的起承转合。

参考文献

[1] 班固. 汉书 [M]. 北京：中华书局，2013.
[2] 姬昌. 周易 [M]. 北京：中华书局，2016.
[3] 刘安. 淮南鸿烈解 [M]. 许慎，高诱，注. 刻本. 1580（明万历八年）.
[4] 周公旦. 周礼 [M]. 徐正英，常佩雨，译. 北京：中华书局，2014.
[5] 叶朗. 中国美学史大纲 [M]. 上海：上海人民出版社，1985.
[6] 谢赫，姚最. 古画品录，续画品录 [M]. 王伯敏，标点注译. 北京：人民美术出版社，2016.
[7] 郑板桥. 郑板桥集 [M]. 上海：上海古籍出版社，1979.
[8] 陈文华. 刘希夷诗注 [M]. 上海：上海古籍出版社，1997.
[9] 杨合鸣. 诗经鉴赏辞典 [M]. 武汉：崇文书局，2020.
[10] 周敦颐. 周敦颐集 [M]. 北京：中华书局，2009.
[11] 陈枚. 月曼清游图册 [J]. 收藏与投资，2018（Z2）：212-223.
[12] 本书编写组. 宋诗三百首鉴赏辞典 [M]. 上海：上海辞书出版社，2014.
[13] 吴自牧. 梦粱录 [M]. 杭州：浙江人民出版社，1984.
[14] 萧涤非，马茂元，程千帆. 唐诗鉴赏辞典 [M]. 上海：上海辞书出版社，2004.
[15] 冯天瑜，姜海龙. 劝学篇 [M]. 北京：中华书局，2016.
[16] 孙昌武. 韩愈诗文选评 [M]. 上海：上海古籍出版社，2017.
[17] 苏轼. 苏轼诗集合注 [M]. 冯应榴，辑注. 黄任轲，朱怀春，校点. 上海：上海古籍出版社，2001.

由古代日影长度记录推算观测年代与地理纬度

智利蓉[1]，宋英杰[1]，尹剑[2]，杜天睿[3]，张永宁[1]，魏思静[1]

（1 中国天气·二十四节气研究院，北京 100081；2 北京城市气象研究院，北京 100081；3 南京信息工程大学，南京 211800）

摘要： 本文从追溯二十四节气起源时间的角度出发，基于《易纬通卦验》《周髀算经》《隋书·天文志》《新唐书·历志》等典籍记载的15组冬至、夏至日影长度（简称影长）观测数据，采用天文学方法，估算各典籍中冬至与夏至影长数据的观测年代及观测点纬度。为改进公元后典籍数据拟合的准确性，本文引入更加精确的黄赤交角计算公式以及经二元多项式回归方法订正的“璇玑”最南点的晷影长度，用来拟合所选影长数据的观测年代与观测点纬度。结果表明，改进后的估算方案对公元后典籍的数据拟合准确度有明显提高。为更进一步地验证改进后方法的可靠性，本文以现代天文学为核心的算法，结合日影测量中可能存在的观测误差，将公元后影长数据的观测误差计算得出，并进行观测误差的拟合，得出公元前4组影长数据的年代和纬度拟合结果。结果最终表明：根据《淮南子·天文训》中的影长数据推算观测年代与地点，发现其并非在成书时间（公元前139年）的淮南国都城（今安徽寿县）所实测；根据《易纬通卦验》中记载的冬至、夏至影长推算得出其观测年份为公元前1814年（夏时期），距今超过3800年，是目前已知的最早记载冬至、夏至影长数据的典籍，为节气体系溯源提供了科学的计算依据。

关键词： 日影长度；黄赤交角变化；误差计算；晷长反演年代与纬度

1 研究背景

人类测量日影长度具有悠久的历史，古人依靠测量日影来确认方向（影的方向）、刻画时间（影的长短）、制定节气（影的规律），这些活动对于我国农耕社会的生产生活具有十分重要的意义。在古代，人们使用圭表来度量日影长度，通过观察记录它正午时日影的长短变化来确定季节的流转，并确立正午时分日影最长这天为夏至，日影最短这天为冬至。冬至和夏至在我国的历法中具有重要意义，因此在流传至今的古代文献中，有一系列冬至和夏至的日影长度数据的记载。

追溯最早观测记载冬至、夏至影长数据与推算二十四节气的起源有着紧密的关联。从文献记载来看，二十四节气体系的形成经历了“二至”“二分”（冬至、夏至、春分、秋分）、“四时八节”（春、夏、秋、冬四季和立春、春分、立夏、夏至、立秋、秋分、立冬、冬至八个节气），直至二十四个节气全面形成。节气体系逐步完善的过程，也是我国古人对于太阳视运行规律不断摸索的过程。2016 年 11 月 30 日，中国申报的二十四节气，被列入联合国教科文组织人类非物质文化遗产代表作名录。

自节气体系诞生，学界对二十四节气的起源与确立时间就有颇多争议，目前主要有三种见解。

其一，完整记载二十四个节气名称的西汉时期。公元前 139 年，西汉淮南王刘安及其门客编写的《淮南子·天文训》中完整记载了二十四个节气名称及顺序，并流传至今。也因此，公元前 139 年被部分学者认为是二十四节气确立时间。

其二，“四时八节”所确立的春秋时期。根据《左传》中的多处记载，到了公元前 7 世纪的春秋中叶，“十九年七闰”的置闰法则已出现，且除了“二分”“二至”，“四立”节气也已出现。春秋时期逐步提高的测量水平，使得二十四节气中的“八节”得以确定[1]。

其三，最早有文献记载的冬至和夏至的日影长度或方位的时期。

1978年，考古学家在距今4000多年前的陶寺遗址（在今山西省襄汾县），发现了古观象台和带有刻度的圭表。陶寺遗址的观象台是迄今发现的世界最早的观象台，从观测点可观测到冬至—夏至—冬至一个太阳回归年的20个时节。此外，陶寺遗址的王族墓地分别出土了一件圭尺和立表，这是目前考古发现世界最早的圭表仪器实物资料，用于太阳历法的制定[2]。

除了考古实证，文字证据也是溯源中极为重要的环节。我国较早的日影长度数据记录于《易纬通卦验》《淮南子·天文训》《周髀算经》之中[3]。《易纬通卦验》是《易纬》之一，撰者不详且现已散失，其中对天象历法也有诸多论述。《周髀算经》是我国最古老的天文学和数学著作，其成书时间不详，被学界认为是不同朝代的汇编著作，在天文学领域，学者根据《周髀算经》中记录的一些特殊的天文现象或数据，采用天文学方法，推算其可能出现的年代与观测地点。

2 前人研究进展

近现代也有诸多学者利用历史文献记载的冬至、夏至日影长度数据和天文学计算方法来推算观测点所处年代与观测点所在的地理纬度。

高平子在其《圭表测景论》一文中，阐明了圭表法测量影长在古代天文学发展中的重要意义，列举了历代测量影长的观测记载数据，利用现代天文学方法追推古代日影长度。他推算得到《周髀算经》中所记载的日影长度观测地纬度为35°37′4″，黄赤交角为24°2′8″，观测时间大约距今4400年，并给出结论“周髀所记之晷影至为疏远，恐出于理想非由实测”[4]，还由此给出了计算所得年代与实际观测年代产生较大误差的几种原因。

席泽宗在《〈淮南子·天文训〉述略》一文中提及“立竿测影”方法，并根据《淮南子·天文训》所记载八尺高的表冬至日影长度为一丈三尺、夏至日影长度为一尺五寸，计算得出观测地点的纬度为34°48′，推算得出当时的黄赤交角为 23°54′[5]。本文由此得到启发，通过史料记载的众多冬至日与夏至日的实测值，利用现代天文学计算方法，反推出所测得的日影数据的观测年代和观测地点的地理纬度。

赵永恒基于“盖天模型”，利用现代天文学方法对《周髀算经》《易纬通卦验》《周礼》《汉书·天文志》中所记载的影长观测数据进行分析拟合，从而给出这些数据的观测年代和观测地点的地理纬度[6]。

本研究将继续沿用前人学者的思路方法，选取不同古籍中冬至、夏至日影长度的数据，尤其是成书时间不可考的数据，利用天文学方法进行具体观测年代和地理纬度的推算，为追溯二十四节气起源提供全新角度的参考依据。

3　本文研究资料与方法

3.1　研究资料

本文以《易纬通卦验》《淮南子·天文训》《周髀算经》《汉书·天文志》这 4 部公元前的典籍以及《隋书·天文志》《新唐书·历志》《唐会要·卷四十二》《宋史·律历志》这 4 部公元后的典籍中所记录的冬至、夏至影长共 15 组数据为研究资料，影长数据均为八尺长度的圭表测得的结果，年代跨度涵盖公元前后，较为完备。

典籍中所记载的冬至、夏至影长数据的原文影印资料见本文附图，原文部分内容如下。

《易纬通卦验》(武英殿聚珍版全书)：“冬至广莫风至，兰、射干生，麋角解，曷旦不鸣。晷长丈三尺，阴气去，阳云出，其茎末如树木之状……夏至景风至，暑且湿，蝉鸣，螳螂生，鹿角解，木茎荣。晷长四寸八分，少阴云出，如水波崇崇。”

《淮南子·天文训》(北宋刻本)：“日冬至，井水盛，盆水溢，羊脱毛，麋角解，鹊始巢，八尺之修，日中而景①丈三尺。日夏至而流黄泽，

①景，通“影”。本部分古籍资料中“景”皆同此用法。

石精出，蝉始鸣，半夏生，蚊虻不食驹犊，鸷鸟不搏黄口。八尺之景，修径尺五寸。景修则阴气盛，景短则阳气盛。”

《周髀算经》（明崇祯时期汲古阁刊本）：“故冬至日晷丈三尺五寸，夏至日晷尺六寸。冬至日晷长，夏至日晷短。日晷损益寸，差千里。”

《汉书·天文志》（北宋刻递修本）：“夏至至于东井，北近极，故晷短；立八尺之表，而晷景长尺五寸八分。冬至至于牵牛，远极，故晷长；立八尺之表，而晷景长丈三尺一寸四分。”

《隋书·天文志》（宋刻递修本）：“隋兴已后，日景渐长。开皇元年，冬至之景长一丈二尺七寸二分；自尔渐短，至十七年，冬至景一丈二尺六寸三分。四年冬至，在洛阳测景长，一丈二尺八寸八分。二年夏至，景一尺四寸八分，自尔渐短。至十六年夏至，景一尺四寸五分。其十八年冬至，阴云不测。元年、十七年、十八年夏至，亦阴云不测。”

《新唐书·历志》（明末毛晋汲古阁十七史本）：“今以句（勾）股校阳城中晷，夏至尺四寸七分八厘，冬至丈二尺七寸一分，半定春秋分五尺四寸三分，以覆矩斜视，极出地三十四度十分度之四。”

《唐会要·卷四十二》（清光绪十年即1884年刊本）：“朗州武陵，北极高二十九度五分（冬至，影在表北一丈五寸三分。定春秋分，影在表北四尺四寸七分；夏至，影在表北七寸七分）[①]。蔡州武津馆，北极高三十三度八分（冬至，影在表北一丈二尺三寸八分；夏至，影在表北一尺三寸六分）。许州扶沟，北极高三十四度三分（冬至，影在表北一丈二尺五寸；定春秋分，影在表北五尺三寸七分；夏至，影在表北一尺四寸四分）。河南府告成，北极高三十四度七分（冬至，影在表北一丈二尺七寸一分；定春秋分，影在表北五尺四寸五分；夏至，影在表北一尺四寸九分）。汴州浚仪太岳台，北极高三十四度八分（冬至，影在表北一丈二尺八寸五分；定春秋分，影在表北五尺五寸；夏至，影在表北一尺五寸三分）。滑州白马，北极高三十五度三分（冬至，影在表北一丈三尺；定春秋分，影在表北五尺五寸六分；夏至，影在表北一尺五寸七

①括号内字为原书注疏。余同。

分）。太原府（恒春分影在表北六尺）。蔚州横野军，北极高四十度（冬至，影在表北一丈五尺八寸九分；定春秋分，影在表北六尺六寸二分；夏至，影在表北二尺二寸九分）。”

《宋史·律历志》（明成化十六年即 1480 年刊本）：“冬至，元年己丑十一月十九日戊申，新表测景长一丈二尺八寸五分，王朴算景长一丈二尺八寸六分，新法算景长一丈二尺八寸五分……夏至，二年庚寅五月二十五日辛亥，新表测景长一尺五寸七分半，王朴算景长一尺五寸一分，新法算景长一尺五寸七分。”

3.2 研究方法

为了推算出古籍中记载的冬至、夏至日影长度所对应的观测年代与地理纬度，本文首先以国家天文台赵永恒研究员所提出的计算方法为基础（简称赵方法），计算流程如图 1 所示。利用赵方法计算出公元前与公元后各 4 组的冬至、夏至影长数据的观测年代与地理纬度推算结果，并改进赵方法中部分算法，以提高公元后记载数据的估算效果。为了深入验证改进后赵方法的算法可信性，本文将冬至、夏至影长数据的选取范围从正史记载拓展至国家典章。《唐会要》为专门记录唐代的政治、经济、文化等各项政治制度沿革的书籍，其中卷四十二记载了公元 724 年唐代僧人一行的大地测量结果，其中可用的各地冬至、夏至影长数据共 7 组。结果显示，无论是原始的赵方法，还是改进后的赵方法，对新增加的影长数据观测年代与地理纬度的推算能力均有限。由此，本文采取全新的算法，以现代天文学算法为核心，摒弃赵方法中的部分概念与相应算法，最终完成了 15 组数据的观测年代与地理纬度的推算。全文研究与计算逻辑如图 2 所示。

现存的关于日影长度的史料记载众多，本文在前人的研究基础上，将重点介绍对赵方法的算法改进，以及将现代天文学算法为核心的观测误差拟合纳入计算模型，从而得出精度较高的观测年代与地理纬度范围的推算。

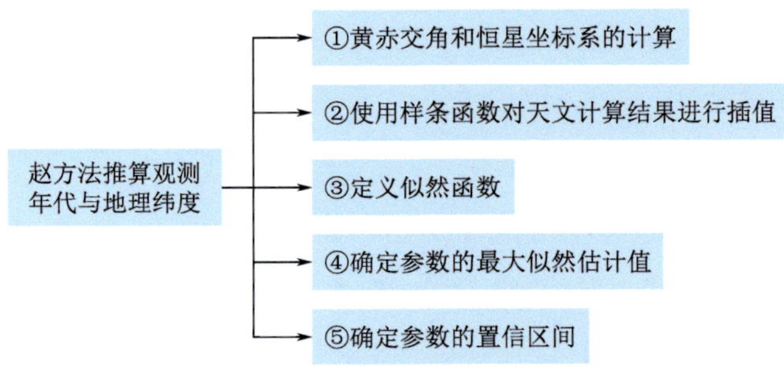

图 1　赵方法根据日影长度推算观测年代与地理纬度的具体步骤

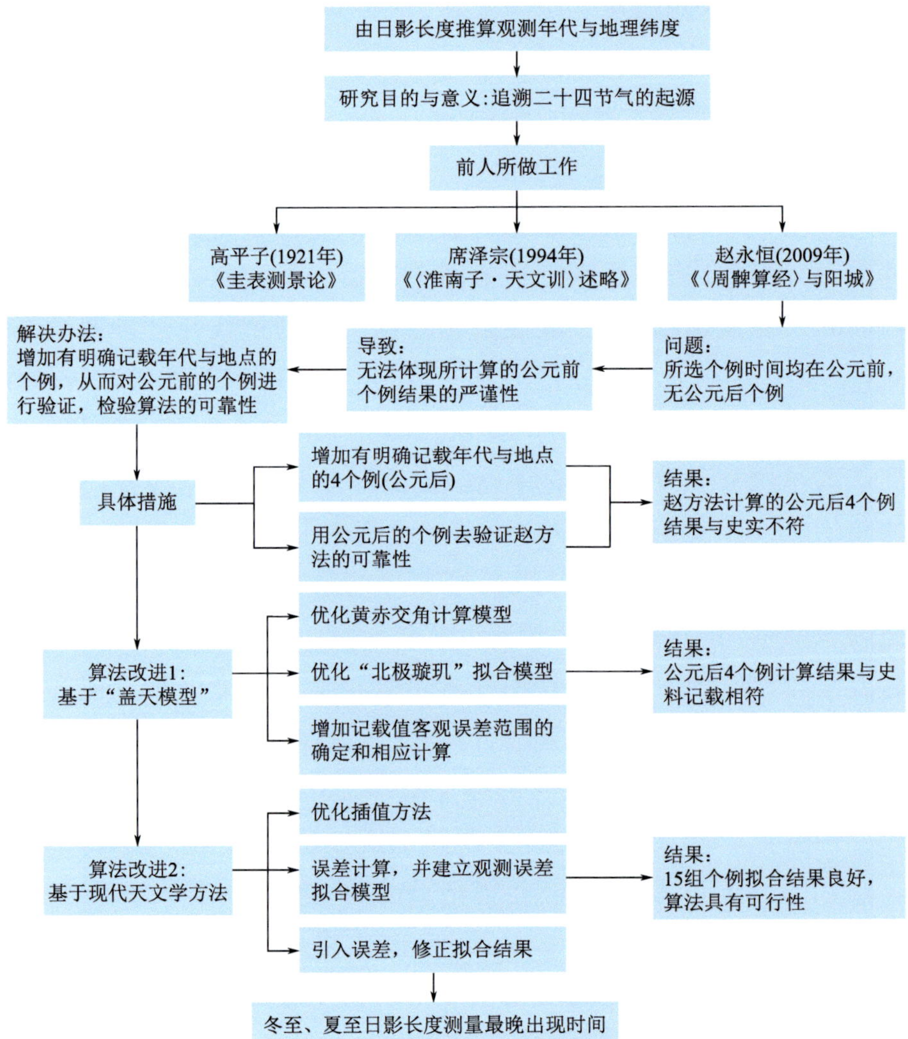

图 2　本文研究与计算逻辑

4 结果与讨论

本文首先根据赵方法，选取《易纬通卦验》《淮南子·天文训》《隋书·天文志》《新唐书·历志》等7部古籍中记载的8组冬至、夏至影长观测数据用于计算（表1）。需要说明的是，公元前的典籍中，本文未选取赵方法中引用的《周礼》，是因为《周礼》中的冬至夏至影长数据，实为东汉郑玄的注释，而非原文。基于此原因，选用与《周礼》郑玄注中的影长数据完全相同的《淮南子·天文训》，作为冬至影长13尺①，夏至影长1.5尺的正式引用出处，用于推算观测年份以及地理纬度，相应拟合结果如表2所示。

表1 古籍记载冬至、夏至影长数据及相应的观测年份与地理纬度

典籍	夏至影长/尺	冬至影长/尺	观测时间（年份）	观测点及地理纬度(°N)
易纬通卦验	1.480	13.000	—	—
淮南子·天文训	1.500	13.000	—	—
周髀算经	1.600	13.500	—	—
汉书·天文志	1.580	13.140	—	—
隋书·天文志（测1）	1.480	12.720	公元582	洛阳:34.66
隋书·天文志（测2）	1.450	12.630	公元596	洛阳:34.66
新唐书·历志	1.478	12.715	公元724	告成:34.46
宋史·律历志	1.570	12.840	公元1050	汴京:34.80

①汉代1尺≈23～23.75厘米。

表 2　基于赵方法的观测记载数据拟合结果

典籍	北极星	重新拟合时间（年份）	重新拟合地点（°N）	赵方法拟合时间（年份）	赵方法拟合地点（°N）
易纬通卦验	HD123299	公元前 2023^{+29}_{-29}	$34.22^{+0.09}_{-0.09}$	公元前 2042^{+3}_{-2}	$34.22^{+0.02}_{-0.01}$
淮南子・天文训	HD107193	公元前 1012^{+41}_{-41}	$34.33^{+0.1}_{-0.1}$	公元前 1032^{+4}_{-3}	$34.32^{+0.01}_{-0.01}$
周髀算经	HD107193	公元前 501^{+65}_{-65}	$35.16^{+0.08}_{-0.08}$	公元前 511^{+66}_{-66}	$35.20^{+0.08}_{-0.08}$
汉书・天文志	HD107193	公元前 48^{+42}_{-42}	$34.72^{+0.09}_{-0.09}$	公元前 53^{+3}_{-4}	$34.72^{+0.01}_{-0.01}$
隋书・天文志（测 1）	HD8890	公元 1157^{+28}_{-28}	$34.07^{+0.06}_{-0.06}$	—	—
隋书・天文志（测 2）	HD8890	公元 1149^{+26}_{-26}	$34.03^{+0.04}_{-0.04}$	—	—
新唐书・历志	HD8890	公元 1165^{+24}_{-24}	$34.07^{+0.06}_{-0.06}$	—	—
宋史・律历志	HD8890	公元 1223^{+26}_{-26}	$34.53^{+0.03}_{-0.03}$	—	—

为进一步检验拟合结果的准确性，本文将拟合结果与古籍中记录的观测时间与赵方法推测的观测时间进行对比。结果表明：(1)针对《易纬通卦验》《淮南子・天文训》《周髀算经》等公元前观测记载数据，以盖天模型为基础的天文学方法拟合效果较好；(2)《隋书・天文志》《新唐书・历志》《宋史・律历志》中观测记载数据的观测时间分别在 582 年、596 年、724 年和 1050 年附近，但上述算法拟合的观测时间依次为 1157 年、1149 年、1165 年和 1223 年，平均误差达到 435.5 年，拟合效果并不理想。因此，本文对可能产生误差的原因进行逐一查找。

原因一：黄赤交角的变化，如图 3 所示。为推测影长数据的观测时间和观测地点，赵永恒采用了国际天文联合会的 P03 模型中的方法进行黄赤交角的计算，并基于天文学方法定义最大似然函数 τ，对主表观测数据进行拟合。P03 模型中的黄赤交角计算公式如下：

$$\varepsilon = 23°26'21.406'' - 46.836769''t - 0.0001831''t^2 + 0.00200340''t^3 - 5.76''\times10^{-7}t^4 - 4.34''\times10^{-8}t^5 \tag{1}$$

式中，ε 表示黄赤交角，t 表示从儒略纪元的标准纪元 J2000.0(以地球时 2000 年 1 月 1 日 12 时作为起始)开始的儒略世纪数。

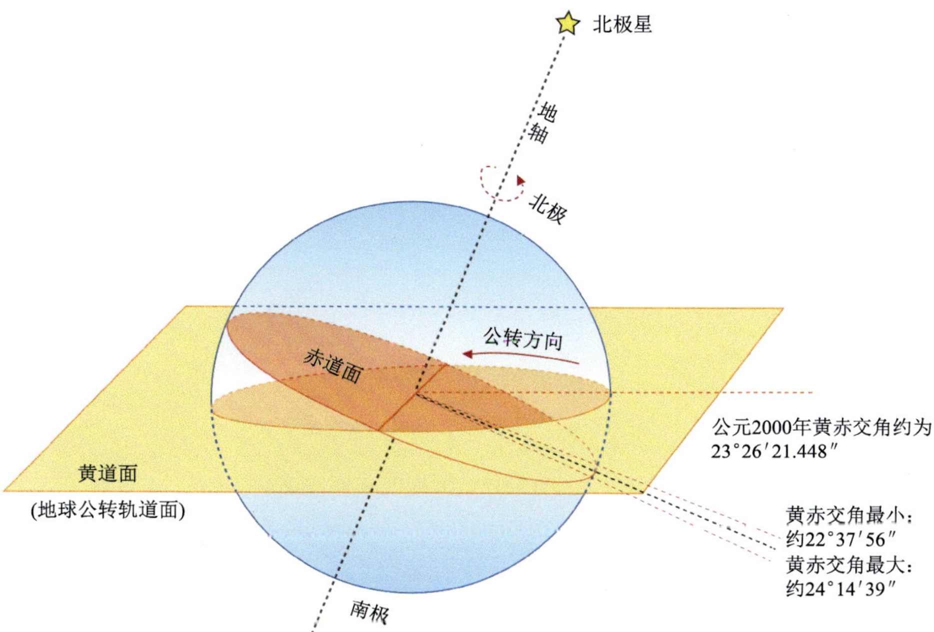

图 3　黄赤交角示意图

唐凯、唐正宏等指出,P03 岁差表达式为五次项,虽然精度很高,但只适用于 J2000.0 附近几千年的范围,其误差会在更长的时间范围内迅速增加[7]。法国巴黎天文学研究所天文学家 Laskar 采用了一个更加精确的黄赤交角计算公式,使 1000 年的 t^{10} 误差仅为 0.02″,10000 年的误差仅为几弧秒。本文采用了 Laskar 所提出的精度更高的黄赤交角计算公式[8],对其随年代的变化进行重新计算(图 4),计算公式如下:

$$\varepsilon = 23°26'21.448'' - 4680.93''t - 1.55''t^2 + 1999.25''t^3 - 51.38''t^4 - 249.67''t^5 - 39.05''t^6 + 7.12''t^7 + 28.87''t^8 + 5.79''t^9 + 2.45''t^{10} \quad (2)$$

原因二:最大似然函数中“璇玑”拟合的修改。赵方法中,似然函数的定义方程如下:

$$-2\sigma^2 \ln^{\tau} = [L_x - L_b \tan(\varphi - \varepsilon)]^2 + [L_d - L_b \tan(\varphi + \varepsilon)]^2 + [L_j - L_b/(\tan(\varphi + 90° - \delta))]^2 \quad (3)$$

式中,L_b、L_x、L_d、L_j 分别表示主表长度、夏至日影长度、冬至日影长度、“璇玑”最南点的晷影长度;σ、φ、ε、δ 分别表示测量误差、地理纬

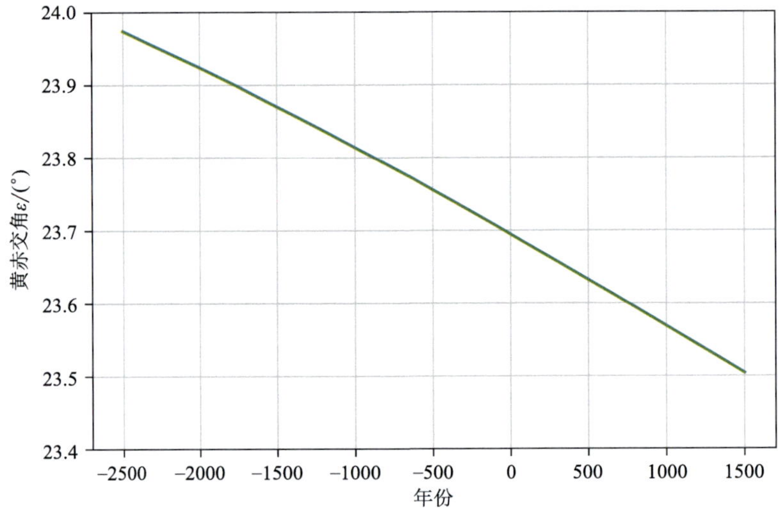

图 4　根据 Laskar 方法计算所得出的公元前 2500 年至公元后 1500 年黄赤交角变化

度、黄赤交角、北极星赤纬。

值得注意的是，此方法基于盖天模型，模型中提出 L_x、L_d、L_j 三者关系满足：$L_j = L_d - 2L_x$，即在无法获得“璇玑”最南点的晷影观测长度 L_j 时，可以通过 L_x、L_d 观测值对 L_j 进行估算。

为提高公元后观测记载数据的时间与地理纬度的计算准确性，本文提出二元多项式回归拟合模型，探究三者之间的关系，方法如下：

$$L_{j1} = \beta_0 + \boldsymbol{coef} \cdot \boldsymbol{X} \tag{4}$$

式中，β_0 为截距项，$\boldsymbol{coef}$ 为多项式系数的矩阵，$\boldsymbol{X}$ 为多项式项的矩阵，由矩阵$[L_d^0, L_d^1, L_d^2, L_d^3]$与$[L_x^0, L_x^1, L_x^2, L_x^3]$中的每一项的乘积构成。

利用 Laskar 黄赤交角计算公式结合订正后的 L_j，可得出 8 组观测记载数据推算结果（表 3）。

经过更为精确的黄赤交角计算公式以及二元多项式拟合回归模型的共同修正，观测时间与观测地点的纬度范围的计算更接近真实值，精确的黄赤交角计算公式主要体现在误差范围的缩小上，而二元多项式拟合回归模型可大幅缩小公元后的数据拟合年份与真实年份之间的差距。利用有明确观测时间与地理纬度的日影长度数据来验

表 3 改进黄赤交角计算公式以及订正 L_j 后观测记载数据拟合结果

典籍	拟合时间(年份)		拟合地点(°N)	
	订正前	订正后	订正前	订正后
易纬通卦验	公元前2023±29	公元前1922±5	34.22±0.09	34.23±0.02
淮南子·天文训	公元前1012±41	公元前1135±6	34.33±0.1	34.31±0.02
周髀算经	公元前501±65	公元前500±52	35.16±0.08	35.06±0.08
汉书·天文志	公元前48±42	公元前35±29	34.72±0.09	34.75±0.08
隋书·天文志(测 1)	公元1157±28	公元574±6	34.07±0.06	33.97±0.02
隋书·天文志(测 2)	公元1149±26	公元558±6	34.03±0.04	33.77±0.01
新唐书·历志	公元1165±24	公元718±7	34.07±0.06	33.96±0.02
宋史·律历志	公元1223±26	公元1081±8	34.53±0.03	34.79±0.03

证算法的准确度,从而进一步计算无明确文献记载的、年代更为久远的日影长度的观测时间与地理纬度的推论变得更有可信度。

为了进一步验证改进后赵方法的准确性,本文又从《唐会要·卷四十二》中选取 7 组冬至、夏至日影长度数据(表 4),通过丰富样本量,再次检验算法的可行性。但结果表明,改进后的赵方法对《唐会要·卷四十二》中数据的拟合效果并不理想,拟合年份相比于真实观测的公元 724 年,平均年份误差超过 170 年,与真实情况不符。因此从结果上来说,改进后的赵方法并不能作为一个普适方法来计算 8 尺之表测量下的影长所对应的观测年份与地理纬度,算法仍有较大的改进空间。

曹一提出由《周髀算经》原文不能构造出与其叙述相符合的宇宙模型,对其自洽性提出质疑,这侧面反映了盖天模型可能存在缺陷[9]。由此,本文在接下来的算法改进过程中,摒弃了盖天模型中的“北极璇玑”长度项,采用现代天文学为核心的算法,对公元后的影长观测值进行误差分析,误差值如表 5 所示。

表 4 《唐会要·卷四十二》中 7 组冬至、夏至影长数据及观测点地理纬度

观测点	现地名	夏至影长/尺	冬至影长/尺	地理纬度（°N）
朗州武陵	湖南常德	0.77	10.53	29.05
蔚州横野军	河北蔚县	2.29	15.89	39.82
蔡州武津馆	河南上蔡	1.36	12.38	33.27
许州扶沟	河南扶沟	1.44	12.50	34.05
河南府告成	河南开封	1.49	12.71	34.41
汴州浚仪太岳台	河南汴州	1.53	12.85	34.82
滑州白马	河南滑县	1.57	13.00	35.54

表 5 公元后古籍记载影长数据的绝对误差

典籍	地点	夏至影长/尺	误差/尺	冬至影长/尺	误差/尺
隋书·天文志（测 1）	洛阳	1.480	0.12	12.720	0.35
隋书·天文志（测 2）	洛阳	1.450	0.15	12.630	0.43
新唐书·历志	告成	1.478	0.10	12.715	0.24
宋史·律历志	汴京	1.570	0.06	12.840	0.26
唐会要·卷四十二	朗州武陵	0.770	0.03	10.530	0.05
	蔚州横野军	2.290	0.08	15.890	0.27
	蔡州武津馆	1.360	0.04	12.380	−0.01
	许州扶沟	1.440	0.07	12.500	0.25
	河南府告成	1.490	0.07	12.710	0.22
	汴州浚仪太岳台	1.530	0.09	12.850	0.29
	滑州白马	1.570	0.16	13.000	0.52

在对公元后影长数据进行误差分析后，拟合公元前的 4 组典籍中的影长数据的误差，同时在计算模型中引入误差范围内的目标函数极小化的估算值，从而修正整体的拟合结果，最终结果如图 6 所示。经过以现代天文学为核心的观测影长数值的误差修正，可以得出 15 组冬至、夏至日影长度数据的年份误差范围。从表 6 可以看出，即便存在一定的观测误差，最终计算得出的结果整体表现出拟合年份与历史记载的年份平均误差均为 23 年。图 5 能直观地看出本文 15 组日影长度数据拟合出的观测年份结果及其与真实结果之间的误差。同时，公元后影长数据的最终观测年份与地理纬度拟合结果表现良好，使得基

表 6　15 组冬至、夏至影长数据最终拟合结果

典籍	地点	观测时间（年份）	拟合时间（年份）	观测纬度（°N）	拟合纬度（°N）
易纬通卦验	—	—	公元前 1814	—	34.28
淮南子·天文训	—	—	公元前 1017	—	34.69
周髀算经	—	—	公元前 531	—	35.07
汉书·天文志	—	—	公元前 115	—	34.73
隋书·天文志(测 1)	洛阳	公元 582	公元 558	34.66	34.10
隋书·天文志(测 2)	洛阳	公元 596	公元 562	34.66	34.08
新唐书·历志	告成	公元 724	公元 753	34.46	34.24
宋史·律历志	汴京	公元 1050	公元 1024	34.80	34.80
唐会要·卷四十二	朗州武陵	公元 724	公元 741	29.05	28.99
	蔚州横野军	公元 724	公元 719	39.82	39.84
	蔡州武津馆	公元 724	公元 753	33.27	33.27
	许州扶沟	公元 724	公元 727	34.05	34.07
	河南府告成	公元 724	公元 750	34.41	34.27
	汴州浚仪太岳台	公元 724	公元 716	34.82	34.48
	滑州白马	公元 724	公元 775	35.54	35.10

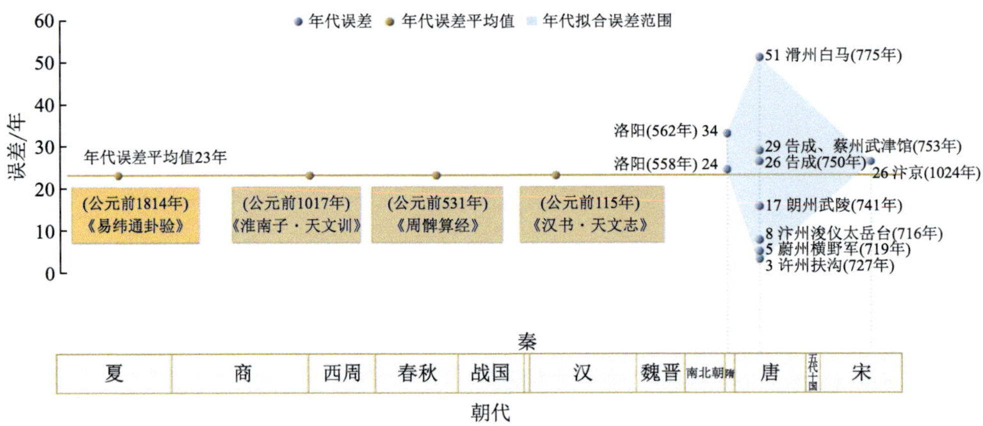

图 5　对古代冬至、夏至影长观测记录的年代拟合结果及误差示意图

（隋、唐、宋观测影长数据分别来自《隋书·天文志》《新唐书·历志》《唐会要·卷四十二》《宋史·律历志》）

于修订后的算法推算观测年份的可信度大大提高。与此同时，表 6 也给出了观测地纬度拟合的结果，与实际观测地纬度的误差均在 0.58°以内，平均纬度误差为 0.22°。

拟合得出的观测点地理纬度分布地图如图 6 所示。需要说明的是，由于此算法只涉及观测年份和纬度的拟合，具体地点的确定也需要经度的匹配。公元后冬至、夏至日影观测点的经纬度参照了谭其骧所编写的《中国历史地图集》，信息相对准确。公元前冬至、夏至影长观测记录的纬度拟合如图 7 所示，更加精确的地点有待进一步考证。

基于上述改进的算法，以公元前的两部典籍《淮南子·天文训》和《易纬通卦验》为例，进一步对算法估计的观测年份进行了探究。

《淮南子·天文训》由淮南王刘安组织其门客撰写而成，其中冬至日与夏至日日影长度分别为 13 尺和 1.5 尺，根据计算结果，日影长度所对应的观测年份为公元前 1017 年（西周时期），观测地点在 34.69°N，这与《淮南子·天文训》的成书时间（公元前 139 年）和成书地点（淮南国都城，即今安徽寿县 31°N 左右）相去甚远。

在研究背景中，本文提及了有关二十四节气确立时间的三种观点，如若以最早的历史文献所记载的冬至和夏至日影长度所在年份为

图 6　公元后冬至、夏至影长观测记录的地点拟合结果示意图

（隋、唐、宋观测影长数据分别来自《隋书·天文志》《新唐书·历志》

《唐会要·卷四十二》《宋史·律历志》）

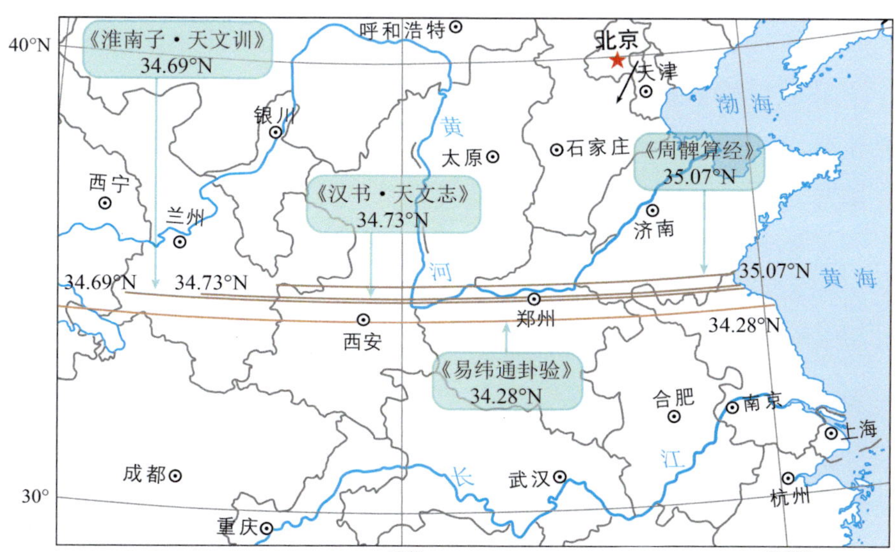

图 7　公元前冬至、夏至影长观测记录的纬度拟合结果示意图

二十四节气确立的标志，那么经过计算可得《易纬通卦验》中的观测年份为公元前 1814 年，距今超过 3800 年，利用此方法所测定的观测年份可为节气体系创立推论提供参考。

5 总结

本文基于《易纬通卦验》《淮南子·天文训》《周髀算经》《汉书·天文志》《新唐书·历志》等典籍中记载的 15 组日影长度观测数据，采用天文学方法进行推算，以期估算出最早记载冬至和夏至日影长度的观测年份。根据赵方法，得到《易纬通卦验》《淮南子·天文训》《周髀算经》《汉书·天文志》等观测记载数据的观测年份依次为公元前 2023 年、公元前 1012 年、公元前 501 年前后、公元前 48 年；《隋书·天文志》《新唐书·历志》《宋史·律历志》中观测记载数据拟合的观测时间依次为公元 1157 年、1149 年、1165 年和 1223 年。对比发现，基于盖天模型的似然函数对公元前观测记载数据拟合效果较好，但是对公元后数据拟合效果并不理想。为减小误差，本文进一步利用更加精确的黄赤交角计算公式以及二元多项式拟合模型对 L_j 进行订正，并用似然函数重新拟合所选用的各组实测影长数据，同时利用观测误差，对拟合结果进行检验。结果发现订正后的算法对部分典籍的拟合结果准确性有较大提高，但对《唐会要·卷四十二》中的 7 组影长数据的拟合效果并不好，这侧面说明了盖天模型假说具有局限性。

为了提高观测年份与观测点纬度的拟合准确性，本文摒弃盖天模型中的部分概念后，采用全新算法，以现代天文学为核心，通过引入误差项以及在误差内计算目标函数极小化的值，最终得出 15 组影长数据的观测年份与纬度推算结果，结果表明拟合年份与实际年份之间的平均差值为 23 年，纬度拟合误差均值为 0.22°，拟合结果效果较好。这使得本研究最为关注的《淮南子·天文训》以及《易纬通卦验》的拟合年份分别为公元前 1017 年和公元前 1814 年，分别属于西周时期与夏时期，且推算得出的《淮南子·天文训》的观测纬度并非在淮南国都城(今安徽寿县)。拟合结果还表明,《易纬通卦验》为现存的、最早记载冬至和夏至日影长度的古籍,距今超过3800年。根据记载的影长数据,通过算法拟合出观测年份与观测点纬度,为节气体系的溯源提供了参考。

致谢

本文在写作过程中,国家天文台赵永恒研究员提供了日影推算年代和纬度计算方法、清华大学历史系刘晓峰教授对论文结果提出的历史学考证思路、北京大学工学院陈国谦教授对论文天文算法方案的全面审核、中国农业博物馆唐志强研究馆员对二十四节气溯源考证方法提出建议。在此,一并致谢。

参考文献

[1] 沈志忠. 二十四节气形成年代考 [J]. 东南文化, 2001 (1): 53-56.

[2] 何努. 陶寺遗址展示的古代文明 [N]. 人民日报, 2022-07-23 (8).

[3] 黎耕, 孙小淳. 陶寺ⅡM22漆杆与圭表测影 [J]. 中国科技史杂志, 2010, 31 (4): 10.

[4] 高平子. 圭表测景论 [A] //高平子天文历学论著选 [C]. 台北: 台湾"中央研究院"数学研究所, 1987: 209-222.

[5] 席泽宗.《淮南子·天文训》述略 [J]. 科学通报, 1962 (6): 35-39.

[6] 赵永恒.《周髀算经》与阳城 [J]. 中国科技史杂志, 2009, 30 (1): 102-109.

[7] 唐凯, 唐正宏, 陶金河. 地球运动的长期演化研究进展 [J]. 天文学进展, 2016, 34 (2): 15.

[8] Laskar J. Secular terms of classical planetary theories using the results of general theory [J]. Astron. Astrophys, 1986, 157: 59-70.

[9] 曹一.《周髀算经》的自洽性分析 [J]. 上海交通大学学报 (哲学社会科学版), 2005 (2): 39-43.

附图

附图 1—8 为本研究所引用古籍原文影印书页。

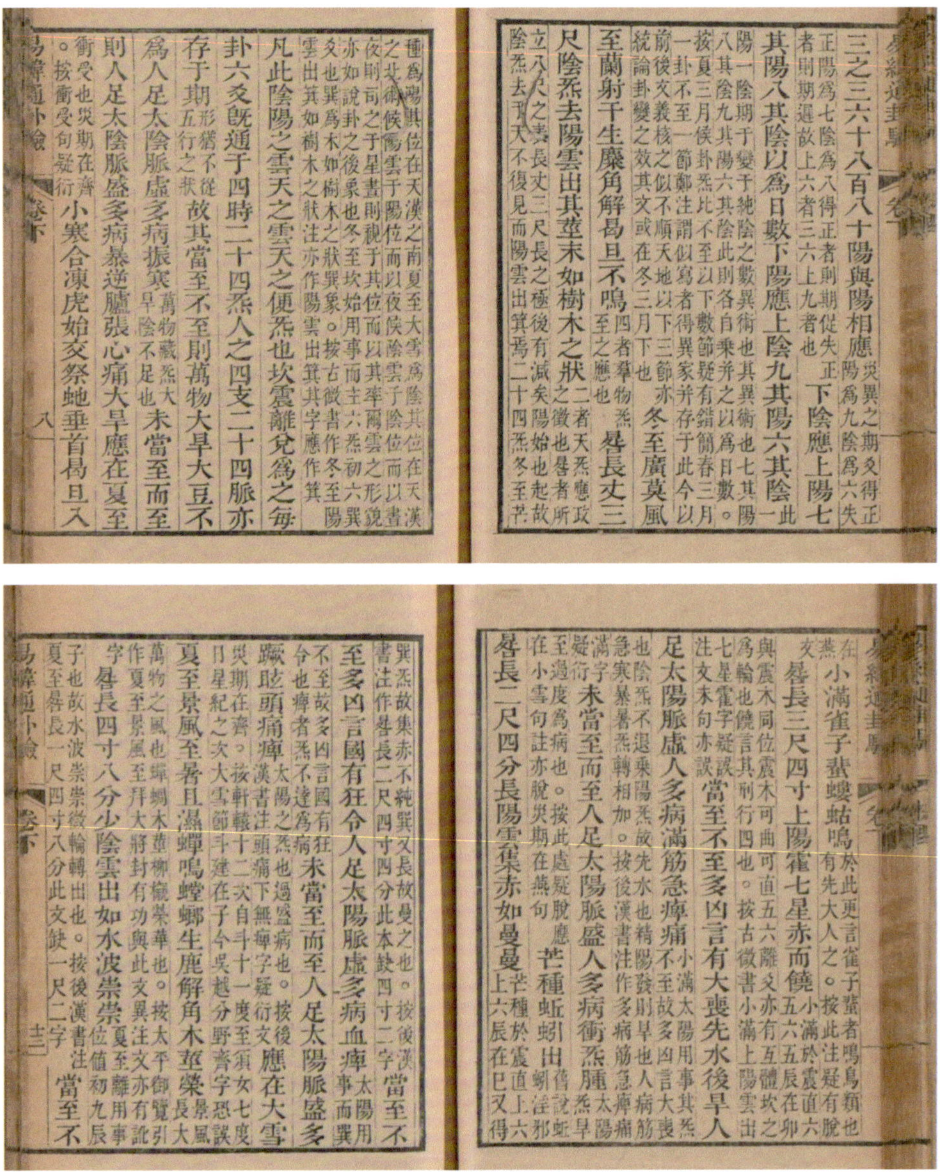

附图 1 《易纬通卦验》冬至和夏至影长观测记录

（武英殿聚珍版全书）

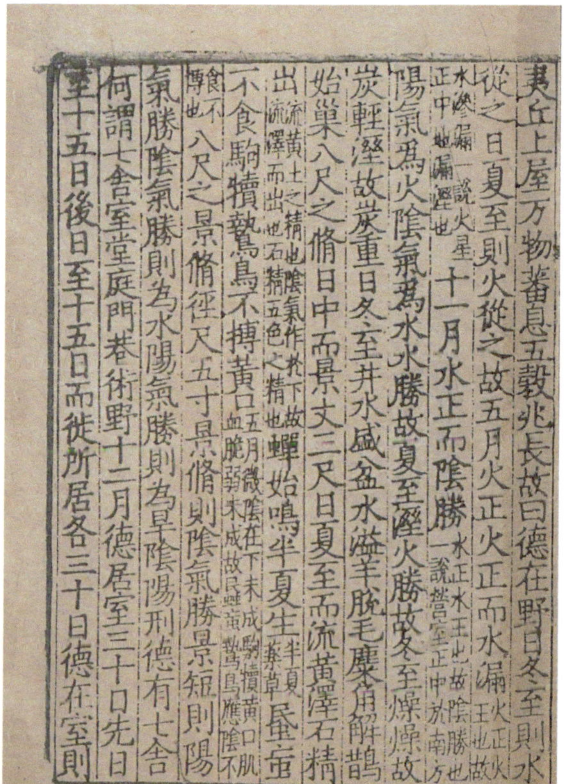

其丘上屋万物蕃息五穀兆長故曰德在野日冬至則水從之日夏至則火從之故五月火正而水漏火正火王也故水漻漏一說火星正中也漏溼也十一月水正而陰勝水正水王也故陰勝也一說營室正中於南方陽氣為火陰氣為水水勝故夏至溼火勝故冬至燥燥故炭輕溼故炭重日冬至井水盛盆水溢羊脫毛麋角解鵲始巢八尺之脩日中而景丈三尺日夏至而流黃澤石精出流黃土之精也陰氣作於下故流澤而出也石精五色之精也蟬始鳴半夏生半夏藥草蚊虻不食駒犢鷙鳥不搏黃口五月微陰在下未成駒犢黃口肌血脆弱未成故蚊虻鷙鳥應陰不食不搏也八尺之景脩徑尺五寸景脩則陰氣勝景短則陽氣勝陰氣勝則為水陽氣勝則為旱陰陽刑德有七舍何謂七舍室堂庭門巷術野十二月德居室三十日先日至十五日後日至十五日而徙所居各三十日德在室則

附图 2 《淮南子·天文训》冬至和夏至影长观测记录

（北宋刻本）

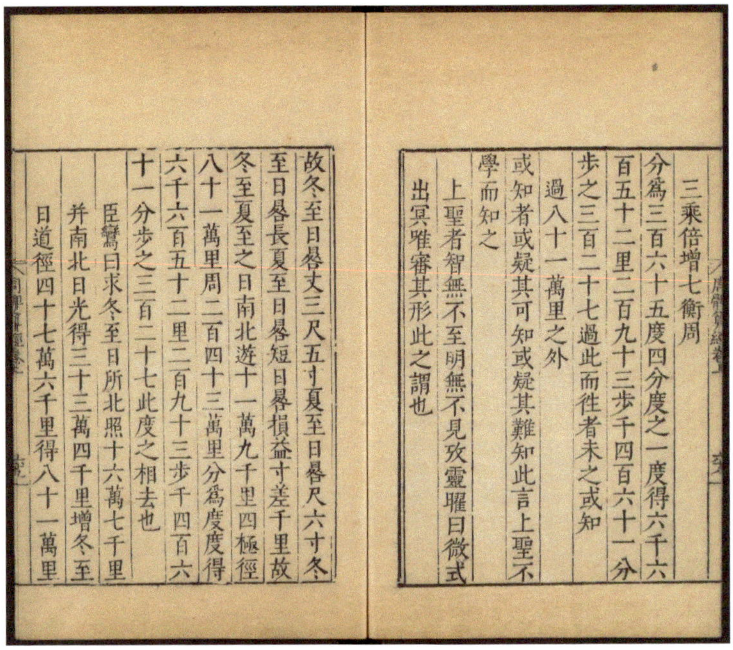
三乘倍增七衡周
分爲三百六十五度四分度之一度得六千六
百五十二里二百九十三步千四百六十一分
步之三百二十七過此而往者未之或知
過八十一萬里之外
或知者或疑其可知或疑其難知此言上聖不
學而知之
上聖者智無不至明無不見攷靈曜曰微式
出冥睢審其形此之謂也
故冬至日晷丈三尺五寸夏至日晷尺六寸冬
至日晷長夏至日晷短日晷損益寸差千里故
冬至夏至之日南北遊十一萬九千里四極徑
八十一萬里周二百四十三萬里分爲度度得
六千六百五十二里二百九十三步千四百六
十一分步之三百二十七此度之相去也
臣鸞曰求冬至日所北照十六萬七千里
并南北日光得三十三萬四千里增冬至
日道徑四十七萬六千里得八十一萬里

附图 3 《周髀算经》冬至和夏至影长观测记录

（明崇祯年间汲古阁刊本）

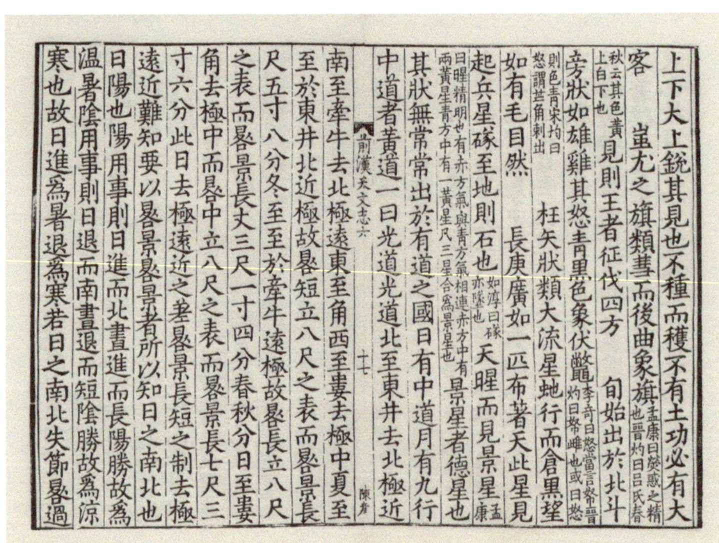
上下大上銳其見也不種而穫不有土功必有大
客
蚩尤之旗類彗而後曲象旗孟康曰熒惑之精也晉灼曰呂氏春秋云其色黃上白下也見則王者征伐四方
旬始出於北斗旁狀如雄雞其怒青黑色象伏鼈李奇曰怒當言帑晉灼曰帑雌也或曰怒則色青宋均曰怒謂芒角刺出
枉矢狀類大流星蛇行而倉黑望如有毛目然
長庚廣如一匹布著天此星見起兵星磏至地則石也如淳曰磏亦墜也
天暒而見景星孟康曰暒精明也有赤方氣與青方氣相連赤方中有兩黃星青方中有一黃星凡三星合為景星也景星者德星也其狀無常常出於有道之國日有中道月有九行
中道者黃道一曰光道光道北至東井去北極近
前漢天文志六 十七
南至牽牛去北極遠東至角西至婁去極中夏至
至於東井北近極故晷短立八尺之表而晷景長
尺五寸八分冬至至於牽牛遠極故晷長立八尺
之表而晷景長丈三尺一寸四分春秋分日至婁
角去極中而晷中立八尺之表而晷景長七尺三
寸六分此日去極遠近之差晷景長短之制去極
遠近難知要以晷景晷景者所以知日之南北也
日陽也陽用事則日進而北晝進而長陽勝故爲
溫暑陰用事則日退而南晝退而短陰勝故爲涼
寒也故日進爲暑退爲寒若日之南北失節晷過

附图 4 《汉书·天文志》夏至和冬至影长观测记录

（北宋刻递修本）

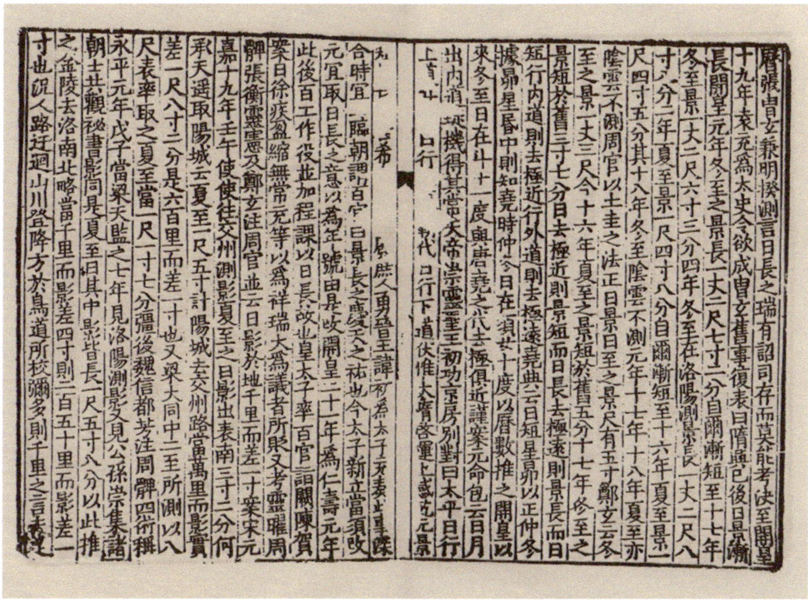

曆張胄玄兼明揆測言日長之瑞有詔司存而莫能考決至開皇
十九年袁充爲太史令欲成胄玄舊事復表曰隋興已後日景漸
長開皇元年冬至之景長一丈二尺七寸二分自爾漸短至十七年
冬至景一丈二尺六寸三分四年冬至在洛陽測景長一丈二尺八
寸八分二年夏至景一尺四寸八分自爾漸短至十六年夏至景一
尺四寸五分其十八年冬至陰雲不測元年十七年十八年夏至亦
陰雲不測周官以土圭之法正日景日至之景尺有五寸鄭玄云冬
至之景一丈三尺今十六年夏至之景短於舊五分十七年冬至之
景短於舊三寸七分日去極近則景短而日長去極遠則景長而日
短行內道則去極近行外道則去極遠堯典云日短星昴以正仲冬
據昴星昏中則知堯時仲冬日在須女十度以曆數推之開皇以
來冬至日在斗十一度與唐堯之代去極俱近謹案元命包云日月
出內道璇璣得其常天帝崇靈聖王初功京房別對曰太平日行
上道[illegible]日行[illegible]代日行下道伏惟大隋啓運上感乾元景
[illegible]希[illegible]庶人勇晉王諱初爲太子充奏此事深
合時宜上臨朝謂百官曰景長之慶天之祐也今太子新立當須改
元宜取日長之意以爲年號由是改開皇二十一年爲仁壽元年
此後百工作役並加程課以日長故也皇太子率百官詣闕陳賀
案日徐疾盈縮無常充等以爲祥瑞大爲議者所貶又考靈曜周
髀張衡靈憲及鄭玄注周官並云日影於地千里而差一寸案宋元
嘉十九年壬午使使往交州測影夏至之日影出表南三寸二分何
承天遙取陽城云夏至一尺五寸計陽城去交州路當萬里而影實
差一尺八寸二分是六百里而差一寸也又梁大同中二至所測以八
尺表率取之夏至當一尺一寸七分彊後魏信都芳注周髀四術稱
永平元年戊子當梁天監之七年見洛陽測影又見公孫崇集諸
朝士共觀秘書影同是夏至日其中影皆長一尺五寸八分以此推
之金陵去洛南北略當千里而影差四寸則二百五十里而影差一
寸也況人路迂迴山川登降方於鳥道所校彌多則千里之言[illegible]

附图 5 《隋书·天文志》冬至和夏至影长观测记录

（宋刻递修本）

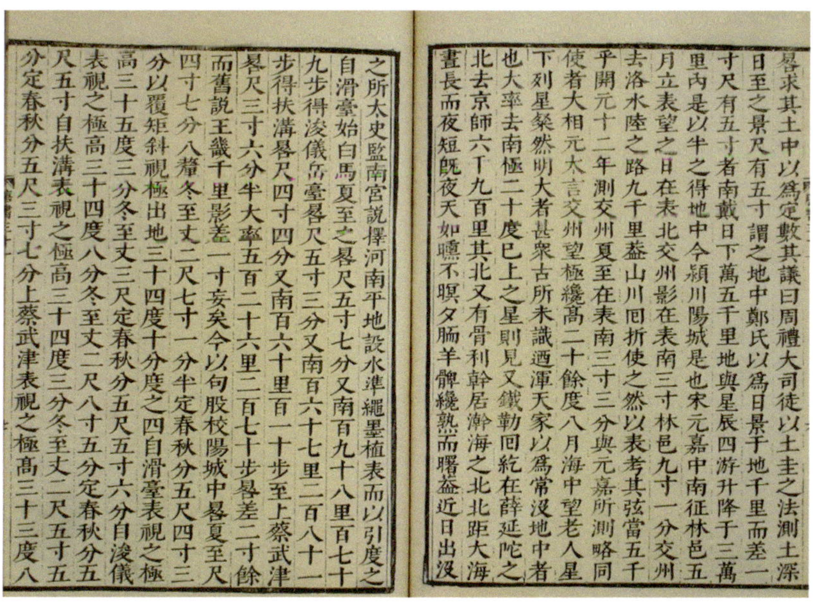

晷求其土中以爲定數其議曰周禮大司徒以土圭之法測土深
日至之景尺有五寸謂之地中鄭氏以爲日景于地千里而差一
寸尺有五寸者南戴日下萬五千里地與星辰四游升降于三萬
里內是以半之得地中今潁川陽城是也宋元嘉中南征林邑五
月立表望之日在表北交州影在表南三寸林邑九寸一分交州
去洛水陸之路九千里葢山川囘折使之然以表考其弦當五千
乎開元十二年測交州夏至在表南三寸三分與元嘉所測略同
使者大相元太言交州望極纔高二十餘度八月海中望老人星
下列星粲然明大者甚衆古所未識迺渾天家以爲常沒地中者
也大率去南極二十度巳上之星則見又鐵勒囘紇在薛延陀之
北去京師六千九百里其北又有骨利幹居瀚海之北北距大海
晝長而夜短既夜天如曛不暝夕胹羊髀纔熟而曙葢近日出沒
之所太史監南宮説擇河南平地設水準繩墨植表而以引度之
自滑臺始白馬夏至之晷尺五寸七分又南百九十八里百七十
九步得浚儀岳臺晷尺五寸三分又南百六十七里二百八十一
步得扶溝晷尺四寸四分又南百六十里百一十步至上蔡武津
晷尺三寸六分半大率五百二十六里二百七十步晷差二寸餘
而舊說王畿千里影差一寸妄矣今以句股校陽城中晷夏至尺
四寸七分八釐冬至丈二尺七寸一分半定春秋分五尺四寸三
分以覆矩斜視極出地三十四度十分度之四自滑臺表視之極
高三十五度三分冬至丈三尺定春秋分五尺五寸六分自浚儀
表視之極高三十四度八分冬至丈二尺八寸五分定春秋分五
尺五寸自扶溝表視之極高三十四度三分冬至丈二尺五寸五
分定春秋分五尺三寸七分上蔡武津表視之極高三十三度八

附图 6 《新唐书·历志》夏至和冬至影长观测记录

（明末毛晋汲古阁十七史本）

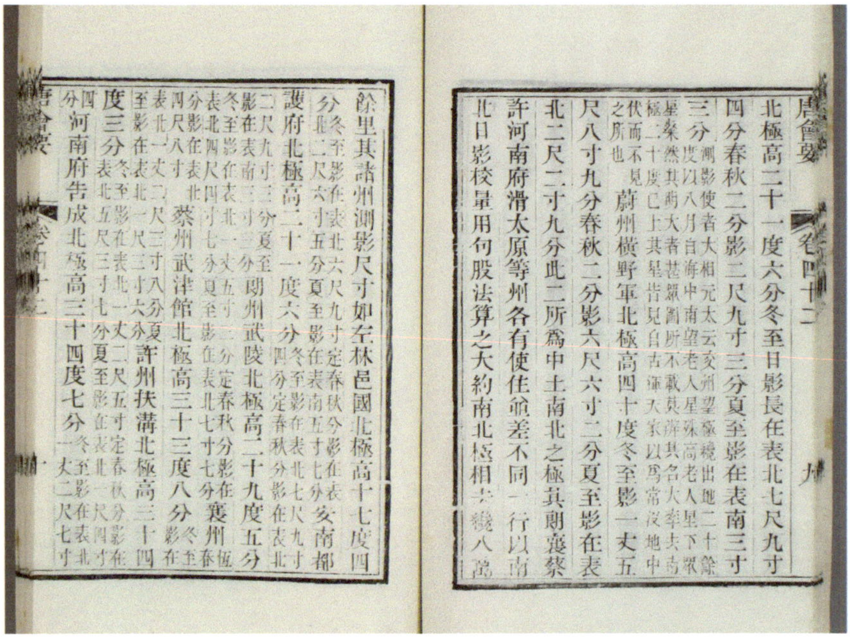

唐會要 卷四十二

北極高二十一度六分冬至日影長在表北七尺九寸
四分春秋二分影二尺九寸三分夏至影在表南三寸
三分（測影使者大相元太云交州望極纔出地二十餘度以八月自海中南望老人星殊高老人星下衆星粲然其明大者甚衆圖所不載莫辨其名大率去南極二十度已上其星皆見自古渾天家以爲常没地中伏而不見之所也）蔚州橫野軍北極高四十度冬至影一丈五
尺八寸九分春秋二分影六尺六寸二分夏至影在表
北二尺二寸九分此二所爲中土南北之極其朗襄蔡
許河南府滑太原等州各有使往頗差不同一行以南
北日影校量用句股法算之大約南北極相去纔八萬

餘里其諸州測影尺寸如左林邑國北極高十七度四
分（冬至影在表北六尺九寸定春秋分影在表北二尺六寸五分夏至影在表南五寸七分）安南都
護府北極高二十一度六分（冬至影在表北七尺九寸四分定春秋分影在表北二尺九寸三分夏至影在表南三寸三分）朗州武陵北極高二十九度五分（冬至影在表北一丈五寸三分定春秋分影在表北四尺四寸七分夏至影在表北七寸七分）襄州（恆春分影在表北四尺八寸）蔡州武津館北極高三十三度八分（冬至影在表北一丈二尺三寸八分夏至影在表北一尺三寸六分）許州扶溝北極高三十四
度三分（冬至影在表北一丈二尺五寸定春秋分影在表北五尺三寸七分夏至影在表北一尺四寸四分）河南府告成北極高三十四度七分（冬至影在表北一丈二尺七寸）

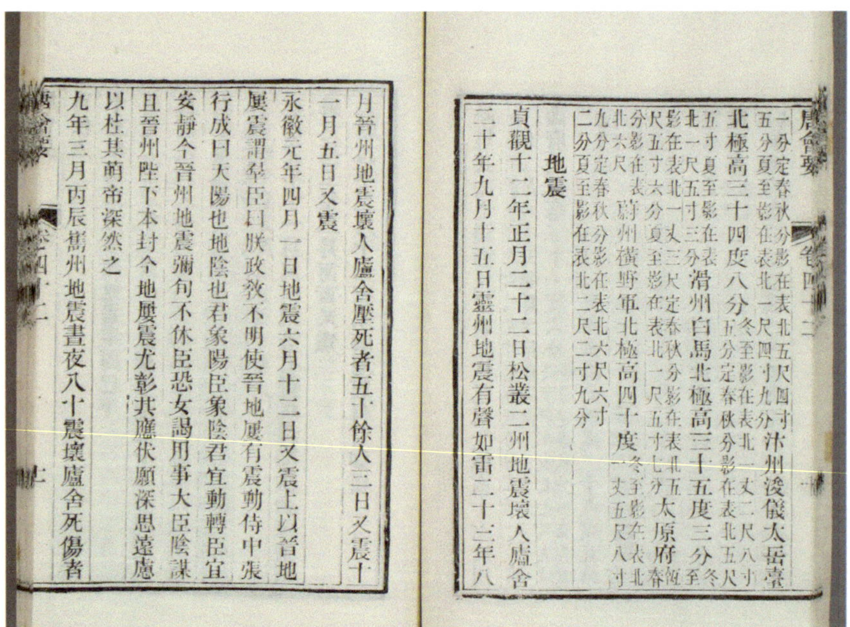

唐會要 卷四十二

（一分定春秋分影在表北五尺四寸五分夏至影在表北一尺四寸九分）汴州浚儀太岳臺
北極高三十四度八分（冬至影在表北一丈二尺八寸五分定春秋分影在表北五尺五寸夏至影在表北一尺五寸三分）滑州白馬北極高三十五度三分（冬至影在表北一丈三尺定春秋分影在表北五尺五寸六分夏至影在表北一尺五寸七分）太原府（恆春分影在表北六尺）蔚州橫野軍北極高四十度（冬至影在表北一丈五尺八寸九分定春秋分影在表北六尺六寸二分夏至影在表北二尺二寸九分）

地震

貞觀十二年正月二十二日松叢二州地震壞人廬舍
二十年九月十五日靈州地震有聲如雷二十三年八

月晉州地震壞人廬舍壓死者五十餘人三日又震十
一月五日又震
永徽元年四月一日地震六月十二日又震上以晉地
屢震謂羣臣曰朕政教不明使晉地屢有震動侍中張
行成曰天陽也地陰也君象陽臣象陰君宜動轉臣宜
安靜今晉州地震彌旬不休臣恐女謁用事大臣陰謀
且晉州陛下本封今地屢震尤彰其應伏願深思遠慮
以杜其萌帝深然之
九年三月丙辰嶲州地震晝夜八十震壞廬舍死傷者

附图 7 《唐会要·卷四十二》“二至”“二分”影长观测记录

（清光绪十年即 1884 年刊本）

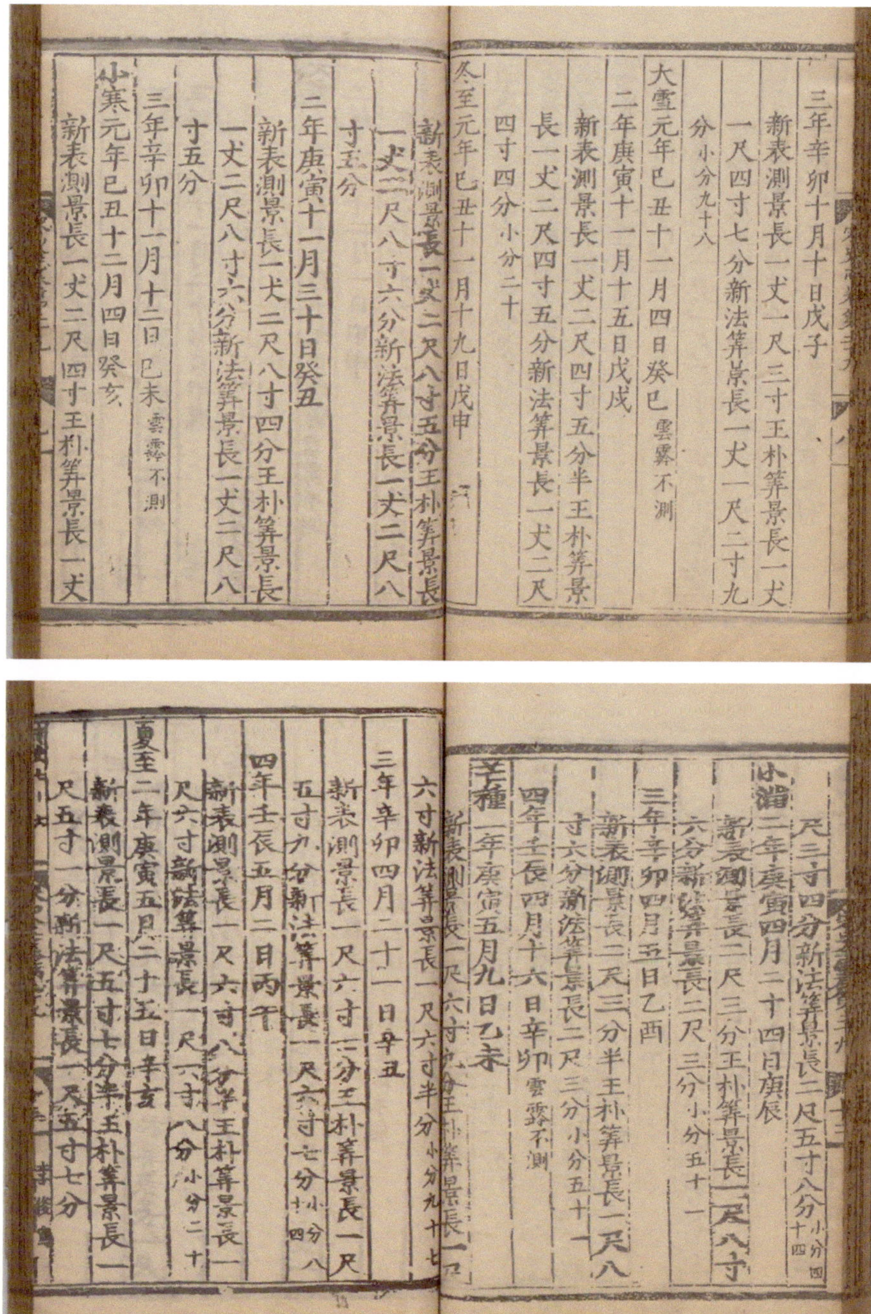

附图 8 《宋史·律历志》冬至和夏至影长观测记录

（明成化十六年即 1480 年刊本）

二十四节气视角下阴气阳气的量化及解析

宋英杰，隋伟辉，张永宁

（中国天气·二十四节气研究院，北京 100081）

摘要： 阴阳学说起源于古人认知世界独特的自然观，并逐渐发展出现“二至”“二分”阴阳变化的数字化雏形，冬至阴极、夏至阳极、春分秋分阴阳各半，二者是此消彼长、相互制衡、总量不变，阴阳可以简化为[0,1]博弈。本文基于阴阳古义，从太阳周年视运动轨迹出发，用太阳直射点纬度驱动的光照长度变化，研制以[0,1]方式量化每个节气日和节气时段阴阳强度，得出阴阳变化是具有超越地域的通用性的结论，初步探讨阴阳（天文）与气温（气象）变化的响应关系，该研究为阴阳在二十四节气中定量应用解析提供科学属性和依据，也将为在阴阳视角下指导人们节气养生提供量化基础。

关键词： 二十四节气；阴气；阳气；白昼时长

1 引言

1.1 阴阳学说的建立和发展

1.1.1 阴阳学说体现了古人对自然的独特认知方式

首先，阴阳学说是古人独特的自然观。追溯到远古时期，起源于人们对太阳运动的认识，阴阳学说在商周时代已露端倪，出现于甲骨文，至此阴阳表示的是天气变化、辨别方位，是有关光照的阴阳[1]。春秋战国时期，阴阳观念又被赋予了新的内涵，将天地之气归结为阴阳二气，《道德经》说“道生一，一生二，二生三，三生万物。万物负阴而抱阳，冲气以为和”。《周易》说“一阴一阳之谓道”[2]。阴阳被引申为万物生克和流转，被看作是宇宙的根本规律。

其次，对阴阳的认识是古人解析寒暑更迭的方法论。《易经》云：“无极生太极，太极生两仪，两仪生四象。”人们认识到，阴阳的变化与四季推进密切相关，《礼记·月令》《吕氏春秋》均记载了夏、冬季节阴阳相争。汉代董仲舒的《春秋繁露》发展了阴阳学说，用“阴阳二气”的运行轨迹解释春、夏、秋、冬不同气候，阴阳被引申为寒暑之气的消长与流转（图 1）。

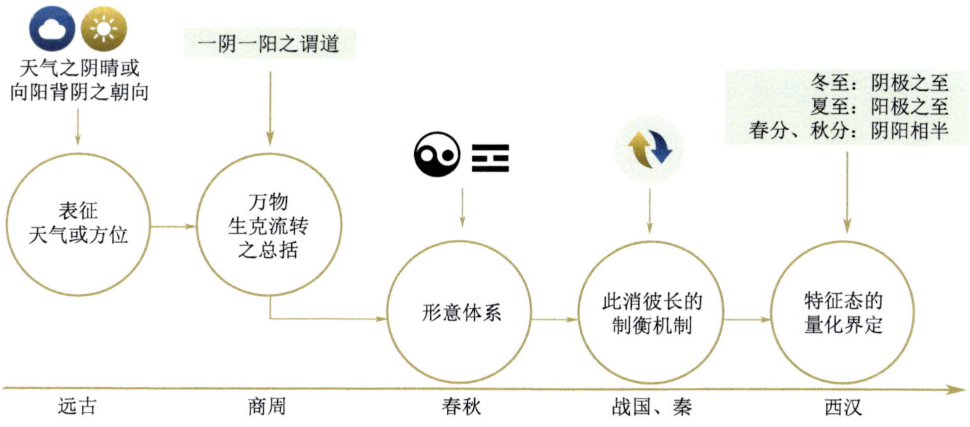

图 1 阴阳学说基本内涵的历史发展

1.1.2 阴阳是此消彼长、交替制衡的

阴阳是此消彼长的总量固定，符合能量守恒。古代医学典籍《黄帝内经·素问》说："阳生阴长，阳杀阴藏""天以阳生阴长，地以阳杀阴藏""阳中有阴，阴中有阳。"[3]《国语·越语》说："阳至而阴，阴至而阳，日困而还，月盈而匡。"[4]

在秦汉时期，初现四季、"二至""二分"的阴阳交替量化雏形。用阴阳变化定性描述四季的春生、夏长、秋收、冬藏，如《管子·形势解》中提出"春者，阳气始上，故万物生；夏者，阳气毕上，故万物长；秋者，阴气始下，故万物收；冬者，阴气毕下，故万物藏"[5]，即阳气在春夏生并达到极致，阴气在秋冬生并达到极致。对阴阳之气时节之变的认识逐渐细化，用冬至阴极、夏至阳极、春分秋分阴阳相半描述节气，初现"二至""二分"的阴阳时空整合数字化的雏形，即可量化理解为冬至阴为1、阳为0，夏至阳为1、阴为0，春分秋分各0.5，阴阳是[0,1]博弈。

1.2 阴阳量化分析的研究现状

从古至今，除"二至""二分"之外，阴阳在很多领域的解析应用普遍处于定性描述阶段。在阴阳的数学表达中，赵喜新等提出了阴阳消长平衡转化的正弦函数式，为中医学理论从定性走向定量化提供新方法[6]。黄岩杰等认为人体生命活动的阴阳水平有一定阈值，生命不同时期的阴阳水平用数学模型描述。许志宇等以阴阳的和为常数，二十四节气作为时间节点，通过太阳光照射在地球表面的入射角与赤道面的夹角关系，得出阴阳变化规律的函数关系数学表达式[7]。总体来看，截至目前，阴阳相关研究普遍集中在中医领域，或者和五行、八卦、太极相关的计算[8]，大部分处于尝试性的阶段，有的无法出参数赋值，有的是以纯粹的数学方法作为研究手段，未能全面地反映阴阳学说的内涵。因此如何量化地界定，以节气、日不同时间尺度得到阴阳强度值，全面认识和理解阴阳的变化、深刻了解科学内涵，进行客观化、通用化的应用解析，需要更多有益的探索。

2 本文阴阳量化计算的逻辑基础和方法

阴阳概念来源于光照，阴阳此消彼长取决于光照变化，光照变化直接取决于昼夜交替长短变化，昼夜长短的状况与太阳直射点所在位置密切相关，因此本研究从太阳运动轨迹出发，基于古义定性描述的四季阴阳变化、时空整合数字化描述的“二至”“二分”的阴阳总量常数且相互转化制衡的变化，构建研制了一年中逐日、节气日、节气时段的阴阳量化计算方法。

2.1 按照“二至”“二分”分段计算全年阳光直射点纬度

黄赤交角的存在，引起太阳直射点在南北回归线之间来回移动，四个关键点即冬至到达最北界即北回归线、夏至到达最南界即南回归线、春分秋分经过赤道，往返一次，即一个太阳回归年。按春分日、秋分日、冬至日、夏至日进行分时段日期计算，得到全年 365 天太阳直射点纬度（图 2）[9]。

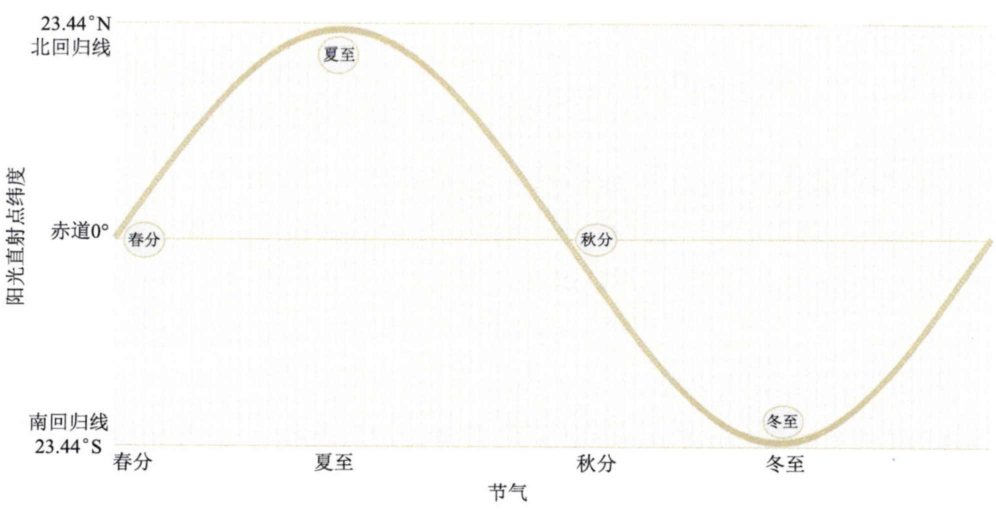

图 2 回归年视角下的阳光直射点纬度变化

2.2 基于全年阳光直射点纬度，计算某地白昼长度

太阳直射点与理论太阳日照时数密切相关，理论日照时数可以来自白昼时长[10-13]。太阳直射点在南北回归线之间来回移动，这种移动会导致昼夜时长变化。同一时间，昼夜半球分界线（圈）叫“晨昏线”。晨昏线把经过的纬线分割成昼弧和夜弧。半昼弧计算公式为：

$$\cos t = -\tan\alpha\tan\beta \tag{1}$$

式中，t 为半昼弧长度，α 为某一日太阳直射点纬度，β 为站点或者某地所在纬度，α 和 β 皆以北半球为正，南半球为负。昼长计算公式为：

$$T_{昼长} = [2\arccos(-\tan\alpha\tan\beta)]/15° \tag{2}$$

式中，T 为白昼时长，单位是 h。极昼极夜地区昼长夜长是定值，昼夜平分时 $2\arcsin(\tan\alpha\tan\beta)=0$。

2.3 基于白昼长度，计算量化古人描述的阴阳强度

利用全年太阳直射点纬度、不同地区纬度位置，计算得到了昼弧以及转化计算白昼时长，但是如何基于古义此消彼长、相互制衡、总量恒定去界定阴阳强度？二进制算法的理论核心“0，1”，对应中国传统文化“阴、阳”，数字化理论用“0，1”来认知、分析并重构世界，阴阳学说此消彼长、总量为常数也是[0，1]的博弈，因此需要将白昼时长转为[0，1]区间变化的函数，考虑到采用无量纲的归一化处理。

昼长的纬度分布规律遵循上文中半昼弧公式(1)，代入下面归一化公式，一年 365 d 第 n 天昼弧归一化：

$$N = \frac{\mathrm{Daylen}_n - \mathrm{Daylen}_{\min}}{\mathrm{LDaylen}_{\max} - \mathrm{Daylen}_{\min}} = \frac{-\tan\alpha_n + \tan\alpha_{\min}}{-\tan\alpha_{\max} + \tan\alpha_{\min}} \tag{3}$$

式中，Daylen_n 为某地全年 365 d 第 n 天昼弧（$n=1,2,\cdots,365$），$\mathrm{Daylen}_{\max}$ 为全年 365 d 中昼弧最大值，$\mathrm{Daylen}_{\min}$ 为全年 365 d 中昼弧最小值。

利用上式计算昼弧的归一化后可见，不同地区全年逐日昼弧即代

表白昼时长，与该地纬度位置无关而仅是阳光直射点纬度的函数。

3 结果与分析

阴阳学说的历史发展，可以看作是从最初光照阴阳，逐渐引申象征为天地万物的生克和流转、寒暑之气更替，进而可以数字化表现为冬至阴极为 1、夏至阳极为 1、春分和秋分各 0.5。本文遵循阴阳古义发展，基于太阳运动—日照变化—昼夜长度的计算，分析构建了更精细的节气阴阳量化的方法，得到精确到日的阴气和阳气强度值。

3.1 阴阳强度变化超越地域性而仅决定于阳光直射点纬度

如图 3 所示，利用昼弧得到我国不同纬度位置的城市夏至白昼时长，是有明显地域差别的。以首都北京、位置最西的乌鲁木齐、位置更南的广州为例，虽然共同点是夏至日前后达到最大值、冬至日前后为最小值，春分秋分昼夜时长平分，但是白昼时长全年逐日值和最大最小值各不相同，纬度高的振幅大、纬度低的振幅小。

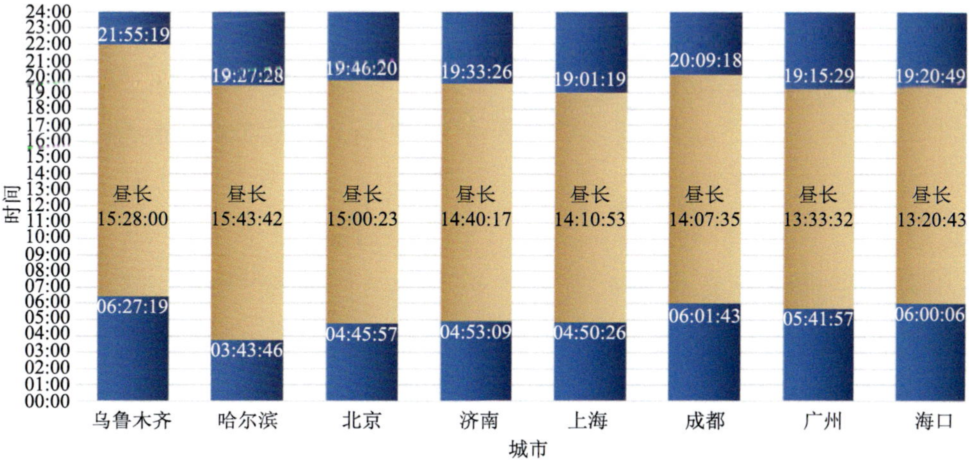

图 3 我国部分城市夏至白昼时长

正如公式(3)，将与阴阳变化密切相关的日照长度即昼弧长度进行归一化后，得到日照长度变化仅与阳光直射点纬度有关，与各地纬度位置无关，正如图 4 计算得到阳光直射点纬度归一化与多个城市白昼时长归一化函数曲线重合，其科学和文化意义在于界定了具有天文特征态的阳气强度，体现北半球不同区域、不同地点的通用性。

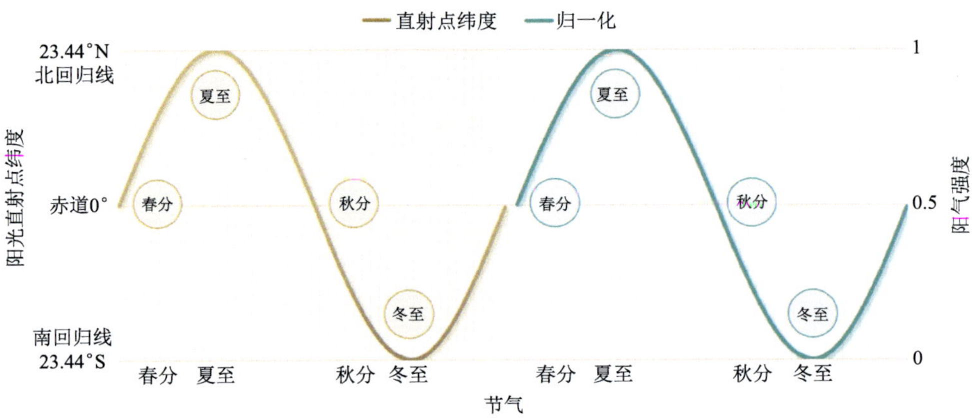

图 4 回归年视角下阳光直射点纬度变化和阳光直射点纬度归一化

3.2 阳气强度的节气特征量化分析

阴气、阳气在不同节气日的强度值变化来看，白昼最短、黑夜最长的冬至，体现了冬至阴极，阳气强度为 0。白昼最长、黑夜最短的夏至，体现了夏至阳极，阳气强度为 1。冬至达到阴气极盛的时刻，曲线达到最小值后开始上升即阳气开始萌发的时刻；夏至是阳气达到极盛的时刻，曲线达到最大值后开始下行即阴气开始萌发的时刻。春分、秋分昼夜均等，阴阳各半，阳气强度均为 0.5。最早确定的“四时八节”即“分、至、启、闭”，启是立春、立夏，闭是立秋、立冬，立春和立冬阳气强度为 0.16～0.17，立夏和立秋阳气强度为 0.82～0.83，可见阴阳消长逐日变化也是非线性递增递减的。在小满节气日，阳气强度达到 0.91，在节气体系初创的年代，以“满”表征阳气之鼎盛状态，以小满刻画阳气未满但将满具有充分的合理性（图 5）。

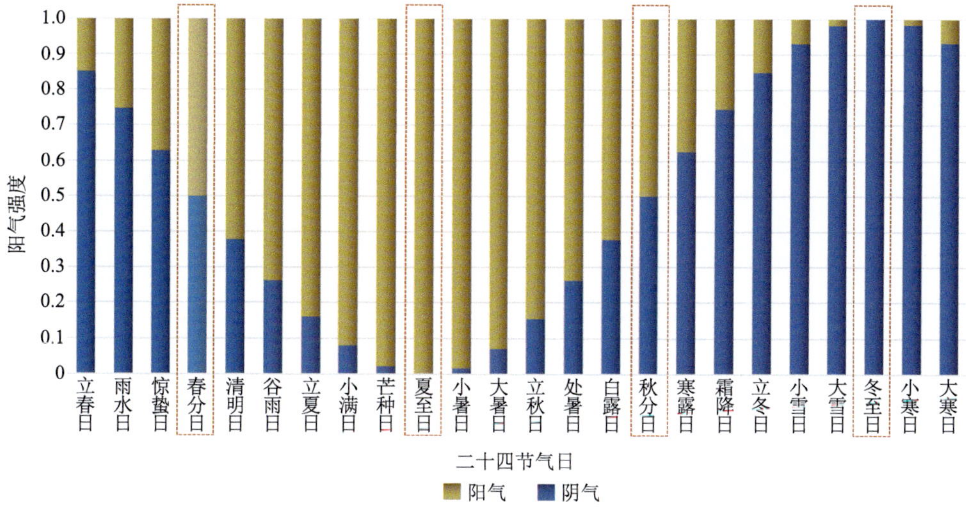

图 5　全年二十四节气日阳气强度变化

从全年二十四节气时段平均阳气强度看，立夏到大暑达到一年中阳气峰值时段，在立冬到大寒是一年中阳气谷值时段，立春到谷雨是阳气显著上升期，立秋到霜降是显著下降期(图 6)。

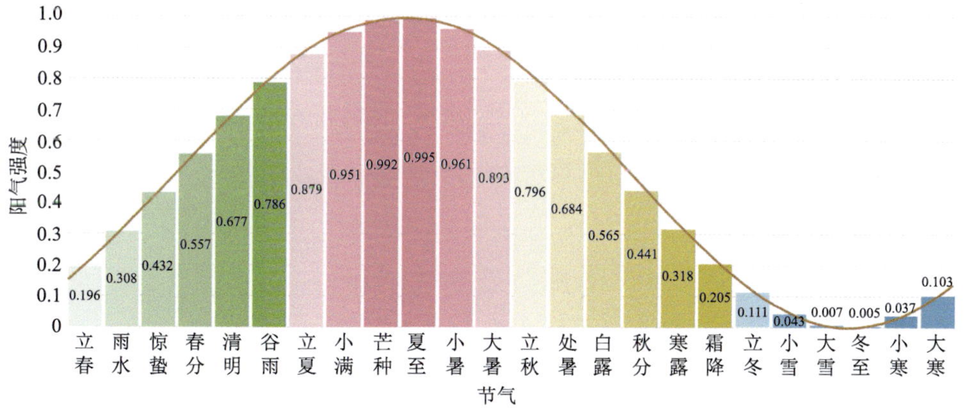

图 6　全年二十四节气时段平均的阳气强度变化

然而阳气的升降并非匀速变化，节气日变幅最大的是春分日、秋分日，节气时段阳光变幅最大的是春分、秋分时节(图 7)。

进一步分析“四时八节”时段的平均阳气强度变化特征。“冬至一阳生”是古人对阳气趋势变化描述，从这一天开始，阳长阴衰，冬至到

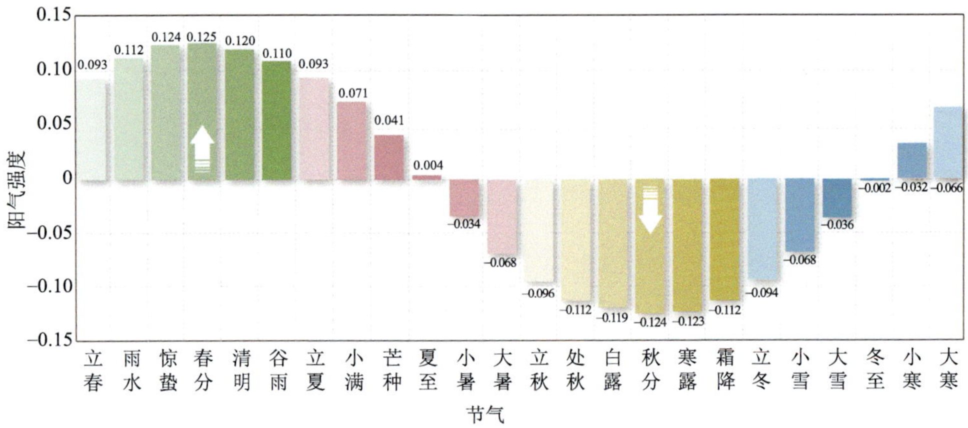

图 7　二十四节气时段的阳气强度变化

大寒是阳气进入离谷时段的缓慢上升期，增幅仅为 0.14～0.15；立春到惊蛰，虽然依旧是阳气弱于阴气时段，但是阳气进入快速上升期，增幅可达 0.34～0.35；春分日已经阴阳各半，也意味着春分到谷雨进入阳强阴弱时段，阳气依旧处于快速上升期，增幅可达 0.33～0.34；立夏到芒种，阳气增加速度虽然放缓，但是进入趋近峰值阶段的缓升期。"夏至一阴生"是古人对阴气趋势变化描述，意味从这一天开始，阴气萌生，阳气开始减弱，阳衰阴长的转折点，阴阳运行趋势开始转变，从夏至到大暑进入阳气离峰时段的缓慢下降期；立秋到白露，阳气下降的速度加快，降幅达到 0.34～0.35，不过还处于阳强阴弱的时段；从秋分阴阳各半开始，进入阳弱阴强时段，秋分到霜降阳气还将快速下降；从立冬开始，阳气虽然降幅明显减缓，但是趋近于全年低谷时段，到冬至达到最低（图 8）。

3.3　作为天文变量的阴气、阳气与作为气象变量的气温关系探讨

作为天文变量的阳气、阴气与作为气象变量的气温是有相关性的，但是从天上到地上响应也有滞后性，可以滞后 1～2 个节气，阳气达到峰值是在夏至，但气温达到峰值通常是在小暑、大暑；阳气达到谷

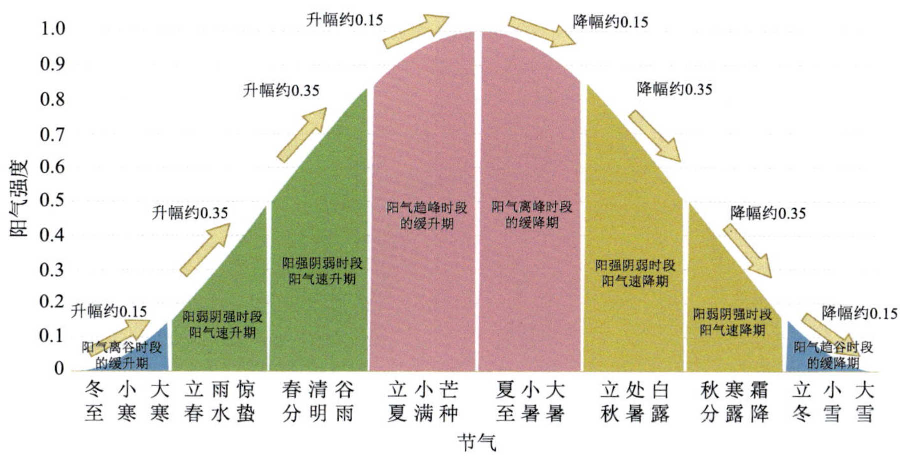

图 8 “四时八节”平均的阳气强度变化

值是在冬至，但气温达到谷值通常是在小寒、大寒。以北京为例，冬至时节阳气渐升，但气温继续走低；春分时节的阳气强度高于秋分时节，但春分时节的气温却远低于秋分时节（图 9、图 10）。古人认为春分、秋分是阴阳各半，昼夜均而寒暑平，但从天文和气象变化对应可见，春分、秋分是昼夜均分、阴阳均衡，但并非寒暑平衡，而是春分近寒、秋分近暑，同样是因为气温对阳气的滞后性响应所造成的。

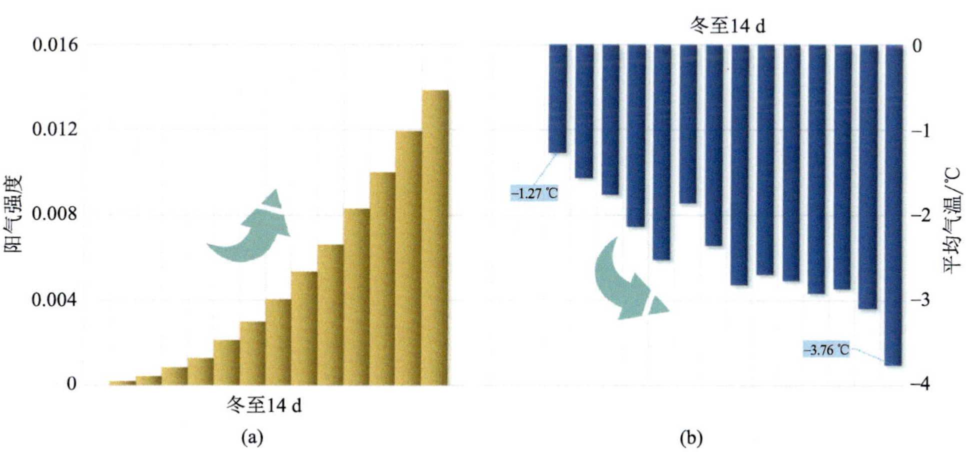

图 9 北京 1981—2010 年冬至时节 14 d 逐日阳气强度(a)和累年平均气温变化(b)对比

图 10　北京 1981—2010 年春分、秋分时节阳气强度(a)和累年平均气温变幅(b)对比

4　结语

阴阳体系发展，是中国古人创立的独特的自然观和方法论，从最初光照变化去感受总结天气变化、辨别方位，发展到一阴一阳的宇宙万物对立统一转化。随即人们对阴阳时节之变的认识逐渐细化，初现四季阴阳变化定性描述、“二至”“二分”阴阳变化的量化雏形。本文基于古人定性描述阴阳的太阳本义、定量描述阴阳的“二至”“二分”强度值，从太阳周年视运行轨迹、太阳光照、白昼长度逐日变化出发，研制了二十四节气视角下的阴气、阳气强度量化方法，发现阴气、阳气强度可以是超越地域性与纬度位置无关、仅与太阳直射点纬度相关，并且从定量角度解析了节气日、节气时段的阴阳强度变化和含义，初步探讨阴气、阳气与气温变化的响应关系，该研究为以往阴阳定性分析提供了客观、科学依据，也构建了超越地域性的、可在北半球通用的阴阳强度的量化基础。

致谢

感谢王廷宇对本文图形的视觉化包装①。

参考文献

[1] 沈建华. 释《保训》简“测阴阳之物”[J]. 中国史研究，2009，123(3)：13-18.
[2] 王弼，韩康伯，孔疑达. 宋本周易注疏［M］. 北京：中华书局，1988.
[3] 张志聪. 黄帝内经集注［M］. 北京：中国古籍出版社，2015.
[4] 左丘明. 国语(越语卷)［M］. 明万历炅勉学校正本.
[5] 黎翔凤. 管子校注［M］. 北京：中华书局，2004.
[6] 赵喜新，程方荣，李松山，等. 中医阴阳学说数学表达的探索［J］. 中国医学物理学杂志，1997，14(3)：150-155.
[7] 黄岩杰，赵喜新. 从量化阴阳的角度认识纯阳之体和稚阴稚阳［J］. 中国中医基础医学杂志，2001，7(10)：1-2.
[8] 许志宇，谢世满，刘娜. 由阴阳量化推演太极图［J］. 中医学报，2017，32(4)：561-563.
[9] 蒋洪力. 太阳直射点纬度的数学推导和分析［J］. 数学通报，2007(9)：39-40.
[10] 蔡华鑫. 图析“昼夜长短和正午太阳高度的变化”[J]. 地理教学，2015(20)：45-47.
[11] 陈宝钢，杨秋平. 昼夜长短时间的时空变化探因及作图计算［J］. 地理教学，2013(2)：28-30.
[12] 党钢军. 地球上各地昼夜长短的计算公式［J］. 数学通讯，2003(13)：29-30.
[13] 李宇洋，陈艳红，张引. 昼夜长短计算公式推导［J］. 地球，2012(12)：105.

①王廷宇，就职于中国天气·二十四节气研究院，主要研究方向是可视化产品设计与绘制。

“文化三伏”的历史溯源及流变分析

张永宁，宋英杰，隋伟辉

（中国天气·二十四节气研究院，北京 100081）

摘要： 三伏通常被视为一年中天气最热的时段。三伏的习俗起源于春秋时期，由秦德公初创。“初伏”本不是头伏，而是首次出现伏日的概念，后扩展为一段时间。三伏的“伏”一般有两层含义，分别为阴气藏伏和人隐伏避暑。伏日的概念始于春秋，三伏规制的探索始于汉代，定型于唐代，并沿用至今。三伏的习俗经历了“驱鬼辟邪”、防病解毒、闭门不出等安静隐伏主题到消夏纳凉等动态欢乐主题，这体现了人们对三伏的认知和应对心态变化。本研究试图为后续利用现代长序列的全国站点实测大数据对各地“气候三伏”进行系统研究提供历史文化背景分析。

关键词： 三伏；夏至；文化三伏；节气；历法

1 引言

我们将由先秦时期开始并逐渐完善的伏日体系定义为"文化三伏"。通过追溯三伏的历史发展历程、深入分析"伏"的两层含义，厘清入伏和出伏的算法流变等，可以有助于我们系统了解古代伏日体系及古代历法体系。在此基础上，梳理伏日的社会习俗变迁，有助于了解伏日的天气气候对人们生活的影响及我国古人应对暑热的生存智慧。

2 "文化三伏"的含义

在中国文化语境中，数伏是炎热的代名词。三伏是初伏、中伏、末伏的合称，《现代汉语词典》对其释义为："夏至后第三个庚日是初伏第一天，第四个庚日是中伏第一天，立秋后第一个庚日是末伏第一天，初伏、末伏各十天，中伏十天或二十天。"[1]

"夏至三庚入伏"，也就是说从夏至日起的第三个庚日进入初伏，第四个庚日进入中伏，立秋日起的第一个庚日进入末伏，三伏期绵延30～40 d。

三伏通常被视为一年中天气最热的时段。自有完整气象记录以来至2022年，中国很多省会级城市的最高气温纪录大多也是在数伏时段诞生的。如表1所示，重庆、石家庄、济南、乌鲁木齐、北京、福州等21个城市最高气温出现在数伏时段，约占全国省会级城市的62%。

表1 中国省会级城市有完整气象观测记录以来至2022年极端最高气温纪录

城市	最高气温/℃	出现时间	出现时间与三伏时间关系	是否在三伏时段
重庆	43.7	2022-08-19	末伏第5天	是
郑州	43.0	1966-07-19	入伏前1天	否

续表

城市	最高气温/℃	出现时间	出现时间与三伏时间关系	是否在三伏时段
石家庄	42.9	2002-07-19	初伏第 9 天	是
西安	42.9	2006-06-17	入伏前 33 天	否
济南	42.5	1955-07-24	初伏第 7 天	是
乌鲁木齐	42.1	1973-08-01	中伏第 10 天	是
北京	41.9	1999-07-24	初伏第 8 天	是
福州	41.9	2022-07-24	初伏第 9 天	是
杭州	41.8	2022-08-14	中伏第 20 天	是
长沙	41.1	2013-08-02	中伏第 11 天	是
合肥	41.1	2017-07-27	中伏第 6 天	是
上海	40.9	2017-07-21 和 2022-07-13	初伏第 10 天和入伏前 3 天	是
南京	40.7	1959-08-22	末伏第 7 天	是
南昌	40.6	1961-07-23	初伏第 8 天	是
天津	40.5	2000-07-01 和 2014-05-29	入伏前 10 天和入伏前 50 天	否
南宁	40.4	1958-05-09	入伏前 64 天	否
兰州	39.8	2000-07-24	中伏第 4 天	是
武汉	39.7	2017-07-27 和 2022-08-18	中伏第 6 天和末伏第 4 天	是
海口	39.6	2001-04-21	入伏前 86 天	否
太原	39.4	1955-07-24 和 2010-07-30	初伏第 7 天和中伏第 2 天	是
成都	39.4	2022-08-21	末伏第 7 天	是
银川	39.3	1953-07-08	入伏前 10 天	否
哈尔滨	39.2	2001-06-04	入伏前 42 天	否
广州	39.1	2004-07-01	入伏前 19 天	否
呼和浩特	38.9	2010-07-30	中伏第 2 天	是
沈阳	38.4	2018-08-02	中伏第 7 天	是

续表

城市	最高气温/℃	出现时间	出现时间与三伏时间关系	是否在三伏时段
长春	38.0	1951-07-09	入伏前 10 天	否
贵阳	37.5	1952-07-18	初伏第 6 天	是
西宁	36.5	2000-07-24	中伏第 4 天	是
昆明	32.8	2014-05-25	入伏前 54 天	否
拉萨	30.8	2019-06-24	入伏前 18 天	否
台北	39.7	2020-07-24	初伏第 9 天	是
香港	36.6	2017-08-22	出伏后 2 天	否
澳门	38.9	1930-07-02 和 1930-07-06	入伏前 17 天和入伏前 13 天	否

3 三伏的历史溯源

三伏的习俗起源于春秋时期，由秦国的秦德公初创。《史记·秦本纪》记载："（秦德公）二年，初伏，以狗御蛊。"[2]234 唐代张守节在《史记正义》解释："狗，阳畜也。以狗张磔于郭四门，禳却热毒气也。"[2]234 磔，意思是把肢体分裂。这句话说的是，秦德公二年（公元前 676 年）的盛夏时节，人们屠狗淋血，并将狗肢解之后悬挂在城门上。因为狗被看作是阳兽，所以人们借用狗来抵御酷暑以及夏天容易流行的各种疾病。也可能当时每到盛夏时节人们就会昏沉、倦怠，并容易沾染疫病，于是以此法化解，这便是最初的伏祭。此处的"初伏"不是头伏，而是首次出现伏日的概念。曹魏时期的孟康云："六月伏日初也，周时无，至此乃有之。"[2]234

后来，"初伏"的含义扩展为一段时间。北魏贾思勰的《齐民要术》云："夏至后十日种者为上时，初伏断手为中时，中伏断手为下时，中伏以后则晚矣。"[3]

伏日的主题也出现过一些变化，避暑方式不再是"以狗御蛊"，而是以躲藏的方式为主。唐代张守节《史记正义》云："六月三伏之节，起秦德公为之，故云初伏。伏者，隐伏避盛暑也。"[2]234 也就是说，这个时候人们认为的"伏"，主要是大家躲藏起来逃避炎热的天气。

进入汉初，伏日躲藏已经进入法律法规。如湖北江陵（今湖北省荆州市荆州区）张家山汉墓出土的汉简《二年律令·户律》规定："自五大夫以下，比地为伍，以辨券为信，居处相察，出入相司。有为盗贼及亡者，辄谒吏、典。田典更挟里门籥（钥），以时开；伏闭门，止行及作田者；其献酒及乘置乘传，以节使，救水火，追盗贼，皆得行，不从律，罚金二两。"[4] 根据简文可知，在伏日这一天，行人与农民是不能出入里邑门的。

4 "伏"的两层含义

"伏"从人从犬，本义为"司事于外者"，后引申为"隐伏"。"三伏"的"伏"一般有两层含义，分别为阴气藏伏和人隐伏避暑。如图1所示，伏的第一层含义是指阴气，即"阴气藏伏"。唐代颜师古在给《汉书·郊祀志》的注中曰："伏者，谓阴气将起，迫于残阳而未得升，故为伏藏，因名伏日也。"[5]1196 在古人看来，夏至一阴生，但迫于残阳的余威，阴气只能隐忍、潜伏。阴气潜伏并伺机反扑的日子，叫作"伏日"。所以，伏的主体并不是人，而是阴气。

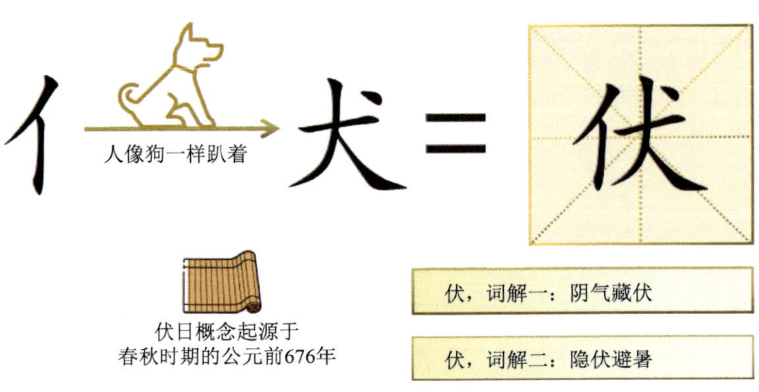

图1 "伏"的两层含义示意图

伏的第二层含义是指人，即人"隐伏避盛暑"也，是指人躲在屋子里避暑，像狗那样懒洋洋地趴着。当然，这一层含义并非伏日最初的本义，而是源于后来人们的领悟。在网络上，人们也经常用"热成狗"来形容自己在暑热天气中的感受。英语中，形容一年里最热的日子，叫作"Dog Days"，直译就是"狗的日子"或者"像狗一样的日子"。这与汉语当中的"伏"不谋而合。

所以"伏"这个字，既指阴气的潜伏，又指人们藏起来避暑。

5 入伏和出伏的算法流变

最初的伏日并没有关于入伏和出伏的算法。从实际应用角度来说，国家需要制订规范的方式，确切地告诉大家什么时候是该"伏"之日。于是汉代将先秦时期的伏日延展为三伏，并且做了算法上的设计和礼制上的规范。汉代已经定在庚日进入初伏日。为什么是庚日入伏？五行学说中，炎热的夏季属火，庚属金，火克金，所以秋金要躲避夏火的锋芒。唐代颜师古给《汉书·郊祀志》作注曰："立秋之后以金代火，金畏于火，故至庚日必伏。"[5]1196

由于汉代还处于三伏规制的初创探索时期，以庚日入伏是确定的，但几庚入伏并不完全明确。参考陈久金、张培瑜、薄树人、徐锡祺、刘子凡、魏永康、许名玱、张存良等的研究和推算[6-14]，我们整理了随州孔家坡汉简、临沂银雀山汉简、敦煌汉简、永昌水泉子汉简、额济纳汉简、居延汉简、连云港尹湾汉简等出土的汉代简牍中记载的三伏规制，以此了解两汉时期三伏的规制①。从表 2 可看出，西汉初期至后期，入伏日的规制一直未定，初伏首日可能落在夏至起二庚、三庚甚至四庚，末伏首日可能在立秋起一庚、二庚甚至三庚，各年差异较大且不固定。这种情况在西汉时期一直持续，直到西汉后期，三伏规制趋向

①虽然部分散简散牍的"三伏"记录因保存不全而不能窥全貌，但为了窥探趋势，我们也进行了整理罗列。

稳定，入伏日逐渐稳定在夏至起三庚，末伏在立秋起一庚。汉成帝元延元年（公元前 12 年）及之后所见的材料皆较为符合夏至三庚入伏的规制。许名玱认为汉成帝鸿嘉年间，伏日注历应当已经形成历例[13]。

表 2　汉简历书中记录的汉代三伏规制

简牍记载时间、出土地点	夏至起一庚	夏至起二庚	夏至起三庚	夏至起四庚	夏至起五庚	立秋起一庚	立秋起二庚	立秋起三庚
后元二年（前 142 年） 湖北随州孔家坡				初伏	中伏			
元光元年（前 134 年） 山东临沂雀山		初伏	中伏			末伏		
本始二年（前 72 年） 甘肃居延肩水金关		初伏						
地节元年（前 69 年） 甘肃敦煌清水沟				初伏		中伏	末伏	
五凤二年（前 56 年） 甘肃永昌水泉子			初伏		中伏	末伏		
五凤三年（前 55 年） 甘肃居延肩水金关				初伏	中伏			末伏
永光元年（前 43 年） 甘肃居延肩水金关				初伏	中伏		末伏	
永光五年（前 39 年） 甘肃敦煌				初伏	中伏		末伏	
鸿嘉元年（前 20 年） 内蒙古额济纳				中伏		末伏		
永始四年（前 13 年） 甘肃敦煌			初伏					末伏
元延元年（前 12 年） 江苏连云港尹湾			初伏	中伏		末伏		
元延二年（前 11 年） 江苏连云港尹湾			初伏	中伏		末伏		
居摄元年（6 年） 甘肃居延肩水金关			初伏	中伏				

续表

简牍记载时间、出土地点	夏至起一庚	夏至起二庚	夏至起三庚	夏至起四庚	夏至起五庚	立秋起一庚	立秋起二庚	立秋起三庚
居摄三年(8年)甘肃居延肩水金关				中伏				
建武元年(25年)甘肃居延新简·甲渠候官			初伏					
建武七年(31年)甘肃居延新简·甲渠候官			初伏					
永元二年(90年)甘肃居延新简·甲渠候官				中伏				

汉代的三伏规制并非全国统一。东汉应劭《风俗通义》说:"户律。汉中、巴蜀、广汉自择伏日。俗说汉中、巴、蜀、广汉土地温暑,草木早生晚枯,气异中国,夷狄畜之,故令自择伏日也。"[15] 利用现代观测方式记录的全国气温、降水日值数据和量化指标研制的炎热、洪涝灾害双重风险叠加最高时段可以发现,全国各地气候风险最高时段不尽相同(图2)。这说明早在汉代,人们就已经意识到全国各地气候具有差异性,所以认为统一入伏时间并不合理。

晋代时,出于"齐风俗"的文化因素考虑,"自择伏日"的特殊规定被废止。《晋书·刑法志》云:"改诸郡不得自择伏日,所以齐风俗也。斯皆魏世所改,其大略如是。"[16] 从此,国家在法律的层面对伏日的规制进行了统一。

汉代到晋代经历了伏日各地差异到全国统一的历程,这与不同时代人们关注伏日的着眼点不同有关。汉代把伏日设计得各地不同,是出于气候的考量;晋代把伏日设计得全国统一,是出于文化的考量。

"夏至三庚入伏"最晚在唐代定型完善,这可从目前可知的出土和传世文献确定。与之前各年份在夏至起的第几个庚日入伏不确定相

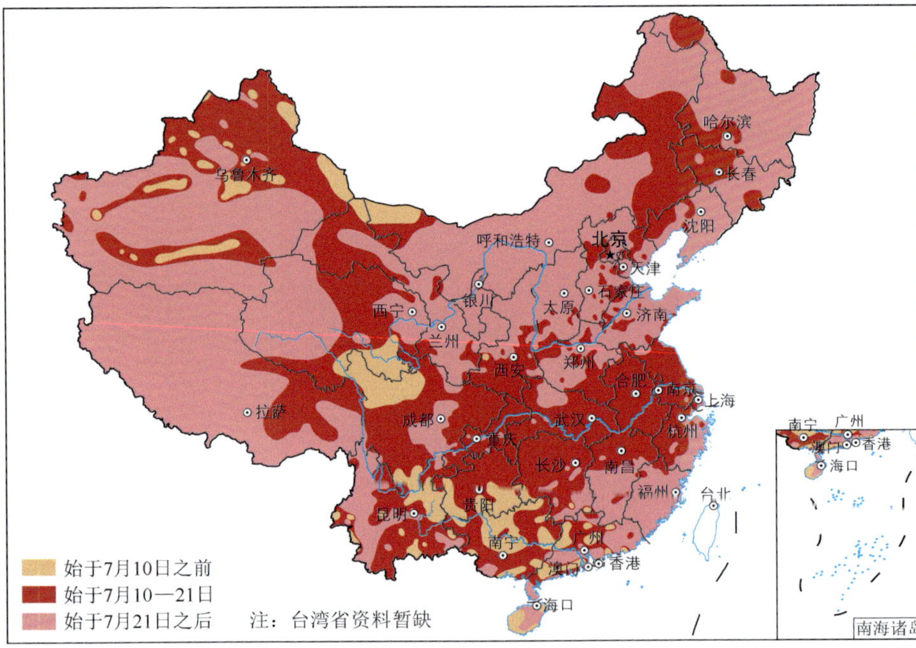

图 2　我国各地 1981—2010 年炎热、洪涝灾害风险最高 40 d 开始时段分布

异，唐代的《阴阳书》明确规定了三伏的时间为夏至起三庚，书中曰："夏至后三庚为初伏，四庚为中伏，立秋后初庚为后伏。"[17] 成书于盛唐时期的类书《初学记》引用并明确指出这一时间段为三伏，即"从夏至后第三庚为初伏，四庚为中伏，立秋后初庚为后伏，谓之三伏。曹植谓之三旬"[18]。

唐代明确于夏至三庚入伏的规制也在敦煌文书、吐鲁番文书等出土文献中得到印证。根据《敦煌天文历法文献辑校》、国家数字图书馆法藏敦煌文书、《吐鲁番出土文书》等文献资料，同时参考严敦杰、张培瑜等学者的研究与推算，我们整理了敦煌文书、吐鲁番文书中记录的唐宋时期三伏的规制[19-21]。如表 3 所示，目前的出土文献记录中，几乎整个唐代都遵循"夏至起三庚入伏"的规制[8]。在夏至起的第三个庚日入初伏，夏至起的第四个庚日入中伏，立秋起的第一个庚日入末伏，这符合《阴阳书》中关于伏日规制的相关记载。之后的五代十国、宋代等朝代也一直沿用这一规制，并持续至今。

表 3 敦煌文书、吐鲁番文书等出土文献中记录的唐宋时期的三伏规制

年份	夏至起一庚	夏至起二庚	夏至起三庚	夏至起四庚	夏至起五庚	立秋起一庚	立秋起二庚	立秋起三庚
唐开元八年(720 年)				中伏				
唐元和四年(809 年)			初伏	中伏				
唐大中十二年(858 年)			初伏					
唐乾符四年(877 年)			初伏	中伏		末伏		
唐景福二年(893 年)			初伏	中伏		末伏		
唐乾宁二年(895 年)			初伏	中伏		末伏		
唐乾宁四年(897 年)			初伏	中伏		末伏		
后唐同光四年(926 年)		初伏		中伏		末伏		
宋雍熙三年(986 年)			初伏	中伏		末伏		

综上可发现,伏日的概念始于春秋时期,三伏规制的探索始于汉代,定型于唐代,并沿用到现在(图 3)。

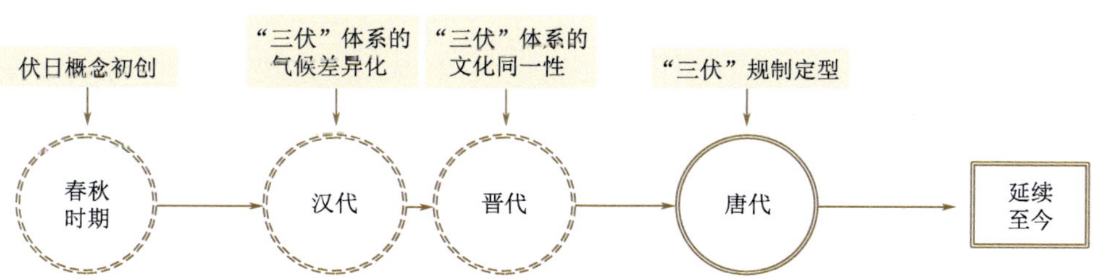

图 3 "三伏"的历史沿革示意图

从古至今,由于每年的夏至三庚日并不固定,所以入伏日也不固定,正所谓"三伏无定日"。之所以不是在夏至一阴生之际就入伏,是因为刚夏至时阴气太弱,对人们还构不成威胁。而到了入秋之后,阴气不再潜伏。我们以阳光直射点纬度归一化数值作为衡量阴气强度的函数,在[0,1]区间内,2023 年 7 月 11 日入伏时阴气强度约为

0.027，8 月 20 日出伏时阴气强度约为 0.227（图 4）。所以说，伏日所对应的是阴气初具规模、蓄势待发的潜伏期。

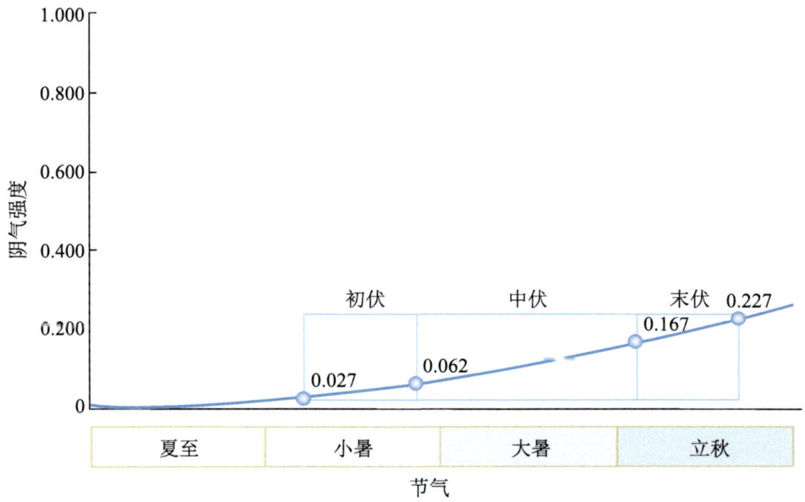

图 4　2023 年初伏、中伏和末伏时阳光直射点纬度归一化后形成的阴气强度变化曲线图

6　伏日的习俗变迁

最初，伏日禳毒，是伏日习俗的主线。禳，是上古时期专为消灾除厄举行的祭祀。伏日祭祀的主题是禳毒、消暑解毒、预防各种瘟疫、预防夏季容易流行的各种疾病，所以设立伏日，最初的意义还不是避暑，而是防病。

当然，伏日除了禳毒之外，便是躲藏、躲避“厉鬼”。因为古人认为酷暑是厉鬼作怪，人们闭门静处，称为“伏”。汉代有“伏闭尽日”“伏闭门”的习俗。而这种躲藏，客观上也起到了避暑的作用。《汉官旧仪》曰：“伏日万鬼行，故尽日闭，不干他事。”[22]魏晋诗人程晓的诗作《嘲热客诗》曰：“平生三伏时，道路无行车。闭门避暑卧，出入不相过。”[23]这首诗形象地描述了当时人们伏日蛰居避暑，如动物的冬眠。伏日不出门，不是政令，但胜似政令。本来天气就热，伏日还被描述成

"厉鬼"横行的时段,所以人们是既不想出门,也不敢出门。

三伏作为季节之外另行的时节划定方式,在汉代逐步完善,此时还会举行盛大的祭祀仪典,希望降服"厉鬼"、消灾、遍施甘霖,让天气凉爽一些。所以分别指伏日和腊日祭祀的"岁时伏腊"在汉代已成为年度的一种称谓。《汉书·杨恽传·报(孙)会宗书》曰:"田家作苦,岁时伏腊,烹羊炮羔,斗酒自劳。"[5]2896 百姓在伏日有烹羊斗酒的民俗,像庆贺过年一样热闹。

魏晋之后,伏日的民俗活动主要有三类:一是辟恶,所辟者,乃热毒和"厉鬼";二是喝清凉饮料;三是服用据说可以消暑解毒的"青蒿六一散"。显然,伏日的民俗体现了人们的三项诉求:一是"驱鬼辟邪",二是防病解毒,三是避暑消夏。

伏日行事在魏晋时期变为集辟恶与消暑的动静结合的活动。

直到唐代,岭南地区最重视的四大节日中仍然有伏日。唐代《岭表录异》:"岭表所重之节:腊一、伏二、冬三、年四。"[24]可见,当时伏日的民间地位,高于任何一个节气。

当然,后来人们对于三伏没有之前重视,"驱鬼辟邪"的氛围不再那样浓厚了,消夏纳凉成为三伏的主题。宋代《东京梦华录》记载:"都人最重三伏,盖六月中别无时节。往往风亭水榭,峻宇高楼,雪槛冰盘,浮瓜沉李,流杯曲沼,苞鲊新荷,远迩笙歌,通夕而罢。"[25]按此说法,人们特别重视三伏,是因为夏季没有其他的重要节日。除了冷饮,还有冰镇水果,还有笙歌欢宴。宋代《岁时杂记》:"京师三伏日,特吏人、医家、大贾聚会宴饮。其宴饮者,尚食羊头佥。士大夫家不以为节。"[26]据此说明,宋时人们在三伏期间的活动甚多,但士大夫已经不再把三伏当作节日看待了。

纵观三伏风俗的变迁,我们可以看到它与夏日的天气气候密切相关,但人们对三伏的认知和应对心态其实不断在发生重大变化,并反映在民俗活动中。所以伏日的活动从一开始的禳毒祭祀、闭门不出等安静隐伏的主题,逐渐变成消夏纳凉等动态欢乐的主题。

7 结语

三伏的习俗起源于春秋时期，其主题主要是“以狗御蛊”的辟邪之祭，“初伏”指的是首次出现伏日的日子。后来，“初伏”的含义扩展为一段时间，伏日的主题转变为隐伏避盛暑，后又引申为消夏纳凉。“三伏”的“伏”一般有阴气藏伏和人隐伏避暑这两层含义。

从三伏算法的历史流变来看，最初的伏日并无关于入伏和出伏的算法，汉代是“三伏”规制的初创探索时期，将先秦时期的伏日延展为三伏，并且做了算法上的设计和礼制上的规范。汉代定于庚日进入初伏日，但几庚入伏并不完全明确。汉代出于气候的考量，把伏日设计得各地不同。晋代出于文化的考量，在国家法律的层面对伏日进行了统一。“夏至三庚入伏”最终在唐代定型完善，并流传至今。

从三伏社会风俗的历史发展来说，三伏习俗经历了从伏日祭祀、闭门不出的安静隐伏主题变为消夏纳凉的动态欢乐主题的变化，这反映了人们对三伏认知和应对的心理变化。

值得注意的是，由于我国地域广阔，气候类型多样，且气候变化导致炎热时段出现年际变化，因此我们应考虑各地的“气候三伏”不尽相同的现实。汉代因各地气候差异而“自择伏日”的历史记载，说明古人已经出现对三伏的气候的地域差异和年际差异考虑的雏形。在未来的研究中，我们将在对“文化三伏”历史演变研究的基础上，借鉴古人科学的伏日理念，利用现代长序列的全国气象观测站点以实测大数据对各地“气候三伏”进行系统研究，从而更好地指导当代社会的生产生活。

致谢

感谢魏思静、付靖怡为本文绘制部分专业图形①。

参考文献

[1] 中国社会科学院语言研究所词典编辑室. 现代汉语词典（第7版）[M]. 北京：商务印书馆，2016.

[2] 司马迁. 史记 [M]. 北京：中华书局，2013.

[3] 贾思勰. 齐民要术 [M]. 石声汉，译注；石定枎，谭光万，补注. 北京：中华书局，2015.

[4] 张家山二四七号汉墓竹简整理小组. 张家山汉墓竹简（247号墓）修订本 [M]. 北京：文物出版社，2006.

[5] 班固. 汉书 [M]. 北京：中华书局，1962.

[6] 陈久金. 敦煌、居延汉简中的历谱 [C] //中国社会科学院考古研究所. 中国古代天文文物论集. 北京：文物出版社，1989：126.

[7] 张培瑜. 出土汉简帛书上的历注 [A] //国家文物局古文献研究室. 出土文献研究（第1辑）[C]. 北京：文物出版社，1989.

[8] 张培瑜. 汉简的几个年和伏腊建除注历问题 [J]. 南京大学学报，1991（3）：100.

[9] 薄树人. 中国科学技术典籍通汇（天文卷）[M]. 郑州：河南教育出版社，1998.

[10] 徐锡祺. 西周共和至西汉历谱 [M]. 北京：北京科学技术出版社，1997.

[11] 刘子凡. 唐代三伏择日中的长安与地方 [C] //荣新江. 唐研究. 北京：北京大学出版社，2015：435-452.

---

①魏思静，就职于中国天气·二十四节气研究院，主要研究方向是文创产品设计。付靖怡，就职于华风气象传媒集团，主要研究方向为图形可视化设计。

［12］魏永康. 流变与传承——秦汉时期“伏日”考论［J］. 古代文明，2013，7（4）：58-64，111.
［13］许名玱. 敦煌汉简 2263《永始四年历日》复原试拟［J］. 出土文献，2015（2）：227-236.
［14］张存良，王永安，马洪连. 甘肃永昌县水泉子汉简“五凤二年历日”整理与研究［J］. 考古，2018（3）：94-103.
［15］王利器. 风俗通义校注［M］. 北京：中华书局，1981.
［16］房玄龄. 晋书［M］. 北京：中华书局，2012.
［17］大唐阴阳书［M］. 唐抄本.
［18］徐坚. 初学记［M］. 北京：中华书局，1962.
［19］邓文宽. 敦煌天文历法文献辑校［M］. 南京：江苏古籍出版社，1996.
［20］国家文物局古文献研究室，新疆维吾尔自治区博物馆，武汉大学历史系. 吐鲁番出土文书（第 8 册）［M］. 北京：文物出版社，1987.
［21］严敦杰. 跋敦煌唐乾符四年历书［C］//中国社会科学院考古研究所. 中国古代天文文物论集. 北京：文物出版社，1989：243-251.
［22］范晔. 后汉书［M］. 北京：中华书局，1965.
［23］蒋一葵. 尧山堂外纪［M］. 北京：中华书局，2019.
［24］刘恂. 岭表录异（下卷）［M］. 北京：人民出版社，2016.
［25］孟元老. 东京梦华录［M］. 王永宽，校注. 郑州：中州古籍出版社，2010.
［26］解缙. 永乐大典（19783 卷）［M］. 北京：中华书局，1986.

基于“文化三伏”古义的“气候三伏”分析制定

宋英杰[1]，隋伟辉[1]，于金[2]，李文静[1]

（1 中国天气·二十四节气研究院，北京 100081；2 华风气象传媒集团，北京 100081）

摘要： 本文基于“文化三伏”古义中的伏避时段、年际差异、自择伏日的地域差异，遵循其诞生发源时代的月令体系，利用 1951—2020 年长序列的全国站点观测资料和我国气候特征分析，验证构建三伏的气候学定义是雨热同期的季风气候背景下、炎热和洪涝双重风险即热季与雨季的叠加时段，利用量化指标计算得到的伏日体系起源的黄河—长江流域广大地区的“气候三伏”入伏日期严谨地契合了“文化三伏”的入伏日期区间。全国各地气候有差异，“气候三伏”的入伏时间有的早在夏至节气前、有的晚在立秋节气后，在气候变化背景下小暑时节气候入伏的区域越来越大。

关键词： 文化三伏；气候三伏；节气；雨热同季；气候变化

1 引言

1.1 “文化三伏”的古义和规制

1.1.1 古义表述

我们将从先秦时期开始逐渐完善的“夏至三庚数伏”的伏日体系定义为“文化三伏”。伏的第一层含义是阴气藏伏，第二层含义是人隐伏避盛暑。五行学说中，庚属金、火克金，炎热夏季属火、秋金要躲避夏火，因此庚日人要像金一样藏伏。“三伏无定日”，理论上最早的入伏应该是6月20日夏至且恰逢庚日、7月10日入伏，最晚的入伏应该是6月22日夏至且偏逢辛日、7月21日入伏；最早的出伏应该是7月17日入伏且中伏为10 d、8月17日出伏，最晚的出伏应该是7月19日入伏且中伏为20 d、8月28日出伏，长度为30 d或40 d。且古已有“自择伏日”之议，不同的地方应该有不同的三伏。

1.1.2 起始时间及伏期长度历史流变

1645年之前，节气划分使用“平气法”，每个节气等长约15.22 d。1645年颁行《时宪历》，改用“定气法”划分节气，由时间等分改为黄道上每隔15°的黄经等分，每个节气不等长。

“夏至三庚入伏”，夏至日和夏至之后第三个庚日日期每年不一，所以入伏日期不固定。夏至日起的第三个庚日进入初伏，第四个庚日进入中伏，立秋起的第一个庚日进入末伏，三伏期绵延30～40 d。由于1582年10月儒略历改格里高利历，10月4日下一天10月15日，可见历法变更导致1582年前后公历日期包括节气时间（夏至）发生较大变化，因此本文分析夏至日期与入伏日期相差天数进一步作为判断基准，得到1545—1644年平均相差天数24.59 d，1645—1744年平均相差天数是24.54 d，由此可见平气法和定气法背景下，夏至三庚计算的初伏开始时间与夏至开始时间的差异微乎其微。

基于以上验证，历法导致时间偏差采取 1545—1582 年逐年入伏日期加 10 d，得到 1545—1744 年 200 年逐年入伏、出伏日期和伏期长度，入伏日期在 7 月 11—22 日、出伏日期在 8 月 15—26 日（图 1）。1545—1644 年平气法划分节气、1645—1744 年定气法划分节气的百年尺度平均入伏日期仅差一天，平均出伏时间都在 8 月 21 日、接近处暑节气，三伏期长度 40 d 比例增加（表 1）。

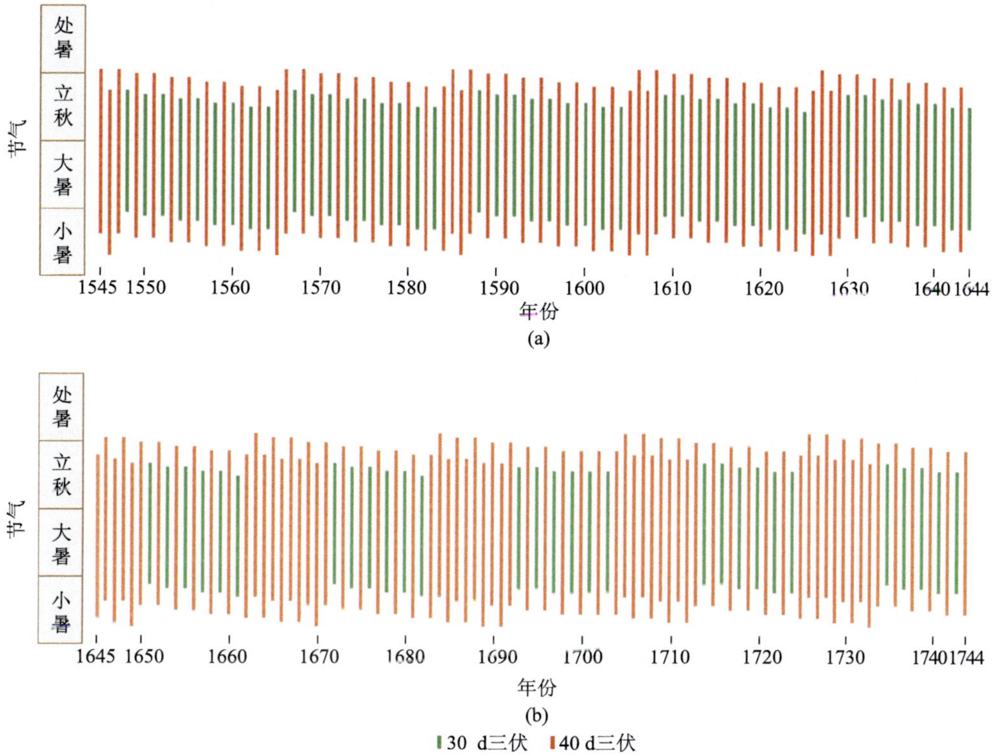

图 1　平气法和定气法计算的逐年三伏起止时间

(a)平气法计算 1545—1644 年；(b)定气法计算 1645—1744 年

表 1　平气法、定气法节气划分背景下的百年尺度三伏特征对比

起讫年份	平均入伏日期	平均出伏日期	平均伏期长度/d	30 d 伏期占比/%	40 d 伏期占比/%
1545—1644 年	7 月 16 日	8 月 21 日	35.6	44	56
1645—1744 年	7 月 15 日	8 月 21 日	37.1	29	71

1.2 研究“气候三伏”的意义

由上述分析可见，“文化三伏”古义主要有三个方面。其一，古之“伏”者，意在规避，但具体规避什么？我们认为，规避的不只是热，而是雨热叠加的双重气候风险，后文详述。其二，逐年入伏时间不尽相同，每年长度不同，涉及时间范围普遍在7月中旬至8月中下旬，主要涵盖二十四节气的小暑、大暑、立秋期间。其三，汉代已经意识到各地气候差异，同一年各地统一入伏时间并不十分合理，因此有“自择伏日”之动议[1-2]。以上已初现古人认识到“三伏”的气候年际差异化、地域差异化观念的雏形。

基于“文化三伏”的古义，有必要利用现代长序列的全国站点实际气温观测资料，以实测大数据进行多维分析，验证合乎各地气候差异性的伏期、构建气候意义上的三伏，以期准确表征全国各地一年中这一特殊时段，进一步分析气候变化背景下的特征，从而更好指导生产生活，也使得注入科学基因的“文化三伏”，能立足于当代、本地，在守正创新中活态传承。

2 资料使用和“气候三伏”的指标设定

2.1 资料来源和处理

本文研究基础数据来源于国家气象信息中心“1951年以来中国地面日值资料数据集”“中国地面气候标准值数据集（1981—2010年）”的气温、降水、湿度、平均水汽压日值数据。分析前对所需资料时段范围内进行一定质量控制，针对可疑或者缺测的数据进行允许值范围检查、时间一致性检查、空间一致性检查等。

2.2 气温视角下，“文化三伏”古义的验证分析

基于1645年以前“平气法”划分节气的背景，在定气法背景下进

行传承。

气温视角下，一年中最热 30 d、40 d 是否在“文化三伏”期间？现在人们下意识地把三伏当作一年中最热的时候。从气候角度看，热可分为干热、闷热。干热关注最高气温，昼夜温差相对大些；闷热关注平均气温和最低气温以及湿度，昼夜温差小。首先利用特定气候期内(包括 1951—1980 年、1981—2010 年、2011—2020 年三个气候期)气温(包括最高、最低、平均气温)30 d 或 40 d 滑动序列最高时段确定 30 d 版和 40 d 版的三伏。

(1)就全国平均而言，一年之中最热的(连续)30 d 或 40 d，都以最低气温计算开始时间更接近“文化三伏”数伏开始时间，但也提早一旬还多，而且随着气候变化，2011—2020 年相比 1951—1980 年最热 30 d 和 40 d 时段均出现推后且气温更高(表 2)。

表 2　不同气候期内全国平均滑动最热 30 d 和 40 d 的开始时间

30 d			40 d		
气候期(年份)	气温均值/℃	三伏始日	气候期(年份)	气温均值/℃	三伏始日
以最低气温为指标的滑动最热时段开始时间					
1951—1980	20.64	7 月 7 日	1951—1980	20.46	7 月 3 日
1981—2010	20.93	7 月 8 日	1981—2010	20.78	7 月 3 日
2011—2020	21.63	7 月 9 日	2011—2020	21.44	7 月 4 日
以平均气温为指标的滑动最热时段开始时间					
1951—1980	25.01	7 月 7 日	1951—1980	24.85	7 月 1 日
1981—2010	25.1	7 月 7 日	1981—2010	24.98	7 月 1 日
2011—2020	25.78	7 月 10 日	2011—2020	25.59	7 月 3 日
以最高气温为指标的滑动最热时段开始时间					
1951—1980	30.42	7 月 3 日	1951—1980	30.24	6 月 29 日
1981—2010	30.44	7 月 4 日	1981—2010	30.28	6 月 29 日
2011—2020	31.33	7 月 9 日	2011—2020	31.10	7 月 3 日

（2）40 d“文化三伏”出现概率更高，以全年滑动“最热 40 d”（包括最高、最低、平均气温）为例，进一步探讨全国站点开始时间统计特征，可见在 1951—1980 年、1981—2010 年两个气候期，最热 40 d 开始时间集中在夏至时节，进入 2011—2020 年，小暑时节居首。其中，以最低气温滑动最热 40 d 计算的开始日期集中度最高（图 2）。

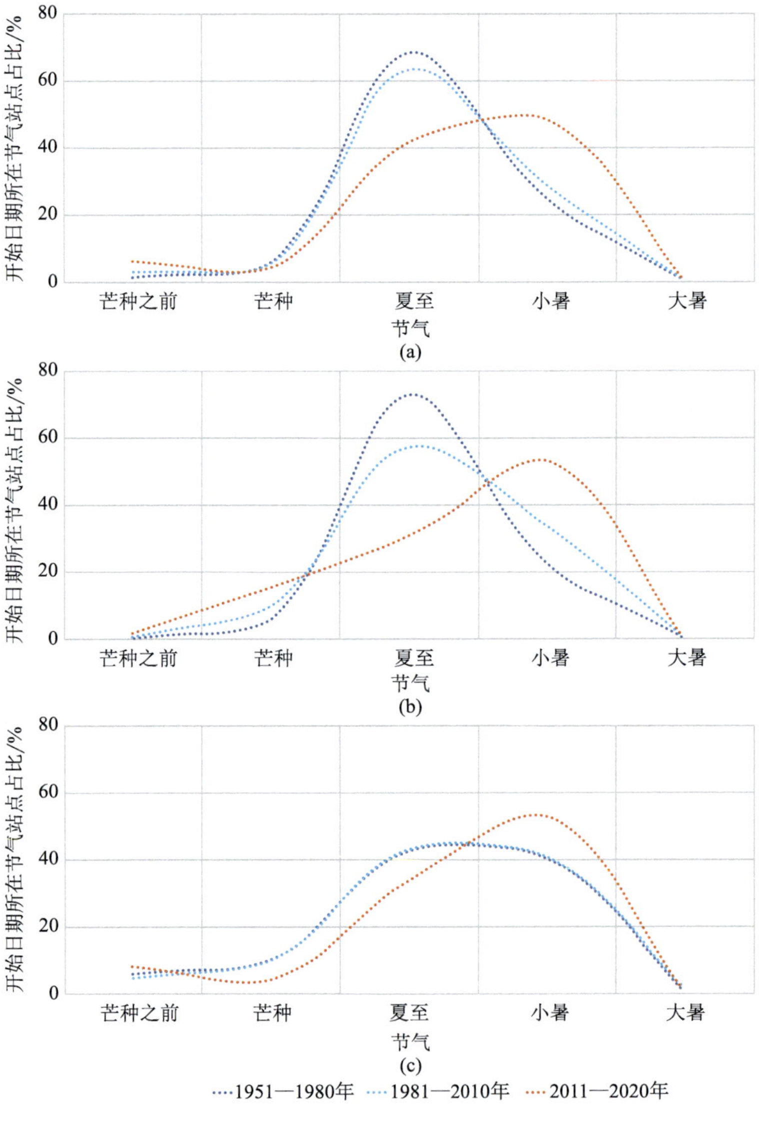

图 2　我国不同气候期内滑动最热 40 d 的开始时间所在节气的站点占比

（a）平均气温；（b）最低气温；（c）最高气温

从图 3 可以看出全国站点滑动最热 40 d 开始时间分布特征，在 1951—1980 年、1981—2010 年、2011—2020 年的三个气候期，最热 40 d 开始日期的变化，四川、云南和华南等地出现在芒种时节的越来越多(图中黄色区域)，黄河到长江流域出现在小暑节气日之后的显著扩大(图中深红色区域)，接近“文化三伏”开始时间。以省(自治区、直辖市)为单位，最低气温滑动最热 40 d 的开始时间，海南、云南省可以早至芒种节气前后，随着气候变化，多数地区的开始时间与理论上 7 月 10—21 日的入伏时段逐渐接近，尤其是江浙沪等地(表 3)。

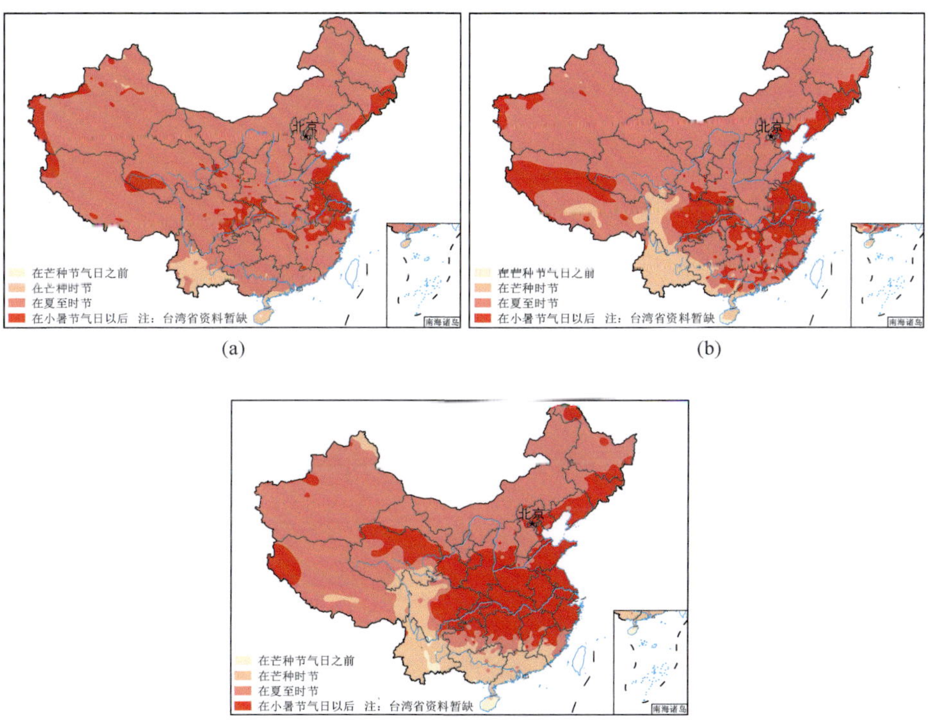

(a) (b) (c)

图 3 我国不同气候期内滑动最热 40 d 的开始时间所在节气分布图

(a)1951—1980 年；(b)1981—2010 年；(c)2011—2020 年

表 3　不同气候期内各省(区、市)平均最低气温滑动最热 40 d 的开始时间

省(区、市)	1951—1980 年	1981—2010 年	2011—2020 年
海南省	6 月 9 日	6 月 10 日	5 月 30 日
云南省	6 月 21 日	6 月 18 日	6 月 15 日
广东省	6 月 30 日	7 月 2 日	6 月 19 日
广西壮族自治区	6 月 25 日	6 月 29 日	6 月 21 日
西藏自治区	7 月 4 日	6 月 29 日	6 月 24 日
贵州省	6 月 29 日	7 月 1 日	7 月 1 日
新疆维吾尔自治区	7 月 2 日	7 月 1 日	7 月 2 日
福建省	7 月 5 日	7 月 7 日	7 月 3 日
黑龙江省	7 月 4 日	7 月 5 日	7 月 5 日
内蒙古自治区	7 月 2 日	7 月 3 日	7 月 5 日
宁夏回族自治区	7 月 7 日	7 月 4 日	7 月 6 日
河北省	7 月 5 日	7 月 5 日	7 月 7 日
吉林省	7 月 7 日	7 月 8 日	7 月 7 日
湖南省	7 月 3 日	7 月 6 日	7 月 8 日
青海省	7 月 6 日	7 月 3 日	7 月 8 日
山西省	7 月 5 日	7 月 5 日	7 月 8 日
北京市	7 月 4 日	7 月 6 日	7 月 9 日
河南省	7 月 7 日	7 月 6 日	7 月 10 日
江西省	7 月 6 日	7 月 7 日	7 月 10 日
辽宁省	7 月 7 日	7 月 9 日	7 月 10 日
山东省	7 月 10 日	7 月 8 日	7 月 10 日
四川省	7 月 5 日	7 月 5 日	7 月 10 日
天津市	7 月 6 日	7 月 8 日	7 月 10 日
甘肃省	7 月 7 日	7 月 5 日	7 月 11 日
陕西省	7 月 7 日	7 月 6 日	7 月 11 日
湖北省	7 月 6 日	7 月 7 日	7 月 12 日

续表

省(区、市)	1951—1980 年	1981—2010 年	2011—2020 年
安徽省	7 月 10 日	7 月 9 日	7 月 13 日
江苏省	7 月 12 日	7 月 10 日	7 月 14 日
浙江省	7 月 10 日	7 月 10 日	7 月 14 日
重庆市	7 月 8 日	7 月 9 日	7 月 16 日
上海市	7 月 11 日	7 月 12 日	7 月 17 日

(3)以上采用多年平均滑动最热 40 d 与“文化三伏”开始时间对比分析，已经发现存在时间和地域差异。深入分析不同纬度、不同气候特点代表性城市北京、西安、郑州、成都、广州的逐年滑动最热 40 d 开始时间，前 4 个城市中位日序是在 186、187，即 7 月 5 日或 6 日的夏至节气末，广州早 3 d 左右，逐年 25 分位、75 分位日期(相对集中出现时间)相差可达一个旬，最早日期和最晚日期相差可达 1～2 个月甚至更多(图 4)。计算逐年滑动最热 40 d 开始时间与“文化三伏”开始时间相关系数、逐年可达气候背景下最热 40 d 气温均值的天数与逐年“文化三伏”天数(30 d 或 40 d)的相关系数，都是小于 0.2 甚至低于 0.1，可见两种方法计算的逐年伏热开始日期和伏热时段长度几乎没有关联(表 4、表 5)。

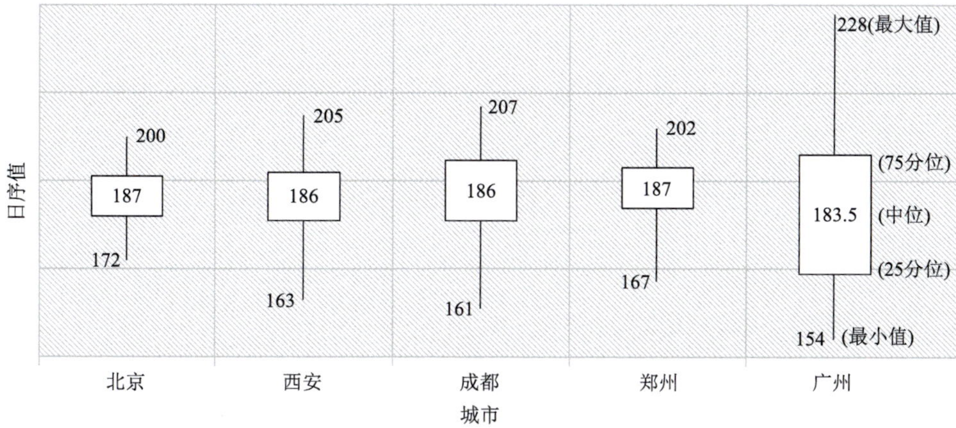

图 4　部分代表性城市逐年滑动最热 40 d 的开始时间箱线图

表 4　逐年滑动最热 40 d(最低气温)与“文化三伏”开始时间的相关分析

城市	时间序列	相关系数
北京	1951—2020 年	0.18
西安	1955—2020 年	0.04
成都	1959—2020 年	0.14
郑州	1951—2020 年	0.17
广州	1951—2020 年	0.09

表 5　逐年滑动最热时段(最低气温)与“文化三伏”长度的相关分析

城市	时间序列	最低气温
北京	1951—2020 年	0.14
西安	1955—2020 年	0.02
成都	1959—2020 年	0.13
郑州	1951—2020 年	0.16
广州	1951—2020 年	−0.05

综上所述，以气温为参考指标，从全国、区域、站点、不同纬度代表性省会级城市，较为全面讨论全年最热 30 d、40 d 逐年开始时间以及不同气候期的特征。多年平均的入伏时间对比，气温滑动最热 40 d 比“文化三伏”往往要早 1 旬；逐年的入伏时间对比，“文化三伏”相差最多 11 d、气温滑动最热 40 d 相差可达 1～2 个月甚至更长；“文化三伏”与气温滑动最热 40 d 的逐年开始日期几乎没有相关性，而且入伏的早晚、三伏的长短，与气候伏热期的长短并无显著相关性。可见仅以气温为依据，与古人划定的三伏时段是存在偏差的。

2.3　“气候三伏”定义

既然气温意义上最热的 30 d 或 40 d 与三伏时段并不吻合，那么古人设定三伏起止时间的气候逻辑是什么？一是考虑“长夏”，即五季之一五行中“土”反映的是“土润溽暑、大雨时行”的热烘烘的湿气盛行;二是秦汉时期,“岁时伏腊”指代一年中最重要节气,伏即“伏日”,官府休假、民众闭门,时间跨度从7月中下旬至8月中下旬,从气候上看伏日习俗起源地区正值雨季,疾病在湿热的雨季更容易流行。

我国多地季风气候特征分析,一年中最热时段是初夏的干热到“长夏”的湿热,干热的晴朗“烧炽”到湿热的雨水“蒸郁”,雨水增湿不仅会加剧闷热不舒适感,或许古人在“文化三伏”期间,也考量了雨热叠加的气象风险,因此要躲藏起来规避风险。伏日习俗诞生起源的秦汉时期,是月令时代,以月、旬论节候。基于气候上全年最热时段长度、“文化三伏”的时间跨度和诞生时代的月令体系,采用热季是干热到湿热的宽泛为60 d(两个月)长度、雨季30 d(1个月)或40 d(1个月加1旬),三伏应恰好是热季和雨季重叠,所以本文“气候三伏”定义是指雨热同期的季风气候背景下热季与雨季的叠加时段即炎热和洪涝双重风险时段。

2.4 “气候三伏”的指标确定和量化方法

现代社会与伏热、躲藏相关的大数据分析可以参照夏季用电量,例如张自银等研究发现北京市夏季日最大电力负荷与日最低气温的关系最为显著[3],综合不同区域多篇文献研究结果以及本文上述分析,与最高气温相比,最低气温与伏热相关性最高[4-5]。目前关于闷热程度衡量指标研究较多,有学者用最低气温大于等于25 ℃定义,有的用干球温度和相对湿度定义温湿指数等,但受限于标准不能完全基于本地特征,未能同时反映雨季和热季(简称雨热)双重叠加风险。此外,无论最低气温还是降水,重要的是还要考虑达到一定阈值、持续一定时间。为使本研究做到“守正创新”,有必要遵循“文化三伏”的古义,制定量化气候视角定义的“气候三伏”,不仅客观地反映雨热双重叠加风险,也能体现本地特征的“自择伏日”。

指标以日最低气温滑动60 d序列中的最大时段定义为热季,以热季内中雨以上降水日数滑动30 d或40 d序列中的最大时段定义为雨季,以热季与雨季重合时段确定为“气候三伏”时段。

使用1951—1980年、1981—2010年、2011—2020年日最低气温累年均值和1951—2020年日降水量，具体计算如下。

（1）取累年日最低气温滑动60 d序列的最大值，即 $TMIN_{60,max}$ 以及该值对应的开始日期M、结束日期N。

（2）利用1951—2020年逐年逐日降水量值，计算1951—1980年、1981—2010年、2011—2020年三个气候期累年同日降水量≥10 mm概率值，并输出。

（3）基于①②的数据分析，针对站点开始日期M至结束日期N期间，每个日期前15 d（或20 d）、后14 d（或19 d）总计30 d（或40 d）≥10 mm总概率，得到M—N日期的概率序列L。

（4）找到序列L前30名（或40名），取前30名（或40名）所在日期从小到大排序的第16位（或21位），即为该站点"气候三伏"开始时间。

3 结果分析与讨论

本文研究是基于"文化三伏"在平气法划分节气背景下考量、在定气法划分节气背景下进行传承，两个背景下平均入伏日期分别在7月15日和16日，仅差1 d，理论入伏时间应该在7月10—21日。如图5所示，采用热季与雨季重合时段定义的"气候三伏"时段，以1981—

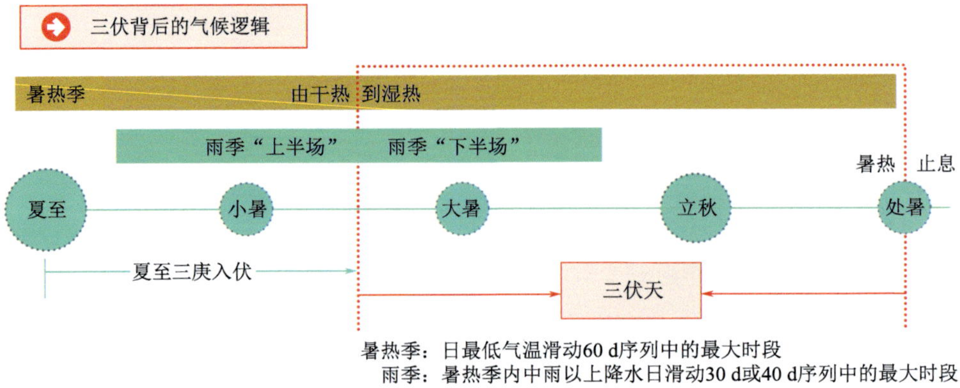

图5 "气候三伏"指标设定的气候逻辑导图

2010 年气候期为例。伏日体系起源区域的西安，“气候三伏”开始日期是 7 月 15 日，与“文化三伏”的起始日期高度吻合。从图 6 看全国“气候三伏”开始时间，伏日体系起源的黄河—长江流域广大地区（图中深红色区域）也始于 7 月 10—21 日，与“文化三伏”的入伏日期区间十分契合。再以年降水量大于等于 400 mm 的农耕区域按照节气时段进行细分，可以看到黄河—长江流域的广大地区“气候三伏”开始时间始于小暑时节（图 7）。

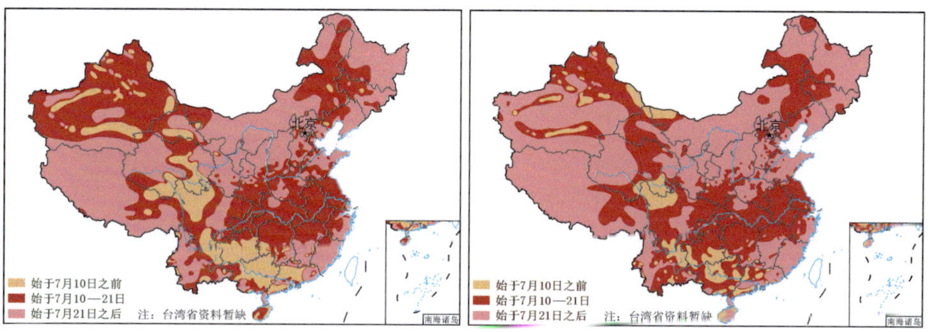

(a) (b)

图 6　我国 1981—2010 年“气候三伏”开始日期的时段分布

(a)雨热风险最高 30 d；(b)雨热风险最高 40 d

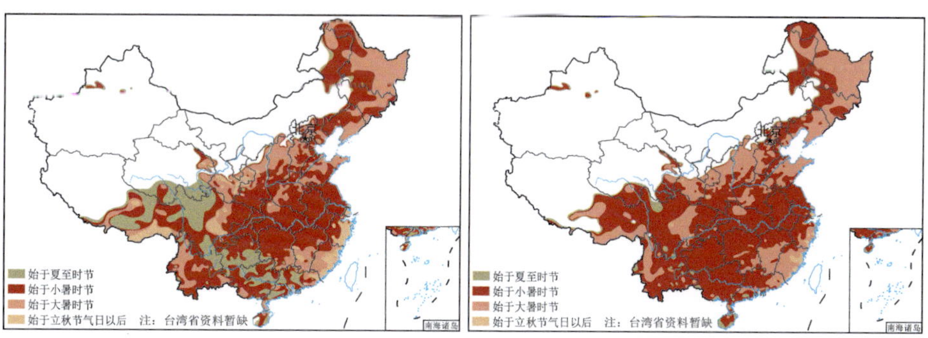

(a) (b)

图 7　我国 1981—2010 年年降水量大于等于 400 mm 农耕区域“气候三伏”开始日期的节气分布

(a)雨热风险最高 30 d；(b)雨热风险最高 40 d

“气候三伏”开始时间也有很多地区不吻合，例如广州始于 7 月 8

日、北京和郑州分别始于7月25日和7月24日。四川盆地晚于关中，始于大暑时节，与汉代据此提出“自择伏日”的动议相契合。基于我们提出的“气候三伏”定义，全国可粗略划分三个类型：始于夏至时节，川西、云贵、岭南部分地区等地；始于小暑时节，以黄河—长江流域为主；始于大暑时节，以华北、东北地区为主。对比1951—1980年气候期，2011—2020年气候期内江南南部、华南等地“气候三伏”开始时间在小暑时节的区域增多（图8）。

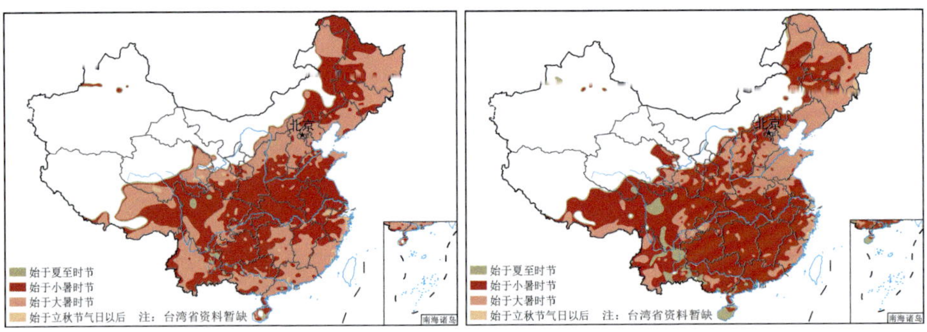

(a) (b)

图8 我国雨热风险最高40 d年降水量大于等于400 mm农耕区域“气候三伏”开始日期的节气分布

(a)1951—1980年；(b)2011—2020年

4 小结

本文基于古代“文化三伏”的本义，遵循其诞生起源时代的月令体系，以此为逻辑基础，利用发展的观测大数据和我国气候背景特征，一脉相承地构建了“气候三伏”量化指标和计算方法。结果显示，伏日体系起源的黄河—长江流域广大地区的“气候三伏”入伏日期严谨地契合了“文化三伏”的入伏日期区间，并较为确切体现了古已有之“自择伏日”地区。总体看，全国各地“气候三伏”入伏时间早在夏至节气、晚可在立秋节气之后，在气候变化背景下入伏时间提前。

（1）从气候角度看，热可分为干热、闷热。干热关注最高气温，昼夜温差相对大些;闷热关注平均气温、最低气温以及湿度,昼夜温差小,对比后首先选取最低气温分析。一个特定气候期内 30 d 或 40 d 滑动气温序列最高时段开始时间,发现较“文化三伏”开始时间提早 1 个节气或者 1 旬。逐年开始时间对比、“文化三伏”相差最多 11 d、滑动最热 40 d 相差可达 1～2 个月甚至更长,“文化三伏”与滑动最热 40 d 的逐年开始日期几乎没有相关性。可见仅以气温为依据,与古人划定的三伏时段是存在偏差的。

(2)重新探究古之“伏”者含义、伏日诞生起源时代的时间尺度特征、我国现今的气候背景特征,在此基础上创新演绎“气候三伏”定义是雨热同期的季风气候背景下、热季与雨季的叠加时段即炎热和洪涝双重风险时段。分析确定“气候三伏”量化指标和计算方法,日最低气温滑动最大 60 d 序列中降水最多的 30 d 或 40 d 序列的最大时段。

(3)以 1981—2010 年气候期为例,在伏日体系起源地区中,西安的“气候三伏”开始时间是 7 月 15 日,黄河—长江流域广大地区也是始于 7 月 10—21 日,与“文化三伏”的理论入伏日期区间严谨契合。

(4)在四川盆地西部一带,“气候三伏”开始时间晚于陕南到四川盆地东部一带,恰好印证解释了汉代《户律》所说“汉中、巴蜀、广汉,自择伏日”。而在气候变化背景下,“气候三伏”开始时间在小暑时节的区域越来越多。

综上所述,古代“文化三伏”的精髓有三项。一是制订了雨热叠加的双重气候风险最高的时段作为伏期,进而规避雨热风险,而不只是界定最热的 30 d 或 40 d;二是发现各地雨热叠加的双重气候风险最高的时段有所不同,并提出“自择伏日”的动议,尽管因“齐风俗”而被废止,但已经对区域气候差异有了清晰的认知;三是“夏至三庚入伏”,为伏期提供了年际差异化方案,以此表征每年雨热叠加的双重气候风险的发生时段有所不同。可见,“文化三伏”思路是正确的,只是真实的气候年际差异远远超出了三伏时段所界定的年际差异。本文研究深入挖掘了“文化三伏”的气候内核,并据此确定了“气候三伏”的标准以及各区域的时段差异。

参考文献

[1] 宋英杰. 二十四节气志［M］. 北京：中信出版集团，2017.
[2] 宋英杰. 故宫知时节［M］. 北京：故宫出版社，2019.
[3] 张自银，马京津，雷洋娜. 北京市夏季电力负荷逐日变率与气象因子关系［J］. 应用气象学报，2011，22（6）：760-765.
[4] 夏江江，严中伟，周家斌. “三伏”的气候学定义和区划［J］. 气候与环境研究，2011，16（1）：31-38.
[5] 张德山，邓长菊，李世明. 北京“三伏时节”气候特征分析［J］. 气象科技，2008，36（6）：768-771.

谁是二十四节气之首？

宋英杰，张永宁，隋伟辉

（中国天气·二十四节气研究院，北京 100081）

摘要： 学界对二十四节气之首存在争议。本文从岁时、气候、天文、物候及文化流变等多个角度辨析适用于当代社会的节气之首。从岁时视角来看，立春日是春节的历法日期均值日；从气候视角来说，立春是时序周期的气候初始点。冬至和立春分别指征"天上的时间"和"地上的时间"。此外，从科学演进和文化流变的视角来看，冬至作为历算基准的角色在当代已不适用。因此，立春或冬至作为二十四节气序列中的第一个节气，在其各自的适用范畴内均有道理。然而从公共传播和应用的范畴角度来看，当代生活中以立春作为二十四节气之首更为科学。

关键词： 二十四节气；冬至；立春；排序；天文；气候；物候；历法

1 二十节气之首争论的起源

谁是二十四节气之首？在公共传播与应用范畴，甚至地理视域的整个节气文化圈，人们都约定俗成地将立春作为二十四节气的序列之首。然而，学界对二十四节气之首却存在争议。争议主要集中在两种观点：一种观点是以立春为首，一种观点是以冬至为首。争议的源头主要是《淮南子》。该书的《天文训》和《时则训》虽属同一部典籍，却分别以冬至和立春为岁首。其实，这两种观点各有其学术合理性。

从资历、历法推步、阴阳哲学的视角来看，冬至当为二十四节气之首。就资历而言，春分、秋分、夏至、冬至是最早被测定和确立的节气；就历法推步而言，人们是将日影最长的冬至作为时间基点，由此推算和确定其他节气和中气的时间；就阴阳哲学而言，冬至阴极阳生之时，是阴阳流转的拐点。由图 1 可见，阳气虽然看似是一个虚拟概念，但如果以阳光直射点或白昼时长作为变量加以表征，冬至“一阳生”，所以它是天文视角下的时序基准点。由此，冬至也就成为孕育生机的阳气复活的时点，正如《史记·律书》所云“气始于冬至，周而复生”[1]1251，即气序的往复，以冬至为始终。

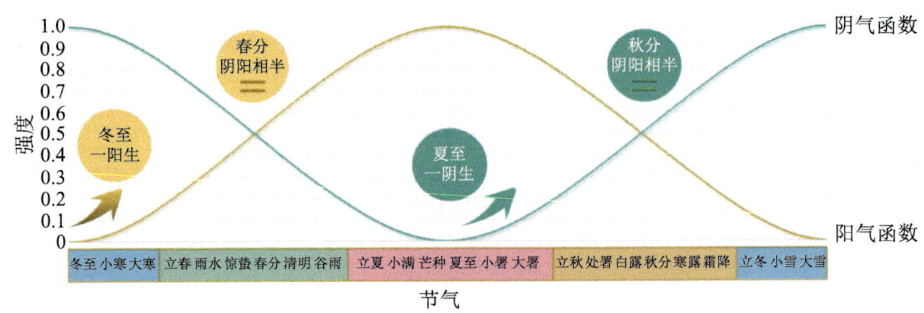

图 1　一年中阳气阴气消长图（以阳光直射点纬度的归一化表征）

从文献记载来说，以冬至为二十四节气之首的观点通常将最早记载二十四节气序列的《淮南子·天文训》作为“硬核”证据。《淮南子·天文训》这样记载：“两维之间，九十一度十六分度之五而升，日行一度，十五日为一节，以生二十四时之变。斗指子则冬至，音比黄钟……”[2]其中，“升”或为“斗”之误。书中以斗柄指向来确定节气①，由冬至开始推算其他各个节气的时间。然而，同书的《淮南子·时则训》由孟春之月到季冬之月的叙事脉络却是以立春为始②。

换句话说，《淮南子·天文训》是以历法推步的逻辑，节气序列由冬至始；《淮南子·时则训》是以四时推移的逻辑，节气序列由立春始。从这个意义上说，二十四节气序列在创立之初，或以冬至为首，或以立春为首，各有其缘由，也各有其适用范畴。

不仅是《淮南子》，《黄帝内经》中也有以冬至为起点的“天度”和以立春为起点的“气数”两种时间体系，即“天度者，所以制日月之行也；气数者，所以纪化生之用也”[3]。由表1可见，《黄帝内经·素问·六节藏象论》中所谓“天度”，是刻画日月运行轨迹的；所谓“气数”，是刻画万物消长规律的。

可见，中国古代存在基于天文和基于气候的两种时间体系。

表1 《黄帝内经》中的两种时间体系

基于天文的时间体系 即“天度”的界定	基于气候的时间体系 即“气数”的界定
《黄帝内经·素问·六节藏象论》：“立端于始，表正于中，推余于终，而天度毕矣。” 以冬至为“天度”推步的起始，以圭表确定日中，推算太阳回归周期与月亮朔望周期拟合过程中的盈余时间，便建构了基于天文的时间体系	《黄帝内经·素问·六节藏象论》：“五日谓之候，三候谓之气，六气谓之时，四时谓之岁，而各从其主治焉，五运相袭，而皆治之，终期之日，周而复始……求其至也，皆归始春。”在五天为一候、三候为一气、六气为一季、四季为一年的时间体系中，每个季节各自体现出温、热、湿、燥、寒的气候特征，并循环往复。而气候时间的推算，由立春开始

在此基础上，西汉的司马迁又提出四个维度“岁始”的概念，并将这四个维度的“岁始”之日的风向与云色作为年景占卜的气象初始场。他在《史记·天官书》记录：“凡候岁美恶，谨候岁始。岁始或冬至日，

①这是当时人们的认知，现在是以黄经等分的方式划分节气。

②将立春与孟春之月对应，不具有历法上的严谨性。

产气始萌。腊明日，人众卒岁，一会饮食，发阳气，故曰初岁。正月旦，王者岁首；立春日，四时之始也。四始者，候之日。”[1]1340 具体如表 2 所示，将冬至视为岁始，因为它是阳气初生的时点，以天、地、人的视角，它是“天气”始萌之时；将腊明日视为岁始，是因为腊日对应最寒冷的时间，腊明日是气温触底反弹的时点。我们以现代的气象观测数据验算，腊日的公历日期均值为全年气温的谷值期。将正月旦视为岁始，因为是官方历法中新年与旧岁的更替之日。将立春视为岁始，是因为冰雪消融、万物复苏，是自然时序中四季轮回的开始。有宋代学者认为“天开于子，地辟于丑，人（及万物）生于寅”①，其中冬至对应的是天，腊明日对应的是地，建寅历法中的正月旦以及立春对应的是万物。

表 2　司马迁在《史记・天官书》中界定的四种“岁始”

日期	冬至	腊明日	正月旦	立春
属性	“天气”始萌	“地气”始萌	新年伊始	四季伊始

这四个维度的“岁始”，既包括冬至，也包括立春。以司马迁的观点，冬至可作为“岁始”，是因为“产气始萌”；立春可作为“岁始”，是因为“四时之始”。这是司马迁的逻辑自洽。也就是说，冬至是阳气的“岁始”，立春是季节的“岁始”。

2　当代的岁始应该以何时为准？

2.1　岁时视角：立春日是春节的历法日期均值日

以岁时视角，如果二十四节气由冬至开始，那么岁时的春、夏、秋、冬便成了天文划分法下的冬、春、夏、秋，这显然不是中国文化中的四

①朱熹等多位学者提到这句话出自北宋邵雍的《皇极经世》，但在明代胡广等后世学者那里已是“今不可知”。我们从目前传世的《皇极经世》原文也未找到此句。为避免争议，正文中不具学者之名。

时之序。其实，“正月旦”（即现在的春节）才是人们最为认同的一年的开端——“岁始”，而立春日是春节的历法日期均值日。在施行定气法（1645 年起沿用至今）的公元 1701—2700 年的 1000 年间，立春在公历 2 月的日期均值为 4.01。由图 2 可见，立春在 2 月 3 日的，有 127 年，占 12.7%；立春在 2 月 4 日的，有 736 年，占 73.6%；立春在 2 月 5 日的，有 137 年，占 13.7%。立春日出现在 2 月 4 日的概率最高。

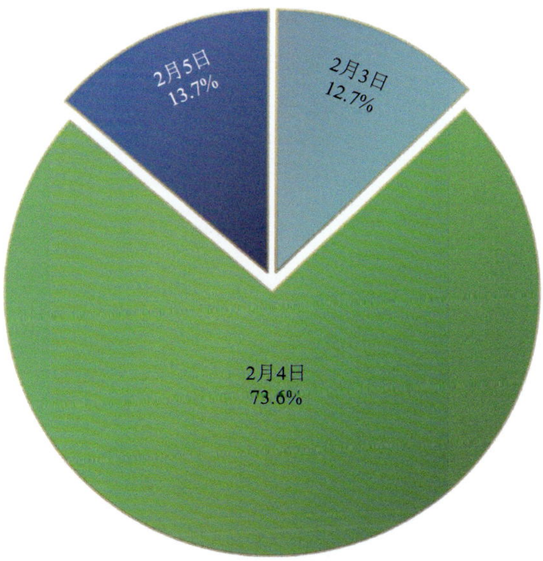

图 2　1701—2700 年立春日出现在 2 月的分布图

我们再以公元 1701—2700 年这千年序列为例进行统计，最早的春节是在 1 月 21 日（大寒节气区间），最晚的春节是在 2 月 21 日（雨水节气区间），而 54%的春节是在立春时节。春节的千年日期均值同样是 2 月 4 日，与立春的日期均值相同（图 3）。

换句话说，立春日作为季节的“岁始”，也是农历年度“岁始”的均值日。另外，立春还是传统干支纪年的“岁始”，即新的生肖属相是从立春开始的。因此，立春作为二十四节气序列之首，更能体现阴阳合历中“岁始”的兼容性。古代的王者用来安排生产生活的政令《礼记·月令》，岁时行事中位列第一的“日程安排”，便是天子率领三公九卿诸侯大夫在立春之日迎气[4]（图 4）。

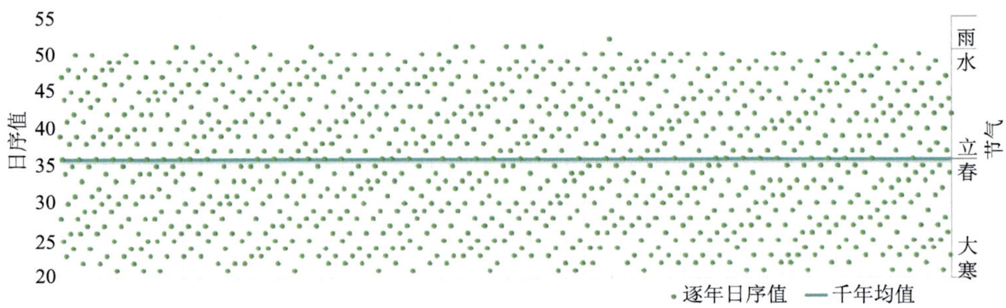

图 3　1701—2700 年千年间正月朔日的公历日期图

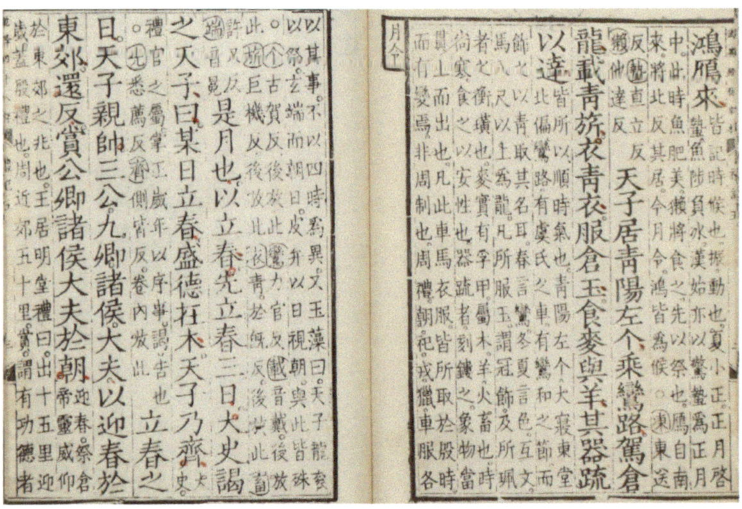

图 4　《礼记·月令》有关于周天子在立春节气迎春的记载

（清乾隆武英殿刊御定仿宋相台岳氏本）

2.2　气候视角：立春是时序周期的气候初始点

立春是季节意义上的“岁始”，对于节气起源地区而言，立春也是大地封解意义上的“岁始”。

以位于二十四节气起源地区的西安为例，我们选取气候发生显著变化前的 1951—1980 年气候期进行统计，可以看出，从立春节气开始，西安的温度进入上升通道（图 5）。立春时地温开始高于 0 ℃，开始由“负”转“正”，这是大地由封冻期到解冻期的拐点，是古人眼中“地气始通”[4]和“春木之气始至”[5]之时,也是《淮南子·时则训》中“孟春始嬴,孟秋始缩”[2]的“嬴”之所在,亦为古代易学中的“否极泰来”之时。立春节气的气候意义在于天气向暖、大地初融(图 6)。

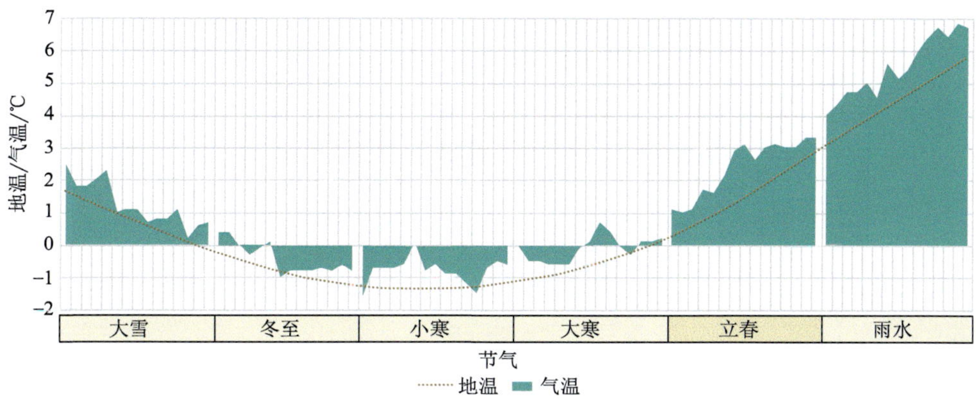

图 5 1951—1980 年气候期大雪—雨水时节西安日平均地温与气温

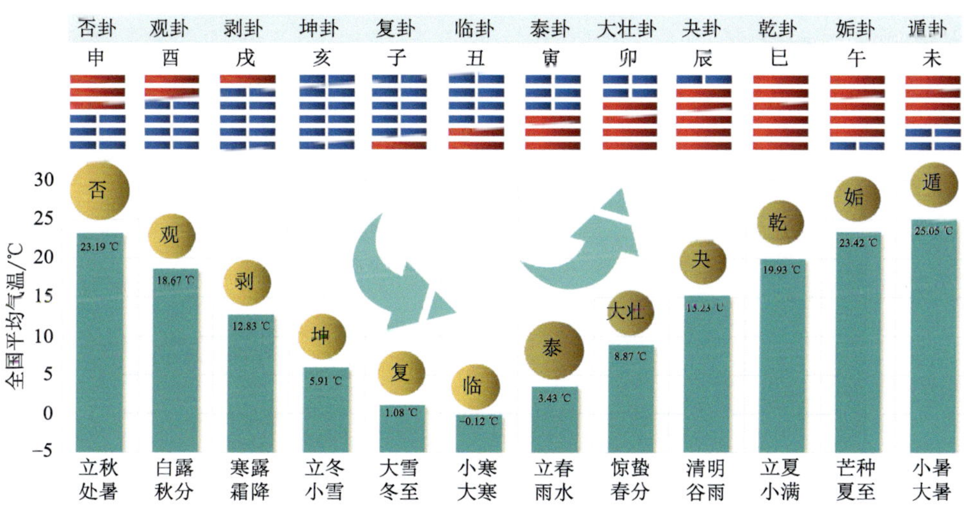

图 6 “否极泰来”的气候学意义

(柱状图为 1981—2010 年气候期各节气时段全国平均气温)

立春是由气通而地融的节气,因此我们常用“通融”[6]一词来指这种天地的“流通”。立春是气候和物候对天文的滞后性响应开始呈现实体性变化的节气,因此,从这个意义上来说,在春夏秋冬的时序体系中，以立春作为时序周期的气候初始点是更为科学的选择。

2.3 冬至和立春分别是“天上的时间”和“地上的时间”

在“四时八节”中，“二至”“二分”（夏至、冬至、春分、秋分）表征的是天文意义上的特征态，也就是阴极、阳极以及阴阳平衡，而“四立”（立春、立夏、立秋、立冬）表征的气候意义上的特征态，也就是寒热温凉的起承转合。以冬至为节气序列的起点，是着眼于“气”，是天文视角下的“太阳转身”。以立春为节气序列的起点，是着眼于“象”，是气候视角下的“万物复苏”。由表 3 可知，冬至是“天上的时间”（天文），立春是“地上的时间”（气候），二者均具有科学意义。二者的时间差，是气候变量对天文变量的滞后性响应所造成的。如图 7 所示，以位于二十四节气起源地的西安为例，根据西安 1951—1980 年气候数据，冬至的阳气萌生体现的是天文变量，立春的天气回暖且气温开始高于 0 ℃体现的是气候变量。天文意义上的拐点和气候意义上的拐点存在半个季节尺度的时间差。夏至的阴气萌生到立秋的气温下降也是同理。

表 3　冬至和立春节气作为“二十四节气之首”的理由

节气	冬至	立春
理由	（天文）阴阳流转的拐点	（气候）自然时序的四季之始
	（历法）历法推步的起算点	（历法）春节的均值日期

由此可见，二十四节气的创制和应用发展并没有止于天象和星座，而是将“天上的时间”转化为“地上的时间”，将每个天文刻度转化为二十四节气称谓体系中的春夏秋冬、寒暑雨雪霜露，转化为七十二候中的荣枯隐现，转化为节气谚语中的宜忌得失，从而将“天文之学”转化为“人文之学”。

在“二至”“二分”之后，中国古人通过创立基于“四立”的划分季节的“中国方案”，才形成有别于其他文明古国的季节体系。由此，从王政到民生都依循这个四季体系“顺天应时”[7]，这是中国时令文化的底

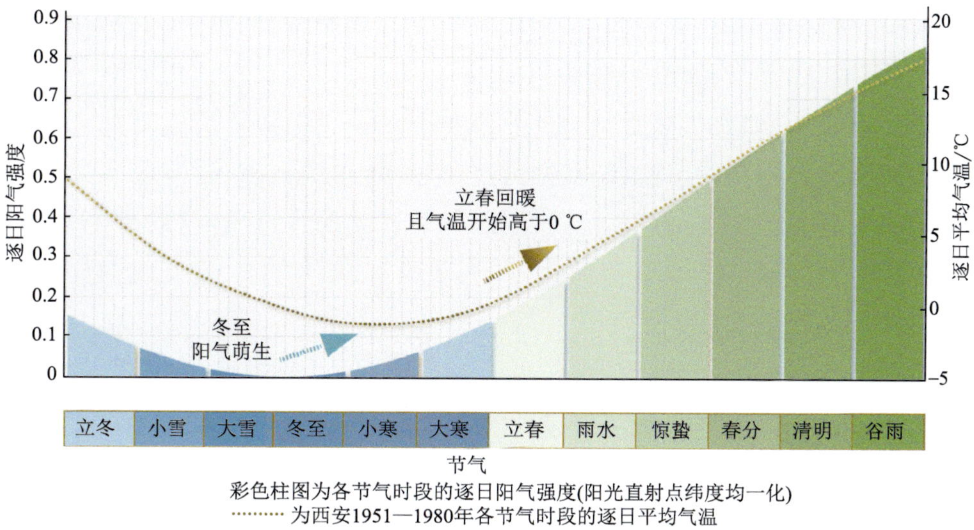

图 7　西安 1951—1980 年各节气时段逐日阳气强度和平均气温

层逻辑。由表 4 可见，作为指导古代农耕社会劳动生产的二十四节气，界定的是春生夏长秋收冬藏的自然时序。四时节律，无论是以物候的视角分为启闭，还是以气候的视角分为起承转合，立春都是四时之启（起）的始点。

表 4　在四季体系中从王政到民生的“顺天应时”

季节	自然属性	物候特征	王政导向	养生之道	农事节律
春季	发生	发陈	春庆	养生	春种
夏季	长赢	蕃秀	夏赏	养长	夏管
秋季	收成	容平	秋罚	养收	秋收
冬季	安宁	闭藏	冬刑	养藏	冬藏

所以，在以四时为序的岁时文化中，作为“四时之始”的立春，担纲节气之首是理所应当的。

2.4　科学演进和文化流变的视角：在当代冬至作为历算基准已不适用

从科学演进和文化流变的视角来看，冬至作为岁始是与“周正”相伴生的（周代以农历十一月为岁首），所以说“冬至大如年”。但现在，冬至与“年”已不存在相关性和可比性。冬至作为历法推步的起算点，是基于古代历法的推算方式，而节气由平气法改为定气法之后，黄经0°的春分成为起算点，也就是阳光直射点由赤道开始进入北半球，冬至作为历算基准的角色亦不复存在。由阳气萌生于冬至的理念所派生出的冬至祭天、贺冬至等习俗早已衰微。现代的冬至节气，已不复汉代冬至的重要性。

有人认为，天文上只有满足“日月合朔”①的节气才能担当节气之首。而实际上，日月合朔并不是决定谁是二十四节气之首的前置条件。冬至日的日月合朔概率的期望值只有3.386%（冬至日平均分布于一个朔望月中的任何一天）。从二十四节气列入国家历法的公元前104年算起，在公元前104年—公元3000年的3104年间，冬至日的日月合朔年份数为104年，比例约为3.351%。汉武帝时期曾希望在朔旦冬至时建立新的历元。《史记·太史公自序》：“五年而当太初元年，十一月甲子朔旦冬至，天历始改，建于明堂，诸神受纪。”[1]3296 但按照《汉书·律历志》的记载，“姓等奏不能为算”[8]，最终的结果是冬至未能对应日月合朔，这一轮改历失败了。后来，二次改历才成为《太初历》（于公元前104年颁布）。因此，首次将二十四节气纳入国家历法的《太初历》也并未以冬至的“日月合朔”为基准。

也有人认为，历法上有些年份没有立春（俗称“无春年”）、有些年份有两个立春（俗称“双春年”），并据此认为立春无缘节气之首。这个理由是不能成立的，这是以一个岁始（正月旦，王者岁首）的视角，去否定另一个岁始（立春，四时之始）。

3 结语

立春或冬至，谁是二十四节气序列中的第一个节气，在其各自的

①指太阳和月球的地心视黄经之差为0，此时，日、月、地位于垂直于黄道面的同一平面上且月球位于日地之间。

适用范畴，均为正解。从公共传播和应用的范畴角度来看，我们认同北京大学陈连山教授在其《论二十四节气之首》一文中的观点："中国古代历法是阴阳合历，成分复杂，从不同角度考虑就可以有不同的岁始。今天，人们在日常生活中以立春作为二十四节气之首则是更为科学的排序。"[9]

参考文献

[1] 司马迁. 史记［M］. 北京：中华书局，1982.

[2] 刘安. 淮南鸿烈解［M］. 许慎，高诱，注. 刻本. 1580（明万历八年）.

[3] 张志聪. 黄帝内经集注［M］. 北京：中国古籍出版社，2015.

[4] 礼记［M］. 刻本. 清乾隆武英殿刊御定仿宋相台岳氏本.

[5] 石声汉. 齐民要术今释［M］. 北京：中华书局，2009.

[6] 顾起元. 说略卷四［M］. 刻本. 明天启重刊本.

[7] 中国汉语大词典编辑委员会，汉语大词典编纂处. 汉语大词典［M］. 上海：上海辞书出版社，汉语大词典出版社，1986-1994.

[8] 班固. 汉书［M］. 北京：中华书局，1962.

[9] 陈连山. 论二十四节气之首［J］. 中国非物质文化遗产，2021（1）：63-67.

为什么只有小满而没有“大满”？

宋英杰，张永宁，隋伟辉

（中国天气·二十四节气研究院，北京 100081）

摘要：通过追溯节气体系初创时的思想体系，发现“小满”一词在初创和传承过程中产生了三个维度的含义，即阳气小满，始于汉代；籽粒小满，始于唐代，江河小满，始于明代。这些含义体现了人们的思想、生产生活及社会认知的变化。由于从阳气小满到阴气始生的过程是一个瞬间，非一个完整节气时段，所以“小满之后无大满”。以“芒种”命名小满之后的节气，侧重的是对我国最重要的农候时令的指征。

关键词：小满；大满；二十四节气；阴阳；阳气

1 引言

小满，是夏季的第二个节气。关于其称谓的内涵，和芒种节气一样是学界争论最多的。与小暑和大暑、小雪和大雪、小寒和大寒等节气的成对出现不同，小满之后紧接着的是芒种而非“大满”。由图 1 可知，在节气体系中，代表阴极的冬至两侧，是小雪和大雪、小寒和大寒；而代表阳极的夏至两侧，则应是小满和“大满”、小暑和大暑，才能使节气体系呈现出同构的对称之美。但在节气体系中，小满之后的节气却是芒种。

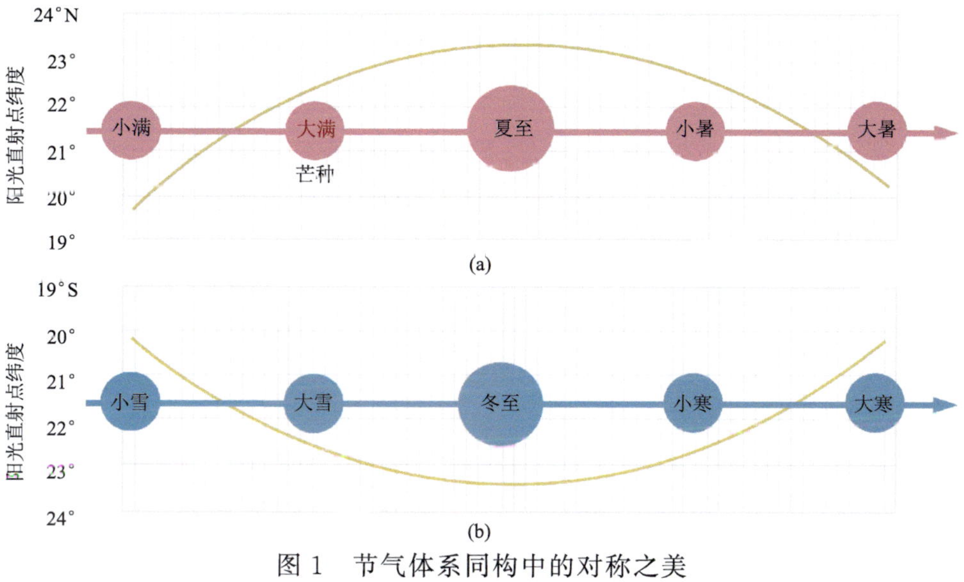

图 1 节气体系同构中的对称之美

(a)夏至两侧；(b)冬至两侧

为什么只有小满而没有“大满”？我们要从“小满”一词的含义开始追溯。

2 小满是什么？

“满”的含义为“全部充实、达到容量的极点”[1]，《说文解字》释为“盈溢”[2]。目前学界对于小满的解读，通常是两个维度，即“籽粒小满”和“江河小满”，如“麦之气至此方小满，因未熟也”[3]65 说的是小麦等作物籽粒开始饱满；“小满大满江河满”说的是南方降水频繁，雨水开始丰盈。但是，到底哪个能代表小满的真正含义，学界并无定论。

2.1 小满常见的两种含义

2.1.1 籽粒小满

以我们目力所及，小满被解读为籽粒小满，最早见于唐代孔颖达的《礼记正义》，即“小满者，言物长于此，小得盈满”[4]。

根据孔颖达的说法，“满”指的是农事物候，后世很多学者沿用孔氏的说法。宋代陈元靓的《岁时广记》、明代高濂的《遵生八笺》均原文引用。元代吴澄在《月令七十二候集解》中记载“小满，四月中。小满者，物至于此小得盈满”[5]，仅“长”和“至”一字之差，基本也是沿袭孔颖达的说法。

关于“满”的具体所指，虽然学者的解读存在争议，但基本仍都是围绕农事物候。例如宋代马永卿和明代郎瑛的解释如下。

宋代马永卿《懒真子》卷二记载：

襄、邓之间多隐君子。仆尝记陕州夏县士人乐举明远尝云：“二十四气其名皆可解，独小满、芒种说者不一。”仆因问之，明远曰：“皆谓麦也。小满，四月中，谓麦之气至此，方小满而未熟也；芒种，五月节，‘种’读如‘种类’之‘种’，谓种之有芒者，麦也，至是当熟矣。”仆因记《周礼》：稻人“泽草所生，种之芒种”。注云：“泽草之所生，其地可芒种，种稻麦也。”仆近为老农，始知过五月节，则稻不可种。所谓芒种五月节者，谓麦至是而始可收，稻过是而不可种矣。古人名节之意，所以告农候之早晚深矣。[3]65

明代郎瑛《七修类稿·天地类》“小满芒种”词条：

二十四气有小暑大暑、小寒大寒、小雪大雪，何以有小满而无大满也？又见《檐暴偶谈》解二气，皆指麦言。然应答难于人，人而刊行于书，误人大矣，因复辩之于此。夫寒暑以时令言，雪水以天地言，此以芒种易大满者，因时物兼人事以立义也。盖有芒之种谷，至此长大，人当效勤矣。节物至此时，小得盈满意，故以芒种易大满耳。[6]

由上述两篇文献可知，马永卿《懒真子》的观点是本该设定“小满”和“大满”的时节所涉的农事物候是有关麦子和稻的。而郎瑛《七修类稿》的观点是本该设定“小满”“大满”的时节正是谷物由将满到全满之时，小满、芒种之名是“皆谓麦也”，指的都是麦子。

我们认同《懒真子》小满后设置芒种节气是“告农候之早晚深矣”的观点。小满和芒种之名涵盖麦子和稻。因为麦熟麦收的特性是“九成熟，十成收；十成熟，一成丢”，即麦子熟到九成的时候就赶紧收割，等到麦子完全熟了，熟到“大满”的时候就太迟了。因此，如果以“大满”来界定麦子完全成熟的时间，不具有指征意义和预测价值。从表1可知，在《礼记·月令》和《逸周书·时训解》七十二候所记载的月令体系和候应体系中，已经有了对于次要的夏收和主要的秋收的平衡性提示，就没必要再设立一个专门提示夏收的节气。

表1 《礼记·月令》和《逸周书·时训解》记载的主粮物候

月令·孟夏之月	小满三候	月令·孟秋之月	处暑三候
麦秋至		禾乃登	

而芒种之名比“大满”之名更具有时序之令的意义。小满是收麦的“未来时”，芒种是收麦和种稻的双重“进行时”。小满之名侧重提示收麦，芒种之名侧重提示种稻。如果小满之后是“大满”，就很容易使人忙于麦而疏于稻。

所以设置小满和芒种两个节气，体现了人们对于麦和稻这两种主粮的平衡性重视。当然，在刻画农事物候的维度时，小满中的“满”可特指麦子，也可泛指谷物的籽粒即将饱满。芒种具有麦须收、稻当种的双重指向，这显然是农耕社会首要的农候时令，为其设定一个节气，乃农耕社会之当然。

然而，古人最初设置小满节气时，这个“满”字是指麦子的籽粒吗？未必如此。虽然麦子在我国的种植历史最早可追溯至商代，但由于麦子需水量最大的时段为北方“十年九旱”的春季等原因[7]，其种植量一直较小，直到西汉晚期至东汉开始，小麦才得以大面积推广[8]。白居易诗中“夜来南风起，小麦覆陇黄”[9]的场景便是例证。直到宋代，小麦才逐渐成为我国举足轻重的主粮[10]。

也就是说，在节气框架定型到节气称谓确定的春秋至西汉时期，麦子并非最重要的粮食作物。在社会地位并不高的情况下，麦子很难成为小满节气的意象。

2.1.2 江河小满

小满的“江河小满”之说晚于“籽粒满”，其气候认知始于南宋，文字记载始于明代中期。南宋时期的文人笔记中出现“当小满而润泽丰”[11]之类的气候认知，但并未明确提出在水文层面小满与“江河满”的关系。“江河小满”之说最早见于明代正德十二年（1517 年）的地方志中。明代正德年间江西《建昌府志・卷一》记载“立夏小满日宜雨”，谚云“立夏不下，高田放罢；小满不满，芒种不管”[12]。

之后，明清时期南方部分地方志收录的民谚中多有“江河小满”的含义。如明代嘉靖年间福建《惠安县志・卷之四》：“立夏日有青气见南方，吉；否则，灾。是日及小满日俱宜雨，故曰：‘立夏不下，高田莫耙；小满不满，芒种莫管。’”[13]明代万历年间湖南《桃源县志・卷上》记载谚云“四月八日晴，游鱼上高坪”，立夏、小满日宜雨。谚云：“立夏不下，高田放罢；小满不满，芒种不管。”[14]清代嘉庆年间广东《新安县志・上卷・月令》记载四月谚云：“小满池塘满，不满天大旱。”[15]

相对来说，“江河小满”是很晚近的认知，且仅流传于气候相契合的江南南部和华南地区。在南岭附近地区（例如海南），“立夏小满，江河水满”[16]，小满时节已进入多雨的“龙舟水”时段，于是有“小满大满江河满”之说。从图 2 可以看出，小满“江河小满”具有显著的地域性，并不适用于节气体系起源的黄河流域，并非节气体系起源地区的气候规律，与其他节气称谓所刻画的气候也并不匹配。在节气体系起源的黄河中下游地区，雨热同季，通常是在小暑、大暑时节降水达到鼎盛状态，进而水体达到小满、“大满”的状态。

所以小满的“江河小满”之说，属于节气文化传承过程中在南岭附近地区的本地化新解，并非节气体系创立年代关于“满”的本义。

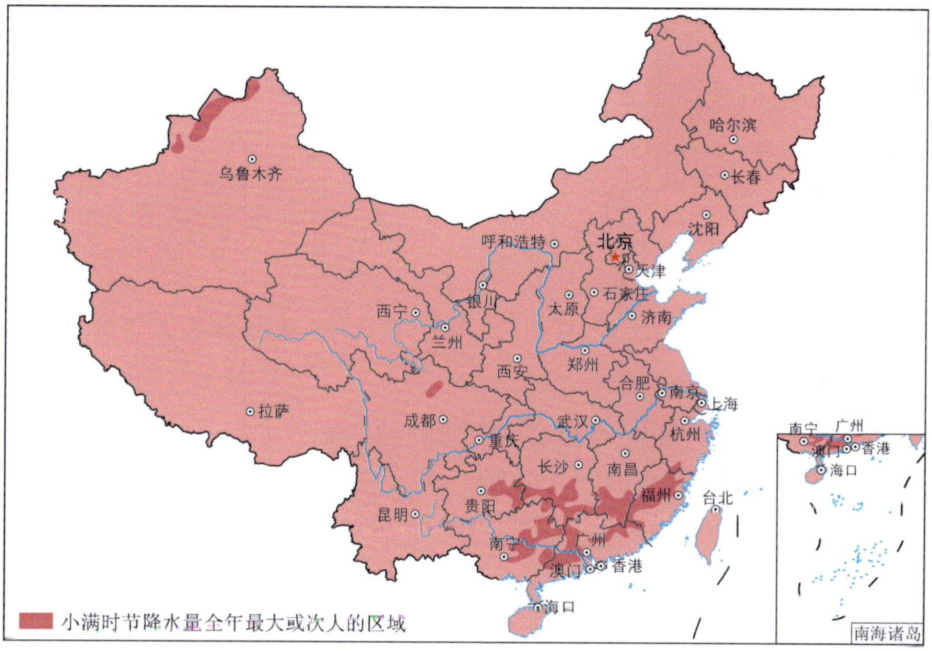

图 2　我国 1981—2010 年气候期小满“江河小满”的区域

综上，小满“籽粒小满”和“江河小满”虽然广为流传，但仍不能反映其在节气体系创立时的含义。

2.2　小满的第三种含义

基于以上分析，我们认为，小满之“满”的本义，还要上溯至节气体系初创时，也就是先秦至西汉，从当时人们的思想体系入手进行追溯。小满节气中的“满”可能指的是阳气。

早在先秦，节气体系的含义中已经有“阳气”之义。春秋时的《管子·幼官》将一年分为三十节气，每一节气 12 天，春秋两季各 8 个节气，冬夏两季各 7 个节气。其中，夏季的 7 个节气分别为：小郢至、绝气下、中郢、中绝、大暑至、中暑、小暑终。

与二十四节气相对，小郢至对应立夏，是夏季的第一个节气（表 2）。

何如璋、刘师培认为“郢”与“盈”或“嬴”读音相同[17]，盈或嬴均可训满①。郢是指阳气满盈[18]，小郢至象征此时阳气小满，阴气将尽。

表 2　二十四节气与三十节气对比

二十四节气	立春	雨水	惊蛰	春分	清明	谷雨	立夏	小满	芒种	夏至	小暑	大暑	立秋	处暑	白露	秋分	寒路	霜降	立冬	小雪	大雪	冬至	小寒	大寒						
三十节气	地气发	小卯	天气下	义气至	清明	始卯	中卯	下卯	小郢至	绝气下	中郢	中绝	大暑至	中暑	小暑终	期风至	小西	白露下	复理	始前	始西	中西	下西	始寒	小榆	中寒	中榆	寒至	大寒之阴	大寒终

小郢至、绝气下、中郢、中绝这四个节气刻画的是“气”，表示阳气逐渐盈满、阴气逐渐气绝而消的整个过程。

二十四节气体系从创立、发展到完善，经历了漫长的过程。先秦时期先有“二至”“二分”，即夏至（日永）、冬至（日短）、春分（日中）、秋分（宵中），后又增加了立春、立夏、立秋、立冬 4 个节气，用来表征季节。到西汉时期，节气的数目、称谓、次序基本定型。最终，体系完备的节气在《淮南子・天文训》中初创完成。二十四节气在发展过程中吸取了先秦时期的各家说法。已见于三十节气的清明、白露、大暑、大寒等节气名在二十四节气系统中依然沿用，那么同样见于三十节气的刻画阳气将满的“小郢至”存在与“小满”内涵相合的可能性。

完整的二十四节气体系在西汉早期最终成熟定型，并在公元前 104 年被纳入《太初历》，开始进入国家历法。也就是说，当时人们对阳气盈满于何时的理解可能影响着节气的称谓及理念。

一年中阳气最强的时间在何时？以日尺度和月尺度来衡量有不同的答案。

以日尺度来衡量，阳气最强日在夏至日。例如最早完整记载二十四节气的《淮南子・天文训》说：“日冬至则斗北中绳，阴气极，阳气萌，故曰冬至为德。日夏至则斗南中绳，阳气极，阴气萌，故曰夏至

①《说文解字》对“满”的释义为“盈溢也”。

为刑。”[19]

以月尺度来衡量，阳气最强有两种理念：一种是以阳气强度来衡量，在农历五月。一种是以阳气趋势来衡量，在农历四月。例如《淮南子·天文训》中记载的“日冬至则水从之，日夏至则火从之，故五月火正而水漏，十一月水正而阴胜”[19]以及“阳生于子，阴生于午……阳生于子，故十一月曰冬至……阴生于午，故五月为小刑”[19]就是从阳气强度来衡量的。农历五月阴气已乍现，始有轻微的杀气，所以在农历五月来临前的孟夏之月需要“决小罪，断薄刑”（意为“轻刑结案以及释放不够量刑者”）[19]与之相呼应。

以趋势论，在立夏、小满所处的农历四月之后，阳气逐渐收敛，阴气逐渐萌生。西汉董仲舒的《雨雹对》写于汉武帝元光元年（公元前134年），与《淮南子》成书年代（约公元前139年）相近，文中关于四月阳气的记录如下：

（1）阳德用事，则和气皆阳，建巳之月是也。故谓之正阳之月。

（2）建巳之月为纯阳，不容都无复阴也。但是阳家用事，阳气之极耳。

（3）四月纯阳用事。自四月以后，阴气始生于天下，渐冉流散，故云息也。阳气转收，故言消也。

据此文可知，人们认为农历四月阳气增长达到鼎盛状态，于是称农历四月为“正阳之月”。在西汉易学家孟喜创制的刻画一年十二个月阴气阳气消长、生息规律的十二消息卦中①，我们可以看到立夏、小满节气属于农历四月（巳），辟“乾卦”，对应六阳爻，为正阳之月，是阳气“满格”之时。

《汉书·五行志》认为《春秋左氏传》中“唯正月朔，慝未作，日有食之”的正月“当夏四月，是谓孟夏”[20]。书中又进一步补充：“说曰：正月谓周六月，夏四月，正阳纯乾之月也。慝谓阴爻也，冬至阳爻起初，

①也称“十二辟卦”，“消息卦”代表一年十二个月的阴阳消长。“息”为生长，“消”为消退之意。

故曰复。至建巳之月为纯乾，亡阴爻。”[21]1496 根据《汉书》的记载与分析可知，此处的正月，并非农历正月，而是农历四月。《诗经》中有同样的用法。《诗经·小雅·正月》“正月繁霜，我心忧伤”中的“正月”也指的是农历四月。秦汉时期的毛亨注曰：“正月，夏之四月。”东汉郑玄笺云：“夏之四月，建巳之月，纯阳用事而霜多急恒寒，若之异伤害万物，故心为之忧伤。”[21]947 也就是说，农历正月出现繁霜很正常，不足以忧伤，但农历四月是正阳之月，本该是郁郁葱葱之时，繁霜降临伤害万物，所以令人倍感忧伤。

以上分析说明，与十二月对应的十二消息卦是月亮历视角，而在二十四节气完整序列问世的西汉时期，有着阴阳流转趋势与月份对应的浓厚的月令思维（图3）。

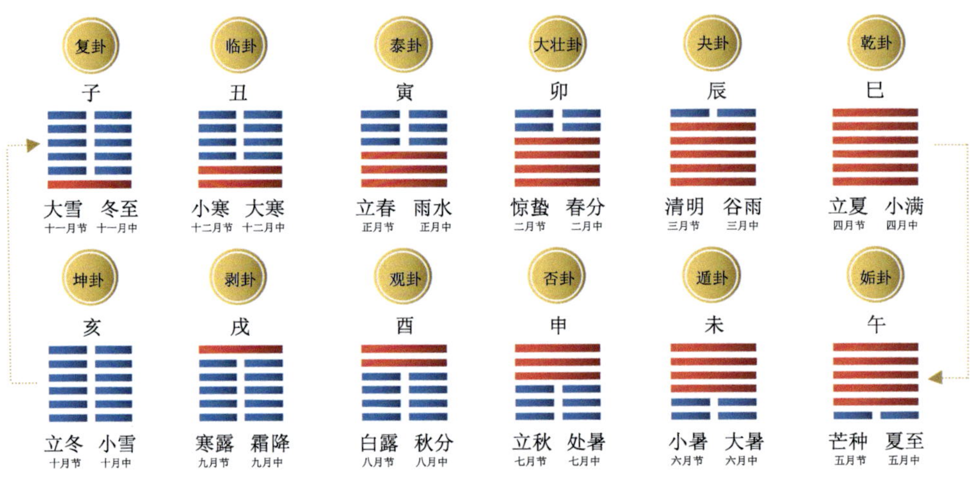

图3 《周易》十二消息卦图

基于西汉时期人们所用的阴阳流转体系，可以得出以下初步判断：第一，立夏、小满所处的农历四月（巳月）是阳气趋于盈满的时段；第二，代表农历四月中的小满时节正是阳气将满之时。

那么，“满”这个字是否可以用来表示阳气鼎盛？在节气体系初创时期，人们是以“满”表征阳气的鼎盛状态吗？

先秦时期的《管子》《庄子》等文献中即有阴阳“满虚”的概念。

《管子·侈靡》说：“其满为感，其虚为亡，满虚之合，有时而为实，时而为动……夫阴阳进退，满虚亡时，其散合可以视岁。”[22]

《庄子·外篇·田子方》说：“至阴肃肃，至阳赫赫。肃肃出乎天，赫赫发乎地，两者交通成和而物生焉。或为之纪而莫见其形。消息满虚，一晦一明，日改月化，日有所为，而莫见其功。生有所乎萌，死有所乎归，始终相反乎无端，而莫知乎其所穷。非是也，且孰为之宗！”[23]

《管子》中所说的“阴阳进退，满虚亡时”指的是阴阳之消长，其满与虚的时点并不确切。《庄子》中所说的“消息满虚，一晦一明，日改月化”，指的是（阴阳）消退生长，盈满空虚；黑暗和光明，天天改变，月月变化。阴气和阳气是通过彼此的互动而生养万物，这是世间无形的纲纪。其消长其生息，其满其虚，在渐变中主宰着天地万物。

如果以阳光直射点的纬度表征阳气强度，那么以月尺度衡量，农历四月是阳气增长周期的终极阶段，而农历五月是阳气由增长到衰减的切换期，由图 4 可见，在月尺度界定阴阳流转趋势的体系中，农历五月阴气始生。而且小满之后由于雨量增大、湿意增强，使人有阴气微生之感。东汉的《四民月令》记载：“五月，芒种节后，阳气始亏，阴慝将萌。”[24]这也正是古人认为芒种时节的三项候应，即“螳螂生、鵙始鸣、反舌无声”是感阴而生、而鸣、而息的原因。

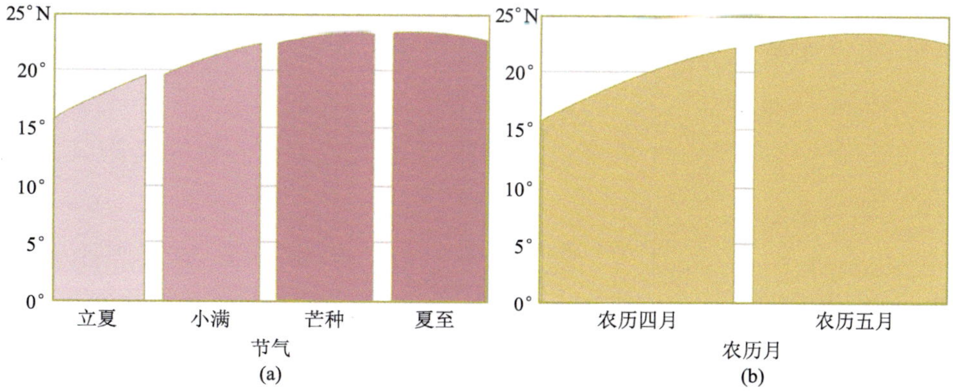

图 4　节气尺度(a)和月尺度(b)下的阳气消长特征

由此可见，在节气体系初创的年代，以“满”表征阳气之鼎盛状态是先哲们的经典语汇。以小满刻画阳气未满但将满具有充分的合理性。

此外，从天文和气候的层面来看，小满时节的日照时间同样“小得盈满”，分别对应理论上的日照时间和有效的日照时间。

从天文上来说，如果我们以阳光直射点纬度归一化界定阳气，一个回归年中阳气强度为[0,1]的函数。那么，小满时的阳气强度超过0.90，可谓“小得盈满”（图 5）。

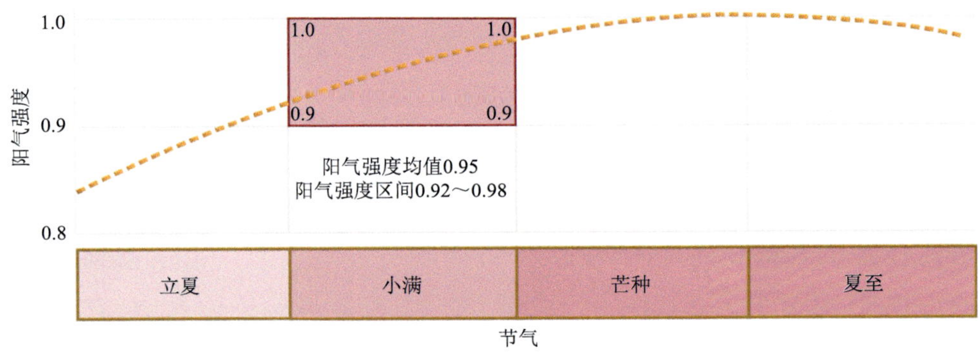

图 5　阳光直射点纬度归一化所形成的阳气强度曲线

在节气体系起源地区，由立夏到夏至时节，我们设置日出时刻、白昼时长、日落时刻这三个天文变量来考察阳气变化趋势。以陕西西安①为例，日出最早是在 6 月 12 日前后的芒种时节，白昼最长是在夏至日，日落最晚是在 6 月 30 日前后的夏至时节。如图 6 可知，在西安，小满是一年中日出越来越早、白昼越来越长、日落越来越晚的最后一个节气。以任何一个天文变量来衡量阳气趋势，小满都是阳气趋于盈满之时。

东汉傅玄的《述夏赋》说：“四月维夏，运臻正阳。”[25]1714 也就是说，小满节气所在的农历四月，阳气已趋近日在中天的巅峰状态。

在气候层面，我们以节气时段的有效日照时间界定小满时节阳气

① 西安位于黄河流域，是西汉的都城，是国家历法中最早记录二十四节气的《太初历》的编制地。

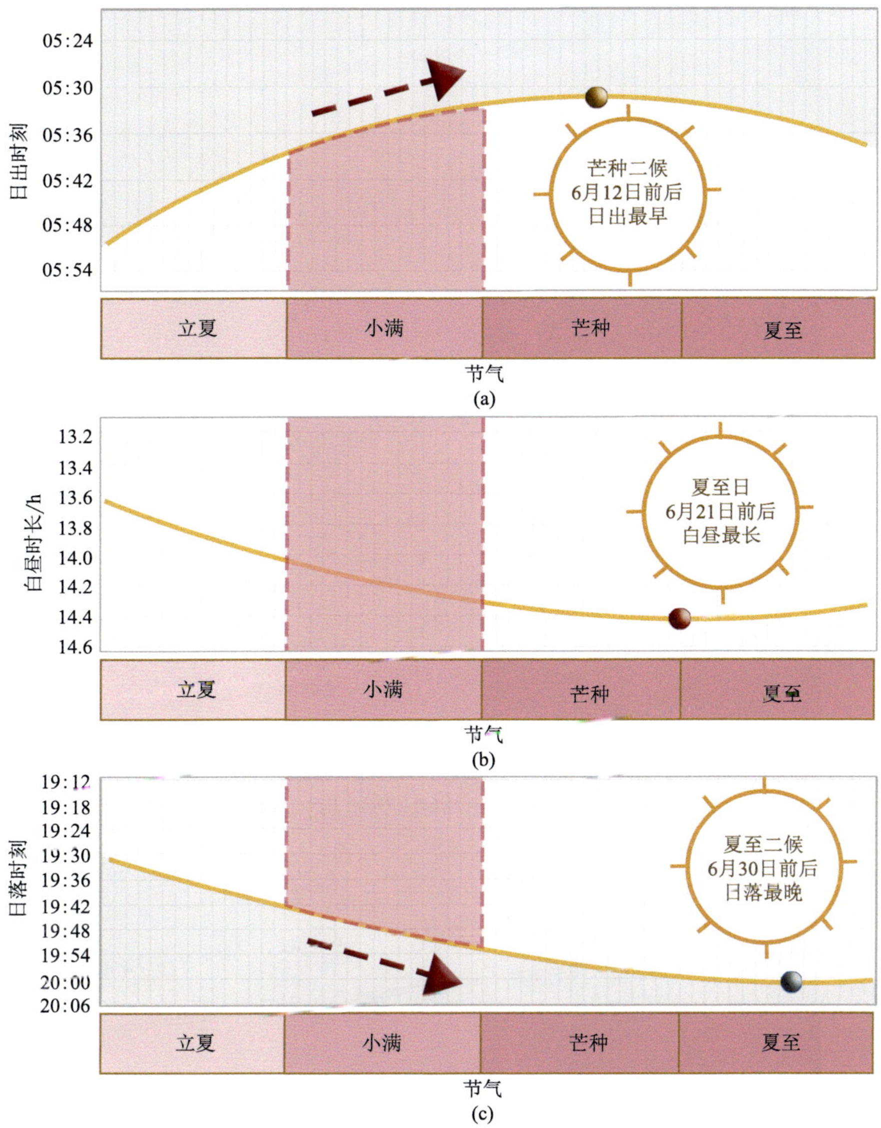

图 6　西安立夏、小满、芒种、夏至时节的日出时刻(a)、白昼时长(b)、日落时刻(c)

的“小得盈满”。由图 7 可见，尽管理论上夏至时节的日照时数最多，但此时正是南方梅雨盛行的时候，日照反而少。而对于二十四节气体系起源地区而言，小满时节有效日照时数是最多的。将图 8 与图 7 对比来看，小满之前的立夏、之后的芒种，均不具有小满时节的有效日照时数最多的特征。据此，有效日照时数，可以作为阳气“小得盈满”的气候佐证。

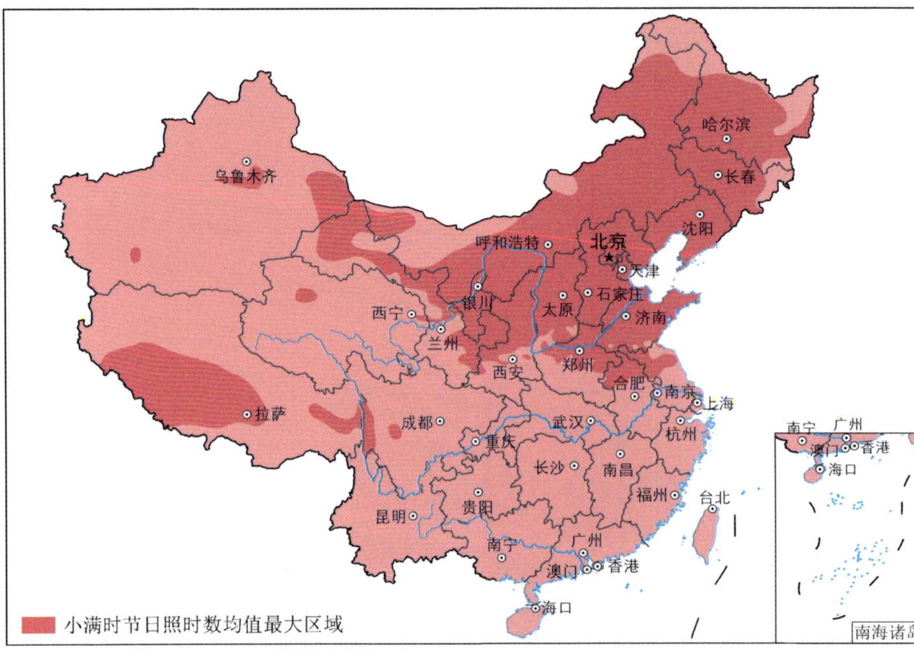

图 7　我国 1981—2010 年气候期小满时节日照时数均值最大区域分布图

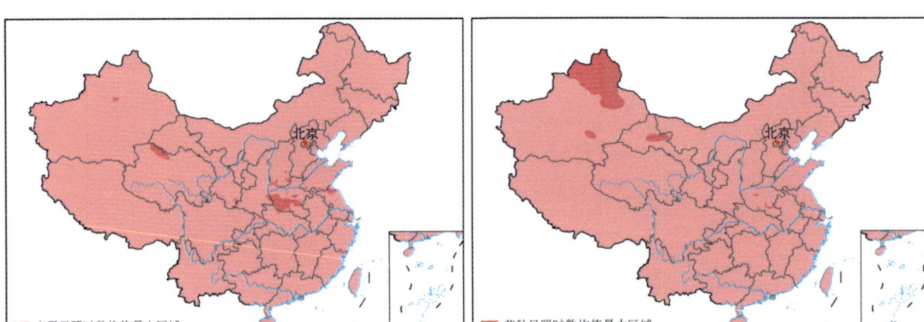

(a)　　(b)

图 8　我国 1981—2010 年气候期有效
日照时数在立夏(a)和在芒种(b)时节最大的区域分布图

因此，在气候上，小满是有效日照时数“小得盈满”的特征化时令。换而言之，有效日照时数视角下的阳气“小得盈满”是小满节气排他性的特征态。以阳气“小得盈满”将这个节气命名为小满，是严谨契合气候特征态的神来之笔。

基于以上分析，我们认为，在节气体系初创的年代，人们就以“满”表征阳气之鼎盛状态。这一观点还可以在天文、气候上得到佐证，光照强度和光照时长在小满时节“小得盈满”。

3 小满之后无“大满”的原因

在二十四节气体系中，小暑和大暑、小雪和大雪、小寒和大寒都是成对出现，而唯独小满之后无“大满”。究其原因，众说纷纭，有人从哲学文化层面进行解释，认为“满招损，谦受益”，太过“圆满”就会凋零败落。

我们仍以节气初创时期人们对阳气强度的认知来进行分析。小满之后的芒种能否称为“大满”呢？不能。

从董仲舒的《雨雹对》中的对话可以窥见西汉时期人们对阳气“大满”的认知：“曰：‘然，纯阳纯阴，虽在四月十月，但月中之一日耳。’敞曰：‘月中何日？’曰：‘纯阳用事，未夏至一日。纯阴用事，未冬至一日。朔旦夏至冬至，其正气也。’”[25]256-257

从这段对话可以看出，在当时，人们认为，严格意义上的“大满”状态只是由阳气小满到阴气始生过程中短暂的一日乃至一瞬，而并非某个节气时段的阳气常态。换句话说，短暂的“大满”并不构成一个节气时段的特征，它只是蕴含于阳气接近盈满时段中的一个临界值。以节气尺度来衡量，芒种的阳气强度只是更接近“大满”而已。所以，小满之后无需再有“大满”。

小满之后的节气名称采用“芒种”而非“大满”，是因为光热充足的小满之后，节气体系起源地区普遍进入气候夏季，降水增多，是夏收作物收获和秋收作物播种的最佳时机。“芒种”之名，体现了最重要的农候时令。

至于人们以“小满正好，大满无益”的文化心理解读小满之后为什么没有“大满”，应该只是节气文化传承过程中的一种意会和自洽。

4 结语

综上，基于节气体系初创时的思想体系，根据小满节气的天文和气候的特征态，我们倾向于认为小满最初被命名时指的是阳气小满。唐代元稹《咏廿四气诗·小满四月中》中的“小满气全时，如何靡草衰”[26]，也是将小满视为阳气充盈之时。后来，随着稻麦两熟制的推广，小满和芒种有了收麦与种稻的时令指向。再后来，随着人们对于南岭附近地区气候特征更确切的认知，小满有了“江河小满”的含义。

如果我们将“阳气小满”视为小满一词的本源，那么“小满”在初创和传承过程中便具有三个维度的含义：①阳气小满，始于汉代；②籽粒小满，始于唐代；③江河小满，始于明代。

从阳气小满到籽粒饱满，再到江河饱满，小满节气的命名体现了我国节气体系创立、发展过程中人们的思想、生产生活及社会认知的变化。如图 9 所示，由于阳气“大满”状态只是由阳气小满到阴气始生过程中短暂一瞬，无法以一个完整节气时段来衡量，所以“小满之后无大满”。而以“芒种”命名小满之后的节气，体现了“麦至是而始可收，

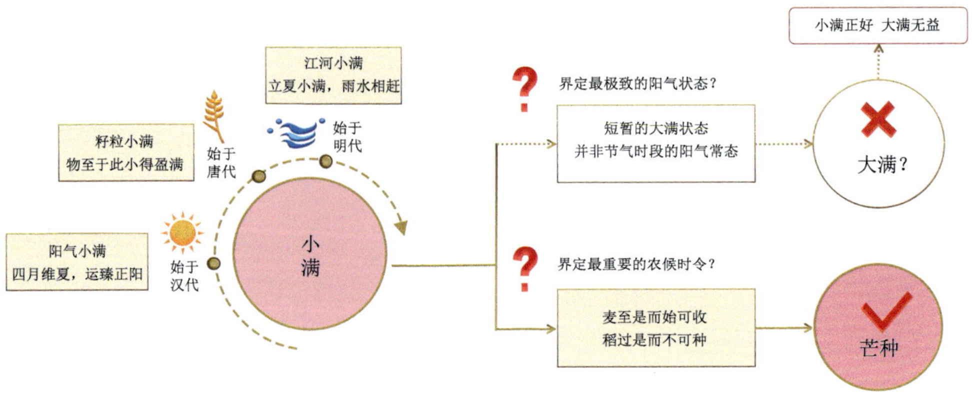

图 9 小满和芒种节气名内涵发展的思维导图

稻过是而不可种”的农候时令。

通过追溯小满节气的本义，分析小满后一个节气为何以芒种命名，可以看出古代的节气命名理念及内涵沿革。

致谢

感谢付靖怡、魏思静为本文绘制部分专业图形。

参考文献

[1] 中国社会科学院语言研究所词典编辑室. 现代汉语词典：第7版 [M]. 北京：商务印书馆，2016.
[2] 许慎. 说文解字 [M]. 北京：中华书局，1963.
[3] 崔文印. 懒真子校释 [M]. 北京：中华书局，2017.
[4] 郑玄，孔颖达. 礼记正义 [M]. 上海：上海古籍出版社，2008.
[5] 吴澄. 月令七十二候集解 [M]. 北京：中华书局，1985.
[6] 郎瑛. 七修类稿 [M]. 上海：上海书店出版社，2009.
[7] 陈文华. 中国古代农业科技史讲话 [J]. 农业考古，1981 (1)：114-124.
[8] 李成. 黄河流域史前至两汉小麦种植与推广研究 [D]. 西安：西北大学，2014.
[9] 彭定求. 全唐诗（增订本）[M]. 陈尚君，补辑. 北京：中华书局，1999.
[10] 孙刘伟. 北宋东京饮食文化研究 [D]. 郑州：郑州大学，2019.
[11] 真德秀. 西山先生真文忠公文集 [M]. 上海：上海书店，1989.
[12] 夏良胜. 建昌府志 [M]. 刻本，1517（明正德十二年）.
[13] 张岳. 惠安县志 [M]. 刻本，1529（明嘉靖八年）.
[14] 郑天佐，李徵. 桃源县志 [M]. 刻本，1576（明万历四年）.
[15] 舒懋官. 新安县志 [M]. 刻本，1819（清嘉庆二十四年）
[16] 中国农业博物馆. 二十四节气农谚大全 [M]. 北京：中国农业出版

社，2016.

[17] 郭沫若，闻一多，许维遹. 管子集校［M］. 北京：科学出版社，1956.

[18] 李零.《管子》三十时节与二十四节气——再谈《玄宫》和《玄宫图》［J］. 管子学刊，1988（2）：18-24.

[19] 刘安. 淮南鸿烈解［M］. 许慎，高诱，注. 刻本. 1580（明万历八年）.

[20] 班固. 汉书［M］. 北京：中华书局，1962.

[21] 毛亨，毛诗注疏［M］. 郑玄，笺. 孔颖达，疏. 陆德明，音释. 上海：上海古籍出版社，2013.

[22] 黎翔凤. 管子校注［M］. 北京：中华书局，2004.

[23] 郭庆藩. 庄子集释［M］. 北京：中华书局，1961.

[24] 石声汉. 四民月令校注［M］. 北京：中华书局，2013.

[25] 严可均. 全上古三代秦汉三国六朝文：全晋文［M］. 北京：中华书局，1958.

[26] 陈尚君. 全唐诗补编［M］. 北京：中华书局，1992.

“小阳春”的气象学定义

宋英杰[1],隋伟辉[1],信欣[2],李文静[1]

(1 中国天气·二十四节气研究院,北京 100081;2 华风气象传媒集团,北京 100081)

摘要: 基于“小春、小阳春”在传承与发展流变中的内涵分析,本文给出“小阳春”的气象学定义,即在秋冬交替的霜降节气开始,气温一度偏低后,在农历十月的立冬、小雪时节出现如同阳春三月的晴暖天气,这种类似春天的晴暖少阴雨天气,至少持续 3 d 以上,满足花开二度热量累积。利用 1951—2020 年全国站点气温、降水、云量日值资料,运用统计概率分析方法进行指标确定和量化计算,得到全国“小阳春”现象的气候概率分布数值区间为 0~89%。本文倾向于 20%~40%的气候概率,即平均每 5 年就会出现一两次小阳春现象,不常见但又可期待的概率区间,且分布在“小阳春”文化相对盛行的长江中下游地区,与冬季渐至之际、乍寒而返暖、出现“小阳春”故人们待之以感恩的心情相契合。此外,“小阳春”的气候现象并非中国独有,与日本“小春日和”、美洲“印第安夏”、欧洲“老妇夏”等同是全球性的气候文化现象。

关键词: 小阳春;晴暖;气候概率;天气形势

1　引言

1.1　“小阳春”之名溯源

农历十月的“小春”之名，较为古久。南北朝时期《荆楚岁时记》、宋代《梦粱录》《书斋夜话》、明代《岁时事要》、清代《事物异名录》等古代典籍可查关于“小春”内容，含义可基本概括为“暖亦若春，花亦若春”；且在平民生活中，“小春”与端午、中秋、重阳一样，是一个特定时间段落的代名词。

“小阳春”的说法最初见于唐宋时期。从《尔雅·释天》、宋代《岁时广记》引唐代《初学记》解读各月别称，农历十月别称为“阳月”。“阳春”一词，最早应该是见诸春秋时期的《管子·地数》之中：“阳春农事方作”[1]，南北朝时期梁元帝的《纂要》中也把阳春作为春天的别称。虽然阳春可泛指春季，但阳春又往往专与季春时段相对应，正所谓“阳春三月”（图 1）。

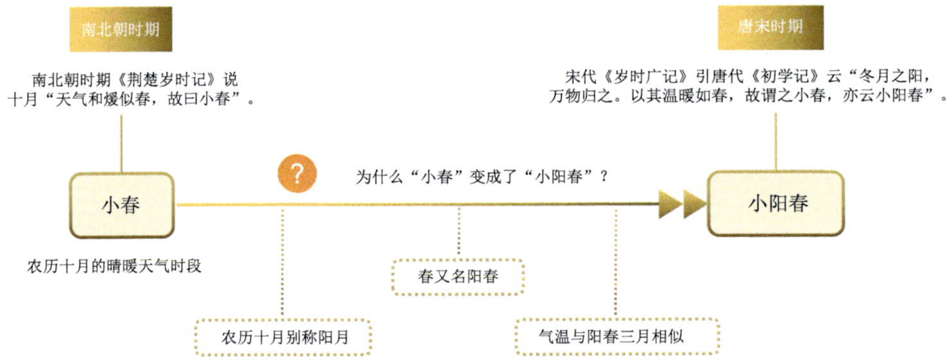

图 1　“小阳春”之名历史发展示意图

1.2　“小阳春”的研究背景

梳理“小阳春”发展脉络，分析其本义可见，农历十月这种温暖似春的天气称为"小春",农历十月的别称又为"阳月",所以小春被称为"小阳春"。花开二度的农历十月与花事繁多的农历三月共用"阳春"一词,有着物候逻辑上的合理性,也有天气气候上的关联性。"小阳春"是农历十月气温偏高的晴暖天气往往伴随着花开二度的气候现象。

对于这种气候现象有没有定义或者标准呢?当代关于"小阳春"的使用多取自古籍或者文学作品的定性描述,不仅对"小阳春"气候特征理解各有不同,偶尔还有将"小阳春"等同为表征秋热秋暑的"秋老虎",而根据《大气科学辞典》,"秋老虎"是"我国民间对立秋后重新出现的短期炎热天气的俗称。一般发生在8、9月之交。持续日数约一周至半月。"[2]因此,有必要基于"小阳春"流变发展过程中天气气候特征描述,进行准确的提炼,利用现代气象观测数据,给出"小阳春"气候现象的气象学定义,以期为公众服务传播中描述这一特殊阶段提供科学准确量化的基础。

2 "小阳春"气象学定义的构建

2.1 资料来源和处理

本文研究基础数据来源于国家气象信息中心"1951年以来中国地面日值资料数据集"的气温、降水、云量日值数据[3]。分析前对所需资料时段范围内进行一定质量控制,针对可疑或者缺测的数据进行检查和替代方法的研究。

2.2 "小阳春"气象学定义的逻辑基础

首先,"小阳春"并非常态化的气候特征,但可以期待。按照古人的描述,该寒时候反而暖,暖如阳春三月花开二度[4],对于这种近乎常态化的气候现象,古人待之以平常心,不以为祥瑞,也不以为灾异。

其次，“小阳春”与农历十月相对应，其起始点的设定应为立冬日，因其符合农历十月初一的历法日期均值和天文意义冬始。计算历法日期均值，划分节气的定气法始于1645年，以定气法背景下的1701—2700年的千年序列为例，农历十月初一的公历日期均值为11月7日即立冬节气日，立冬节气日既具有太阳历的节点属性，又具有月亮历十月初一的均值属性，因而是阴阳合历中最恰当的时点。分析天文意义冬的开始，一是小阳春出现时节的常态气候特征是该寒，寒并非宽泛的体感[5]，应是有清晰的物候标准，即立冬一候水始冰。此外，按照节气体系的季节划分法，冬季从立冬开始，立冬的天文意义是由此进入一个回归年中白昼时长最短的1/4时段，即天文意义上的冬季，所以古人在立冬之时说“秋冬气始交”。

基于以上分析构建小阳春气象学定义，即在秋冬交替的霜降节气开始，气温一度偏低后，在农历十月的立冬、小雪时节出现如同阳春三月的晴暖天气，这种类似春天的晴暖少阴雨天气，至少持续3 d，满足花开二度热量累积。

2.3 “小阳春”气象学定义的指标确定和量化分析方法

本文从四个方面考虑“小阳春”气象学定义的指标确定。其一，考虑出现时段，节气视角下，农历十月的平均开始日期是立冬节气日，农历十月是在立冬、小雪时节。其二，考虑晴暖，晴可以是广义宽泛的，满足白天时段无阴雨即可，暖是气温偏高且需满足至少3 d，因为小阳春往往使草木误以为阳春又至而花开二度，一两天气温飙升难以实现。其三，考虑偏暖程度，清明时节是能够开花且是集中开花时期，要达到本地常年阳春三月的清明时节气温阈值才会使“植物气象台”产生误判，当然要有底线，当地清明时节高于10 ℃即气候意义上冬春分界线。其四，考虑晴暖是返暖，不是一般意义持续偏暖，是在秋冬交替过程中（可以从霜降节气日起）先出现过气温偏低的情形，继而在节气四季体系中入冬（立冬）后出现的气温反季节走势即气温偏高的回暖（图2）。

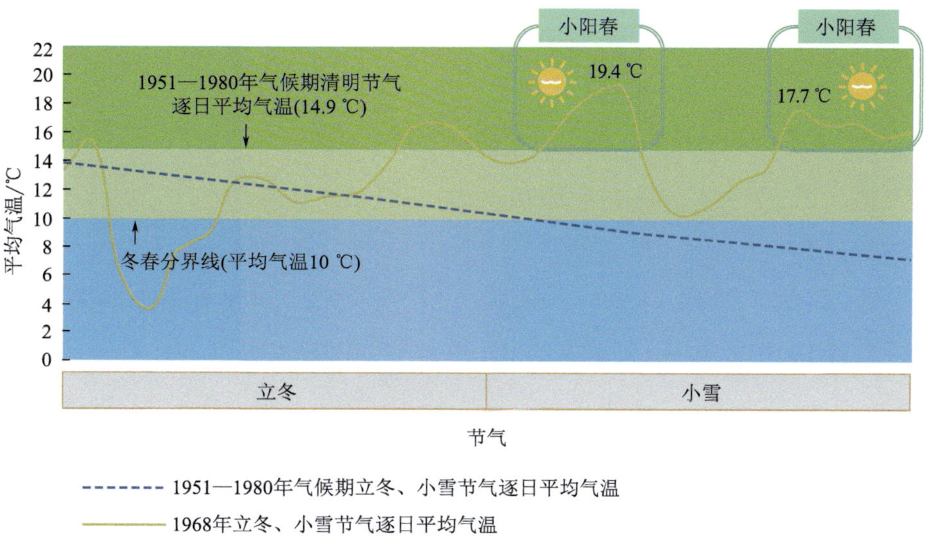

图 2 “小阳春”气象学标准的示意图
（以杭州 1968 年立冬、小雪气温分析为例）

利用气温、降水、云量作为分析指标，对于不同站点历史上出现“小阳春”次数或概率的逐级判别和量化计算标准如下。

(1)满足 4 月 5—19 日的清明时节，该时段累年日平均气温均值≥10 ℃(判断该地清明时节是否已经进入气候意义春天)。累年日平均气温为 1951—1980 年、1981—2010 年、2011—2020 年，三个背景时段多年日平均气温均值；

(2)满足条件(1)后，需满足逐年 11 月 7 日—12 月 6 日的立冬、小雪时节的每日平均气温≥清明时节累年日平均气温均值且至少连续 3 d(农历十月是否出现如阳春三月的温暖天气)；

(3)满足条件(2)后，在霜降节气日至该站点第一个满足时段开始日期之间，需满足逐日日平均气温相比气候背景至有 1 d 是负距平(判断是否偏冷后的异常回暖而非持续偏暖)；

(4)满足条件(3)后，需满足 08—20 时降水量为 0 mm 或者微量或者全天平均总云量≤50(满足晴的要求)。

3 结果分析与讨论

3.1 气象学定义的“小阳春”出现概率

采用平均气温、白天降水和云量，设置阈值和特征时段的判断原则，进行逐年的计算，得到1951—2020年长序列年份的全国“小阳春”出现概率，除了沿海的极个别地区之外，北纬37°以北地区“小阳春”现象的气候概率基本为0，是无法期待或者不值得期待（图3）。全国所有测站中概率最高的是华南，尤其广东汕头的南澳，概率为89.1%，也就是立冬、小雪节气八九成年份都会出现，也就不值得珍惜。西安—洛阳—郑州—开封一线“小阳春”现象的气候概率大体上为0～2.0%（表1），可见节气起源地出现概率很低，因此“小阳春”文化未能在此兴盛。“小阳春”文化相对盛行的长江中下游地区，气候概率大体上在20%～40%，也就是说，平均每五年就会出现一两次“小阳春”现象（图4）。

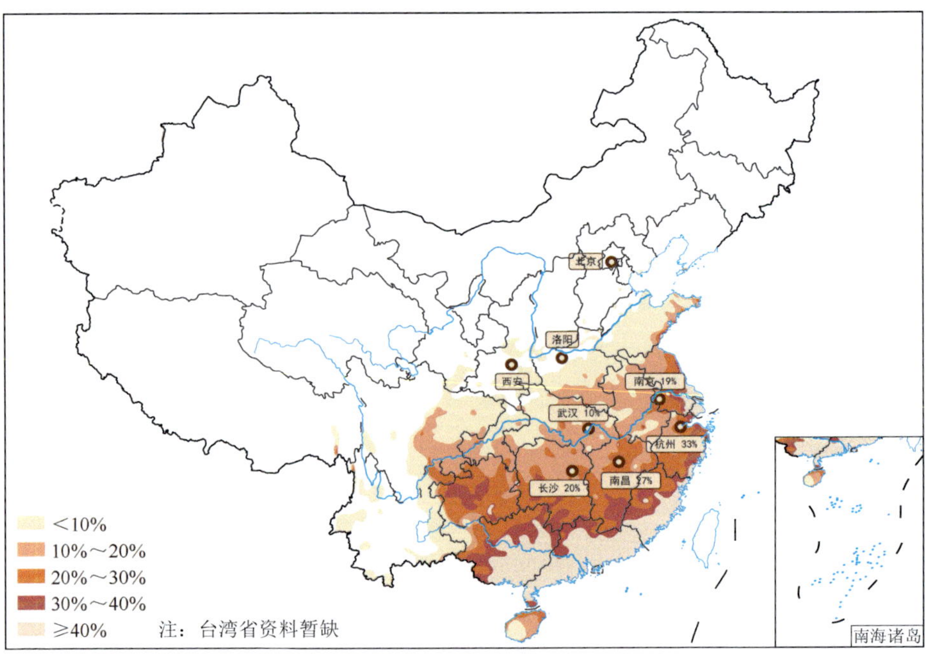

图3 我国1951—2020年气象学定义的“小阳春”气候概率分布

表 1 1951—2020 年陕西、河南“小阳春”现象的气候概率 %

地点	概率	地点	概率
陕西镇坪	13.11	河南登封	9.43
陕西宜君	7.58	河南新密	6.56
陕西商州	5.88	河南嵩山	5.77
陕西旬阳	3.23	河南通许	3.57
陕西澄城	3.13	河南栾川	3.13
陕西蒲城	1.61	河南汝阳	3.13
陕西蓝田	1.61	河南杞县	3.13
陕西洋县	1.59	河南新郑	1.67
陕西宁陕	1.56	河南孟津	1.64
陕西镇安	1.56	河南兰考	1.56
陕西铜川	1.52	河南尉氏	1.56
陕西洛川	1.49	河南开封	1.43

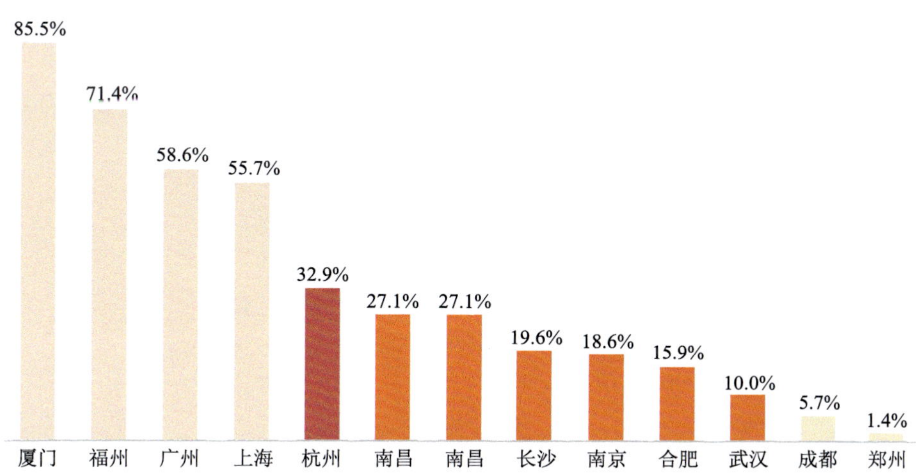

图 4 我国部分代表性城市 1951—2020 年气象学定义的“小阳春”气候概率

3.2 气象学定义的“小阳春”适用气候概率范围分析

从全国站点有气象记录以来的观测数据计算得到“小阳春”现象的气候概率，数值区间可以覆盖从0～89%。“小阳春”现象如果出现气候概率太低，低到几乎百年一遇，不会成为人们很期待的一种现象；如果概率太高，高到几乎每年一遇，就不会成为人们很感动的一种现象；20%～40%的气候概率，是不必然相遇但又可以期待相遇的概率区间。

3.3 气象学定义的“小阳春”出现时天气形势讨论

初春时，人们不喜欢乍暖还寒的反复，但却喜欢初冬时乍寒还暖的反复。以节气视角，“小阳春”是立冬、小雪时节如同阳春的和暖天气。中国区域“小阳春”现象出现时较为典型的天气形势，往往是进入秋冬之交，一次较强冷空气影响过后，地面以上5500 m高空转为强盛高压脊控制，地面冷气团逐渐东移南下，我国东部地区为冷高压后部较强偏南气流控制，5500 m高压脊内部的下沉气流以及地面高压外缘的偏南气流，导致晴暖（图5）。对比日本的“小春日和”、美洲“印第安夏”（图6）和欧洲“老妇夏”（图7）的高低空天气形势场，有着相似的气候背景，可能仅是和中国的“小阳春”名称不同。

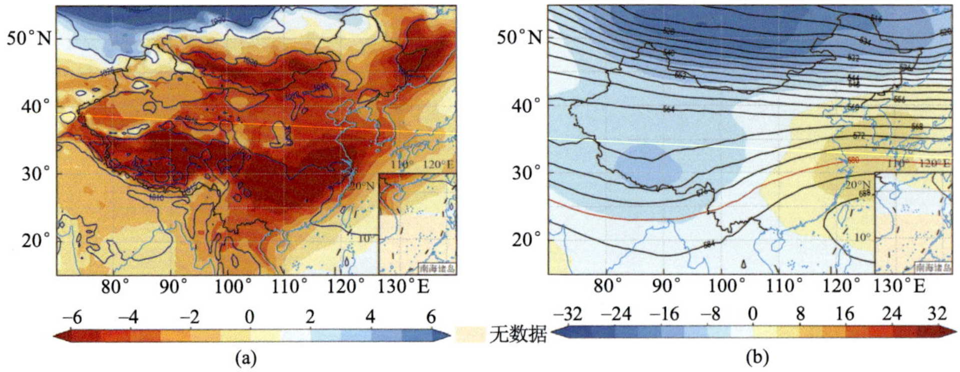

图5 中国1984年11月8—10日
平均海平面气压场（a）和500 hPa形势场（b）

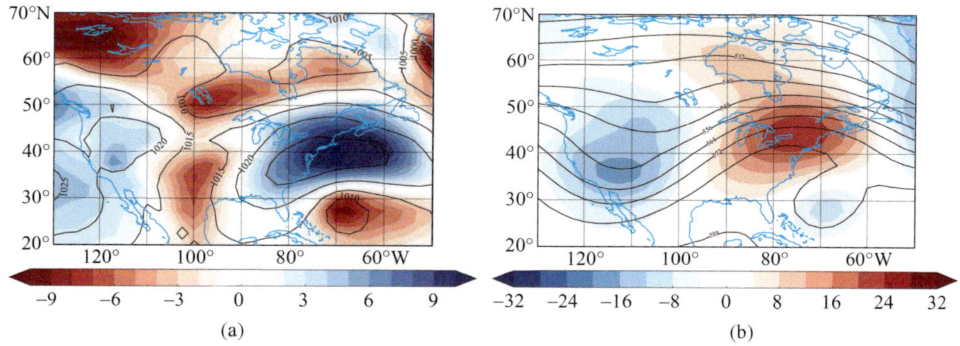

图 6　北美洲 2011 年 11 月 6—8 日

平均海平面气压场(a)和 500 hPa 形势场(b)

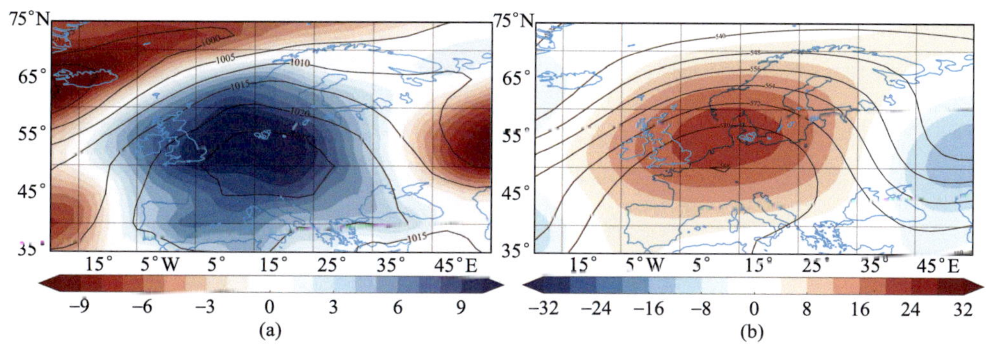

图 7　欧洲 2011 年 9 月 27 日—10 月 3 日

平均海平面气压场(a)和 500 hPa 形势场(b)

4　小结

“小阳春”在我国特指农历十月(通常对应立冬、小雪时节)非偶发性的晴暖天气,并往往伴随花开二度。花开二度的农历十月与花事繁动的农历三月都为“阳春”,有物候逻辑的合理性,也有其气候关联性,但以往针对这种气候现象都是定性描述,没有提出明确的气象学定义或者量化标准。

(1)本文基于以上时间、天气气候特征,构建“小阳春”气象学定义,即为在秋冬交替的霜降节气开始,气温一度偏低后,在农历十月的立冬、小雪时节出现如同阳春三月的晴暖天气，这种类似春天的晴暖少阴雨天气，至少持续 3 d 以上，满足花开二度热量累积。

（2）利用气象观测数据，将“小阳春”的气象学定义进行指标设定，量化计算不同地区有气象记录以来（主要在 1951—2020 年）“小阳春”出现的概率，得到全国“小阳春”现象的气候概率分布数值区间覆盖 0～89%。华南概率可达 40%以上，最高可达 80%以上；长江中下游地区的概率为 20%～40%，即平均每 5 年就会出现一两次小阳春现象；在西安—洛阳—郑州—开封一线“小阳春”现象的气候概率大体上为 0～2.0%；北纬 37°以北地区小阳春现象的气候概率基本为 0。

（3）“小阳春”发展流变过程中，出现时是冬季渐至之际、乍寒而返暖、人们心情是待之以感恩，“小阳春”气候概率结果可见，华南大部常见不值得珍惜，北纬 37°以北无法遇见和期待，在节气起源地出现概率太低，因此“小阳春”文化未能在此兴盛，因此本文倾向于 20%～40%的气候概率，也是出现在“小阳春”文化相对盛行的长江中下游地区，不常见但又可期待的概率区间。

（4）“小阳春”的气候现象并非中国独有，其与日本“小春日和”、美洲“印第安夏”、欧洲“老妇夏”等都是秋冬交替之际乍寒而返暖，名称不同但气候背景相似。本文研究不仅为界定节气体系中“小阳春”中国区域气候文化现象提供科学参考，也为“小阳春”的全球通用奠定了理论基础。

参考文献

[1] 黎翔凤. 管子校注［M］. 北京：中华书局，2004.
[2]《大气科学辞典》编委会. 大气科学辞典［M］. 北京：气象出版社，1994.
[3] 中国气象局. 地面气象观测规范［M］. 北京：气象出版社，2003.
[4] 宋英杰. 二十四节气志［M］. 北京：中信出版集团，2017.
[5] 宋英杰. 故宫知时节［M］. 北京：故宫出版社，2019.

"秋老虎"产生的文化逻辑及历史流变

宋英杰,张永宁,隋伟辉

(中国天气·二十四节气研究院,北京 100081)

摘要: 本文通过检索古籍文献和方志等数据库,综合运用文献学、语言学、气象学、物候学、文学等多学科的理论,系统梳理"秋老虎"表征秋热的文化逻辑及其历史流变。最早表征残暑秋热概念的词语源于五行体系,为汉代出现的"火老"。唐代之后,语句式的"火老"渐渐被更易于传播的词汇化的"老火"替代。"秋老虎"最终成为表征秋热的专有名词,主要是基于"老火"与"老虎"语音相近、老虎与立秋文化关系密切、人们对老虎与秋热文化心理一致三个方面的因素。因为"秋老虎"的历史流变过程基本都是源自人们对秋热的主观感知和感情,所以后续研究将继续探究气象量化标准等问题。

关键词: "秋老虎";二十四节气;立秋;秋暑;文化心理;谚语

1 引言

“秋老虎”(Autumn Warming)是公众知晓度较高的一种天气现象，指立秋以后仍然十分炎热的天气[1]。气象学对其定义为：“一般发生在8、9月之交。持续日数约一周至半月。其时副热带高压再度支配江淮流域，气温回升，形成闷热天气。”[2]“秋老虎”出现时，天气回热，炎热程度可能甚于大暑时节。民间有大量关于“秋老虎”的谚语，可以看出“秋老虎”在社会公众知名度之高。如河南谚语“立秋还有秋老虎”、福建谚语“立秋无雨，二十四天秋老虎”等[3]。

凶猛的“秋老虎”是什么？我们通过对各古籍库进行关键词检索，确定“秋老虎”一词最早见于明代中期嘉靖年间(1522—1566年)的地方志中。

明代嘉靖年间的《南安府志》云：“芒种以后，日迫于暑，乃若四月蒸郁为甚。至于炎熇烦毒，虽在三伏，入秋弥烈，俗云秋老虎。”[4]南安即今江西赣州市南康区。

按照《南安府志》的描述，“秋老虎”一词与《现代汉语词典》中的解释类似，该词发源于民间，指代立秋之后热度不亚于小暑、大暑或不亚于盛夏的炎热天气。其炎热程度如明代张煌言《暑夜独坐》所言：“炎熇如酷吏，入夜气犹蒸。”[5]“炎熇”意为“暑热”[6]248，在人们的感知之中，一般特指夜热接续昼热的高温高湿，即所谓“溽暑昼夜兴”的“桑拿天”。

常年来看，全年最热节气为小暑、大暑的区域几乎覆盖全国(图1)，以北方郑州、南方杭州为例，夏秋时段，气温升降的拐点均为立秋时节(图2)。

虽然南方和北方的气温总体趋势都是立秋开始走低，但下降的速度却大不同。由图3可见，从华北到华南的省会级城市中，立秋、处暑时最高气温≥30 ℃炎热天气时段占比均可达50%以上，南方的杭州、福州、广州可达80%上下，仅仅比小暑、大暑略低。到了白露、秋分，北京、郑州、杭州炎热天气的时段占比已低于25%，但福州、广州炎热

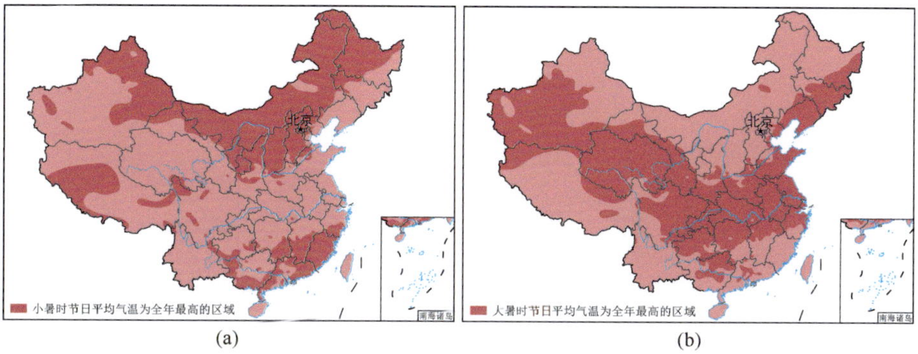

图 1　我国日平均气温最高在小暑(a)和在大暑(b)的区域

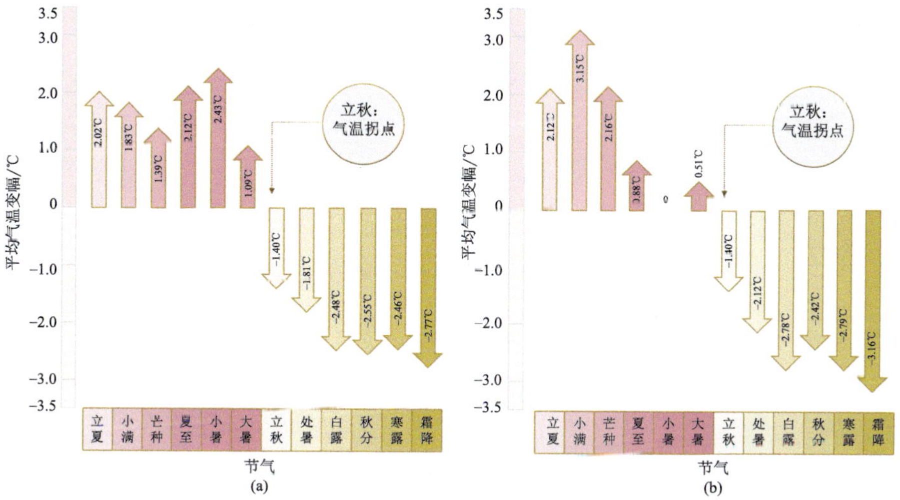

图 2　1991—2020 年杭州(a)和郑州(b)节气时段平均气温变幅

天气的时段占比依然高于 50%。可以说,北方"处暑新凉",南方"热至秋分"。

不仅如此,无论是"炎熇如酷吏"(最高气温为代表)还是"入夜气犹蒸"(最低气温为代表),或是"溽暑昼夜兴"(平均气温为代表),在 1991—2020 年气候期,南方和北方一些代表性城市立秋气温高于大暑的年份占比情况是,北京、郑州、杭州达 25%左右,福州、广州达 50%左右(图 4)。

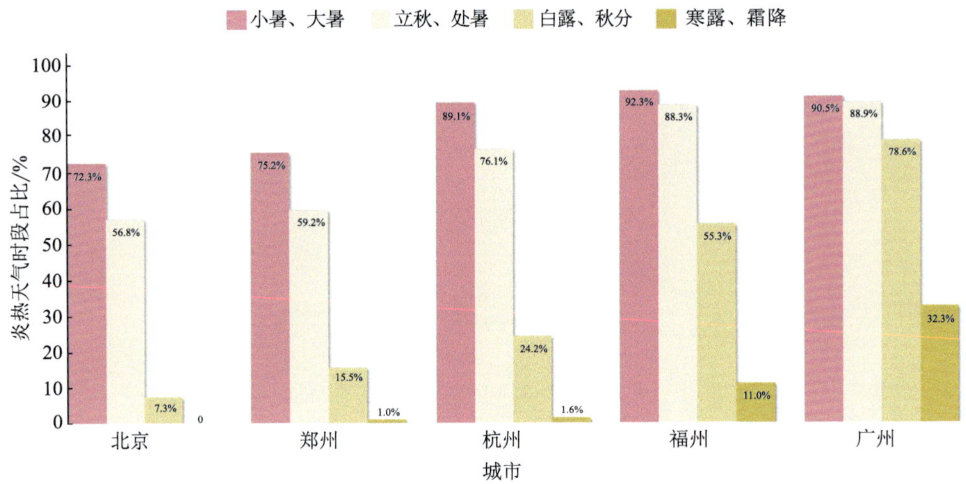

图 3　1991—2020 年气候期北京、郑州、杭州、福州、广州炎热天气时段在节气时段的占比

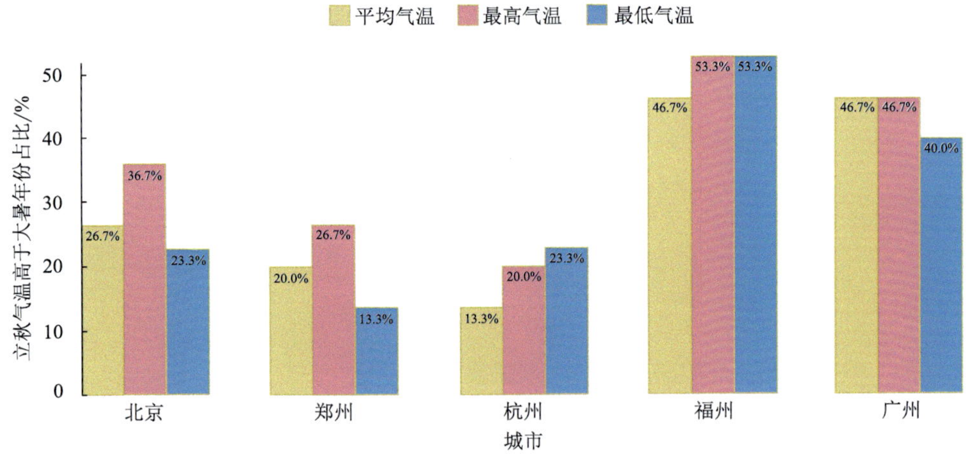

图 4　1991—2020 年气候期北京、郑州、杭州、福州、广州立秋气温高于大暑的年份数占比

而 2022 年“秋老虎”之“虎威”尤甚，黄河、长江流域全年最热节气均为立秋。2022 年的立秋节气也成为有气象记录以来最热的(图 5)。

以重庆为例，2022 年，重庆在立秋、处暑节气(8 月 7—29 日)的日最高气温和日最低气温反而普遍高于小暑、大暑节气(图 6)，8 月 19

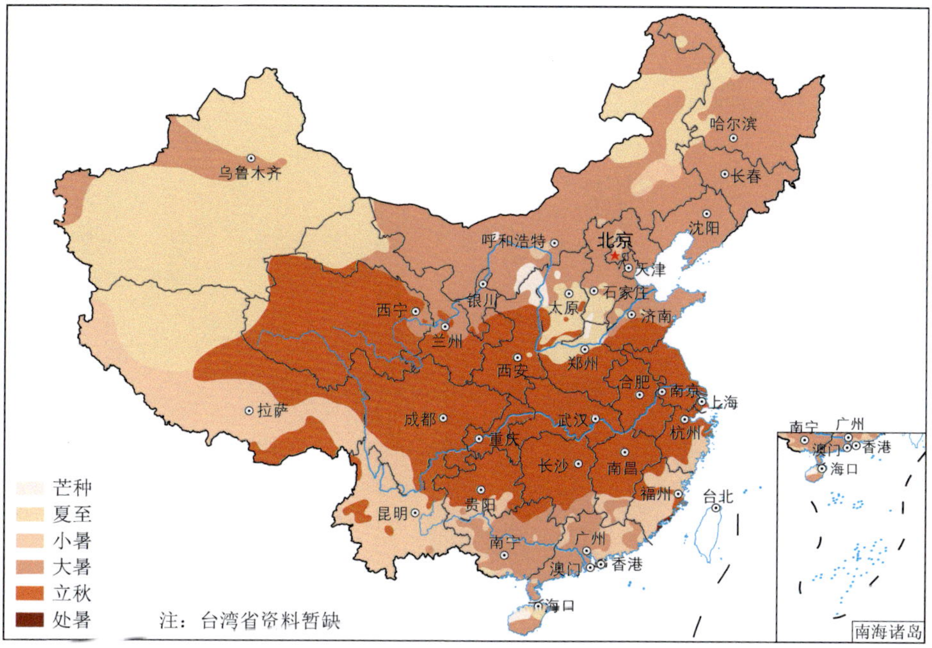

图 5　我国 2022 年最热节气分布图

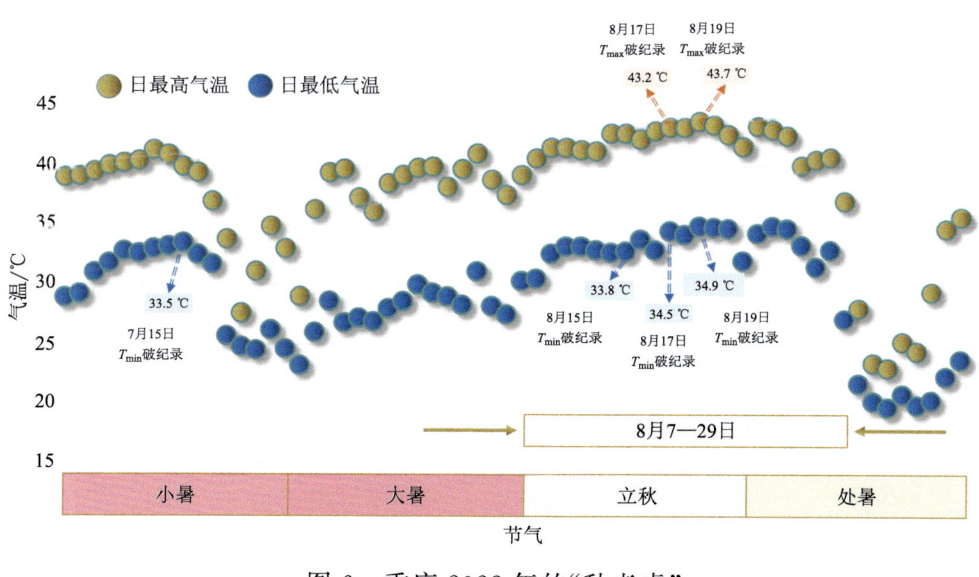

图 6　重庆 2022 年的"秋老虎"

日的最高气温(43.7 ℃)和最低气温(34.9 ℃)甚至打破历史纪录。

另外，根据国家预警信息发布中心的数据，我国 2022 年立秋时节的高温预警为全年峰值时段，高温预警数为常年同期的 3 倍（图 7）。

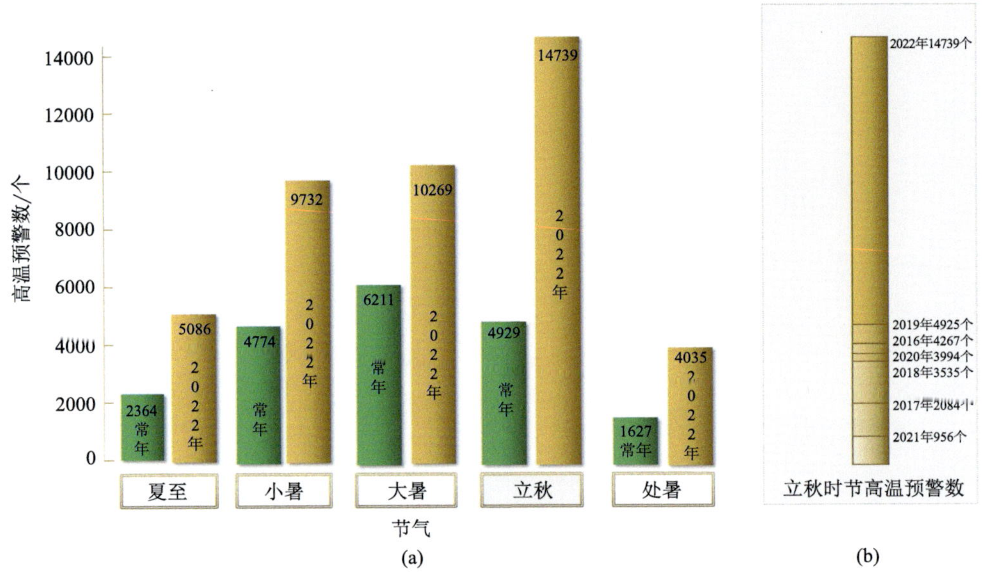

图 7　我国 2016—2022 年夏至到处暑时节高温预警数

（a）2022 年夏至到处暑时节高温预警总数与常年对比；

（b）2016—2022 年立秋时节高温预警数逐年对比

那么，为什么“秋老虎”能够表征秋热？其实，中国文化中与天气有关的飞禽猛兽比较多，其中龙和虎都是与天气具有高度关联性的“动物”。“云从龙，风从虎”[7]，气象的风云变幻被认为是由龙和虎所主宰，所以“龙腾云起，虎啸风生”[8]。但若以虎作为炎热季节的天气“图腾”，为什么只有“秋老虎”而没有“夏老虎”呢？以秋老虎表征秋热，有没有文化上的必然性呢？

2　“秋老虎”产生的文化逻辑及历史流变

我们查询“中国方志数据库”“晚清和民国时期中文报纸集（1911—1949 年）”等数据库，综合文献学、语言学、物候学、文学等多学科理论，系统地分析秋老虎产生的文化逻辑及其历史流变。

2.1 源于五行体系的"火老"

从文献来看，最早表征残暑秋热的概念性词语是"火老"，源于五行体系。《汉语大词典》中释"火老"为五行中火的衰退或残夏[6]5。

追溯其源，中国古人将四时与五行相配，一一对应，春属木、夏属火、秋属金、冬属水，长夏属土（夏秋之间为"长夏"）。关于一年四季中五行运动的规律，西汉时期的《淮南子・地形训》说："土壮，火老，金生，木囚，水死。"[9]此时它们还未形成固定的词，语义和结构松散。

由此可知，介于夏秋的长夏时节，天气湿热，土相盛行，这时候代表干热的火相衰退，而代表凉意的金相初生，代表春生的木相固化，代表冬藏的水相止息。于是，人们用五行中"火老金生"表征夏末秋初时暑热的拐点即将出现。文人们的诗词中也有相应记载，例如宋代苏辙《迟往泉店杀麦》中的"火老金尚伏，雨过筑场壤"[10]，宋代李石《扇子诗》中的"火老不知秋，萤飞风露下"[11]。相对而言，南方地区的"火老"消退时间更晚，由图 8 可知，南方地区最晚三个高温日一般出现在

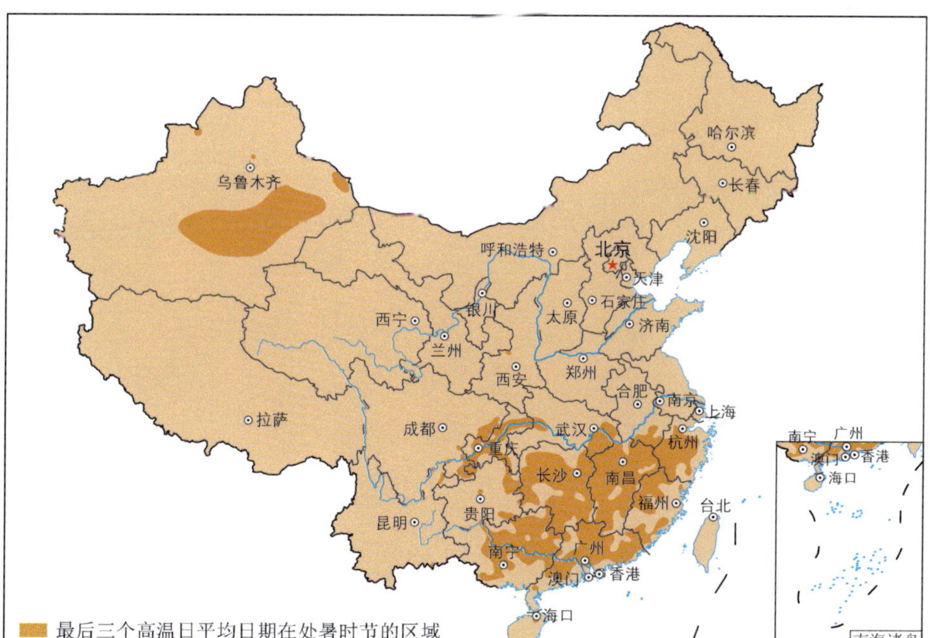

图 8　我国处暑时节暑热即将消退的区域图

处暑时节。“南方火老不告疲，秋物过半新凉时”[12]，只有到秋收过半时，南方才开始出现新凉，时间大致对应秋分，所以南京谚语云“秋不分不凉”。

2.2 由“火老”派生的“老火”

通过查询鼎秀古籍数据库发现，唐代之前，只有“火老”一个词语表征残暑秋热，首见于《淮南子》一书中。唐代以后，通过字序对换的方式，“火老”派生出同义词“老火”。例如卫宗武的《立秋喜雨》云：“炎炎老火烧太空，熏灼万类势欲镕。”[13]俞桂的《初秋》云：“火老金柔暑告残，乘凉正好望西山。”[14]这两首诗的作者皆为宋代人，但他们在表达初秋时期炎热的相同含义时却分别使用了“老火”和“火老”两个词语。两个词语同字同义但异序。

从此，“火老”和“老火”两个词语在文人的笔下并用。因“火”和“老”二字韵部不同①，同义异序可以在韵律表达上体现出多元性。

后来，“老火”渐渐成为后世文人笔下秋热更为常见的代称，宋、明、清时期出现频率超过“火老”（图9）。例如，宋代王柏的《秋热》云：“西风不力征，老火未甘退。蝉声乱耳烦，痴蚊健姑嘬。一雨洗天来，不复有故态。天序自分明，人心其少耐。”[15]；元代舒頔的《立秋》云：

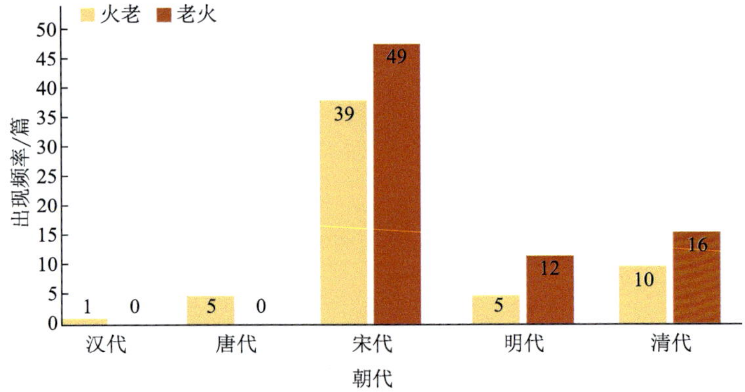

图9 “火老”和“老火”在各朝代文献中出现频率对比（单位：篇）

①根据《宋本广韵》，“老”为卢晧切，晧韵；“火”为呼果切，果韵。两字韵不同。

“西风吹秋七月朔，何曾一叶梧桐落。六合如窑老火作，炎光裂石金流铄。”[16]明代陶安的《馆中山朝元观作》云：“老火流空望霖雨，西风入湖飞雪涛。扁舟又欲渡江去，桂影满身明月高。”[17]

“老火”一词还出现在地理方志中。宋代范成大撰写的《吴郡志》（即今苏州地方志）中收录了宋代诗人李弥大的《尧峰院》，诗中有云：“时方老火炽，金石流欲炀。”在明代，张鸣凤撰写的广西历史地理著作《桂胜》中也提到了“老火”：“淳熙辛丑夏六月望，天台王清叔约客于西湖之上，程伯庄、徐商老、张明仲、刘传朋、张子真、李伯寅、魏熏夫、王咏之凡八人，于时背夏涉秋、老火益壮……夕景西下，冷风袭人，殊不知有暑气兹游甚乐。”[18]这里的“西湖”指桂林西湖。

伴随文化辐射，明清时期，“老火”被朝鲜半岛的文人大量使用。如明代郑士龙的《湖阴杂稿》记载：“萧爽喜新秋，老火侵寻尽。”[19]还有清代李夏坤的《头陀草》记载：“老火尚用事，入夜殊未已。”[20]

在文人诗词、地方志以及朝鲜文献中广泛记载，足以说明“老火”在当时的流行程度。

“金”为秋属，指代秋凉，而“金柔”或者“金稚”（也常写作“柔金”或“稚金”）则代表柔弱的秋气。人们常用五行的理念诠释立秋之后天气依旧炎热的时令特征，所以将“火老”“老火”与“金柔”“稚金”共现，甚至形成“金柔火老”“稚金老火”等固定搭配。例如，唐代韩愈的《纳凉联句》云：“金柔气尚低，火老候愈浊。”[21]宋代李之仪的《蓦山溪·金柔火老》云：“金柔火老，欲避几无地。谁借一檐风，锁幽香、愔愔清邃。”[22]明代嘉靖年间的《太康县志》云：“越立秋四日……以柔金未振，老火犹炎，追河朔逸兴，邀寓人于子张子暨余会饮于溪之上。”[23]宋代李彭的《里儒程君穷居教弟子员喜雨作诗见贻次韵谢之》云：“金稚无壮心，火老有骄色。”[24]宋代曾丰的《五羊七月闲赋》云：“去雁来鸿如互避，稚金老火若交争。”[25]30306

相较而言，南方地区秋暑尤甚。清代袁枚在《端州苦热行》（端州即今广东省肇庆市）曾写过华南地区的秋暑，诗中描写“我闻南越非炎洲，四时皆春客可游。岂知我来天时变，但有火老无金柔。祝融呵气朱鸟吐，沃焦登罢汤池投。治病非造轩光灶，攻城乃试猛火油”[26]。可见，“金柔火老”的秋暑之时不仅热浪袭人，还有湿热熏蒸之感。

立秋后的秋凉之所以没有应时而至，从五行层面的解读是“柔金未振，老火犹炎”。残暑并未消退，秋气难以施展，所以天气依然湿热。

2.3 “秋老虎”的流变脉络

表征秋暑的“秋老虎”一词，最早出现在明朝。它之所以能够成为指征夏末秋初时期高温湿热的特殊天气现象，主要是基于语音近似误读、五行与季节、节气文化及社会心理三个方面的因素。

2.3.1 “火”“虎”音近混用

到了明代，记载地方民间气候及文化的地方志中出现了指代残暑秋热的“秋老虎”。我们认为，“秋老虎”来源于“老火”。至于“老火”是如何变成“老虎”的，则可从秋热盛行的江南地区的方言实际记录及语音理据进行分析。

一方面，在气候上秋热频发的吴越方言区，“虎”与“火”字近乎相同，极易混读。例如明代刘基的《郁离子》记载了一个因“火”“虎”在浙江温州地区读音不辨而引发的故事，文中提到：“东瓯之人谓‘火’为‘虎’，其称‘火’与‘虎’无别也。”[27]东瓯，即今包括温州在内的浙江南部。另外，明代徐善继、徐善述的《地理人子须知》同样记录了一个“火”“虎”混用的故事，在安徽歙县（今属安徽省黄山市），“传疑朱氏葬后半纪，有仁九者，只一子，名拱。年二十而新娶。娶之夕，睡之半夜，邻家逐虎声喧。拱睡酣惊觉，以火虎音悮，仓皇披衣出户，意谓救火。适遇其虎，被伤而卒”[28]。其中，“悮”同“误”，指错误。

另一方面，从音韵学角度分析，“火”与“虎”确实有可能混淆的语音理据。在宋代的《集韵》、元代的《古今韵会举要》及明代的《洪武正韵》等韵书中，“火”为“虎果切”，而“虎”为“火五切”[29]。在元代韵书《中原音韵》中，“火”的读音为“晓母，歌戈韵，上声”；“虎”的读音为“晓母，鱼模韵，上声”。这说明在元明时期，这两个字声和调相同。歌戈韵和鱼模韵韵相近，所以在明代传奇中经常互押韵[30]。据沈宠绥的《度曲须知·出字总诀》在教吴人度曲时提醒说：“歌戈，莫混鱼模。”[31]另外，该书的《同声异字考·鱼模歌戈》还指出容易混淆的例子，即包括“虎非火”，这足见当时吴语中歌戈韵和鱼模韵相混的现象较为常见。

就语音规律而言，开音节并且主元音相同的字，读音相近，可能造成混读。

综上，从使用例证及语音原理分析来看，明代时期，在夏末秋初高温盛行的吴越等地，“老火”与“老虎”易混读混用。所以在吴越等地，“老虎”具备与“老火”一样指征秋暑的语言和社会基础。

然而，“老虎”一词能够与初秋的高温对应，且从一个区域性的词汇发展为全国通用的专有名词，则有赖于五行文化及共有的社会文化心理。

2.3.2 “老虎”与秋季和立秋节气文化密切相关

“老虎”能够表征立秋之后的高温湿热天气现象，需要我们从节气体系初创时期追溯老虎与秋天的关系、老虎与立秋节气的关系。

第一，在中国古代五行体系中，秋与方位西、属性金、颜色白以及神兽虎有着严谨的对应。其中，西方与秋的对应，与季风气候背景下盛行风的风向高度相关。

虎是秋天的神兽。西汉《淮南子·天文训》中记载：“西方，金也，其帝少昊，其佐蓐收，执矩而治秋，其神为太白，其兽白虎。”[9]根据《国语》等典籍的记录，秋官蓐收的形象为人面虎爪，也与虎有关。

此外，历代文人也有关于白虎和秋相对应的吟咏。如唐代韦应物的《寇季膺古刀歌》云：“白虎司秋金气清，高天寥落云峥嵘。”[32]2012 宋代梅尧臣的《秋风篇》云：“秋风白虎嗥，长庚光如刀。”[25]3105

可见，在中国古代，虎与秋天有密切的关系。

第二，虎与秋天的立秋节气关系更为密切。西汉的《易纬通卦验》中就记载：“立秋，凉风至、白露下、虎啸、腐草为嗌、蜻蛚鸣。”[33]后世典籍将“立秋虎始啸”和“仲冬虎始交”作为立秋节气和大雪节气的时令标识。例如宋代《太平御览·兽部》云："《易通卦验》曰，立秋虎始啸；《月令》曰，仲冬虎始交。"[34]明代孙瑴的《古微书》云："立春雨水鸲鹆鸣，立夏清风至，立秋虎始啸。"[35]，清代钦定的类书《古今图书集成·博物汇编》和《御定渊鉴类函》同样收录了这两句话："立秋虎始啸。仲冬虎始交。"[36-37]

由此可知，在中国古代的五行体系和物候体系中，虎与季节中的秋、节气中的立秋，都有着清晰且明确的关联。因此，以虎表征秋季开始或立秋开始的某种天气气候现象，有着文化上的合理性。

2.3.3　"秋老虎"符合"秋热如虎"的通感

音韵相近造成的"误读"和五行文化发展促使虎与节气关系密切，使得"老虎"和初秋时节的高温具有对应的理据性。但"秋老虎"一词能成为在民间广泛流传的秋暑"代名词"，则得益于高度的社会认同度，符合大众的社会认知心理。

"老虎"之所以能成为"秋热"的表征，是因为人们对二者的心理认知具有高度的相似性。

虎是一种强而有力、充满威势的猛兽。中国人自古对其保持敬畏、惧怕的心理，不仅创造了"苛政猛于虎""畏敌如虎""初生牛犊不畏虎"等成语，还形成了"畏××如畏虎"等固定句式，如宋代欧阳鈇《句》云："爱山如爱酒，畏暑如畏虎。"[38]

秋暑猛烈、令人难熬，所以人们对待秋暑的感情同样是畏惧。唐代杜甫《早秋苦热，堆案相仍（时任华州司功）》描述秋暑无法进食："七月六日苦炎热，对食暂餐还不能"[32]2419；宋人范成大感觉"秋暑如炊蒸"[39]；宋人杨万里《秋暑》记录了对猛烈秋暑产生畏惧的心理过程，因为"夏暑减未曾，秋暑增愈剧"，所以"平生畏秋暑，老去畏弥极"[40]。

人们畏秋暑的心理与畏老虎的心理是相似的，而且老虎之猛在中国的传统文化中更加具象，所以"畏秋暑如畏虎"日渐流行。例如宋代方岳《秋热》云："衰老不耐暑，喜甚秋咫尺。秋来几何时，炮煮乃尔剧。老夫大失望，亦自愧两屐。""残暑何奸雄，酷烈不肯退。稚秋太君子,敛避不敢对。……畏热如畏虎,悸汗流浃背。"[41]这首诗充分地表达了人们对立秋时令的感触:年长之人,由于不耐暑热,所以期盼立秋后的凉爽。但立秋过后,令人大失所望的是熏蒸感愈演愈烈。残暑如"暴烈的奸雄",稚秋似"文弱的君子"。我们整天汗流浃背,像畏惧老虎一样畏惧秋热。可见,在很多人的心目中,虎已成为恐怖秋热的一种意象。秋热之盛,一如虎威。此外,清代乾隆时期查礼的《章江舟中苦热》云:"我意必秋热,朝夕愁肺腑,秋来已二旬,热果猛于虎。"[42]

然而,就气候而言,夏热最甚,为何反倒秋热被称为老虎呢?1935年8月11日的《南京晚报》中关于"秋老虎"的解读颇为具体:"夏季的炎热虽说可怕,可是那种热终归是正则的。不若这种秋热,是热得令人有一种莫可名言的难受啊!……只要是违反正则的反常的一切行径,都是令人有莫可名言的难受啊!又岂独秋老虎为然?"

也就是说,夏热是"正则",即常态;而秋热往往是超出人们预期的非常态。"正则"之外的天气现象,往往更凶悍威猛,更具有"杀伤力"(图10)。

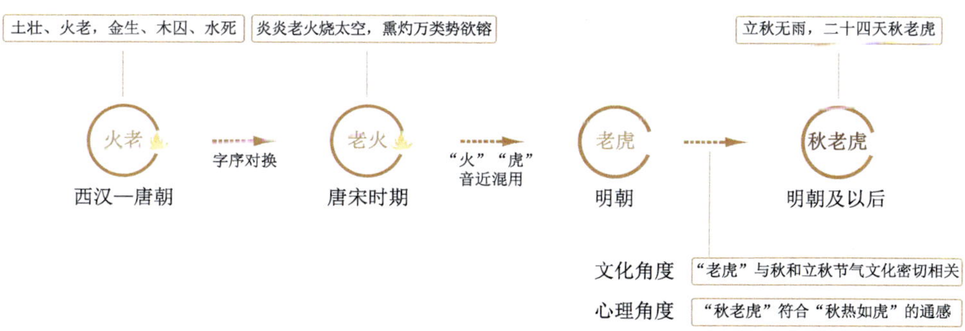

图10 "秋老虎"之名历史发展示意图

综合来说,"火"与"虎"语音相近易误读、老虎与秋季和立秋节气文化紧密相关、中国人对老虎和秋暑都具有"畏惧"的心理,在这三个条件加持下,更加具象的"秋老虎"最终取代"火老""老火",成为在民间流传更广泛的秋热表征词。

3 结语

本文通过遍查古籍文献和方志等数据库，运用文献学、语言学、气象学、物候学、文学等多学科的理论，系统梳理"秋老虎"表征秋热的文化逻辑及历史流变，结论如下。

（1）最早表征残暑秋热的概念的词语为汉代出现的"火老"，源于五行体系。

（2）唐代之后，语句式的"火老"渐渐被更易于传播的词汇化的"老火"替代，"老火"不仅在我国诗词、方志中大量出现，还向外传播至朝鲜半岛等地。

（3）"秋老虎"最终成为表征秋热的专有名词，主要是基于语音变化、五行与季节、节气文化及社会心理三个方面的因素。由于"火"与"虎"读音相近，特别是在秋热频发的方言区读音几乎相同，所以造成"老火"与"老虎"的混用。在五行体系和物候体系中，"虎"与秋和立秋具有明确的关联，且虎体现了秋热的威力，因此这种混用可能并非误用，甚至很可能是有意为之。因为"老虎"比"老火"更能够传神地体现人们对于秋热的通感。至少，人们是将错就错，以"秋老虎"指代立秋之后的炎热，并在流传的过程中越来越得到认同，从而定型。

由上述分析可知，"秋老虎"的文化流变过程，基本都是源自人们对秋热的主观感知，其气象量化标准及适用地区还不够明确。这导致"秋老虎"的主观性过强，各人的标准不同，而且会随着区域及时间的变化而发生改变。因此，在后续的研究中，我们将继续探究气象量化标准等问题。

致谢

感谢魏思静、付靖怡和王廷宇为本文绘制部分专业图形。

参考文献

[1] 中国社会科学院语言研究所词典编辑室. 现代汉语词典（第7版）［M］. 北京：商务印书馆，2016.

[2]《大气科学辞典》编委会. 大气科学辞典［M］. 北京：气象出版社，1994.

[3] 中国农业博物馆. 二十四节气农谚大全［M］. 北京：中国农业出版社，2016.

[4] 刘节. 南安府志［M］. 刻本. 1536（明嘉靖十五年）.

[5] 张煌言. 奇零草［M］. 杭州：西泠印社，2015.

[6] 汉语大词典编辑委员会，汉语大词典编纂处. 汉语大词典［M］. 上海：上海辞书出版社，汉语大词典出版社，2011.

[7] 王弼，韩康伯，孔颖达. 宋本周易注疏［M］. 北京：中华书局，1988：85.

[8] 李延寿. 北史［M］. 北京：中华书局，1974.

[9] 刘安. 淮南鸿烈解［M］. 许慎，高诱，注. 刻本. 1580（明万历八年）.

[10] 苏辙. 栾城集［M］. 傅增湘，校. 北京：国家图书馆出版社，2017.

[11] 李石. 方舟集卷五［M］//文渊阁四库全书. 北京：人民出版社，2016.

[12] 王洋. 东牟集［M］//文渊阁四库全书. 北京：人民出版社，2016.

[13] 卫宗武. 秋声集［M］//文渊阁四库全书. 北京：人民出版社，2016.

[14] 陈起. 江湖小集［M］//文渊阁四库全书. 北京：人民出版社，2016.

[15] 王柏. 鲁斋集［M］//文渊阁四库全书. 北京：人民出版社，2016.

[16] 舒頔. 贞素斋集［M］//文渊阁四库全书. 北京：人民出版社，2016.

[17] 陶安. 陶学士集［M］//文渊阁四库全书. 北京：人民出版社，2016.

[18] 张鸣凤. 桂胜［M］//文渊阁四库全书. 北京：人民出版社，2016.

[19] 郑士龙. 湖阴杂稿［M］. 刻本，1577（明万历五年）.

[20] 李夏坤. 头陀草［M］. 刻本，［1720］.

[21] 韩愈. 五百家注韩昌黎集［M］. 魏仲举，集注. 郝润华，王东峰，整理. 北京：中华书局，2019.

[22] 李之仪. 姑溪词：蓦山溪［M］//文渊阁四库全书. 北京：人民出版社，2016.

[23] 安都. 太康县志［M］. 刻本. 1524（明嘉靖三年）.
[24] 李彭. 日涉园集卷一［M］//文渊阁四库全书. 北京：人民出版社，2016.
[25] 北京大学古文献研究所. 全宋诗［M］. 北京：北京大学出版社，1998.
[26] 袁枚. 小仓山房诗文集［M］. 上海：上海古籍出版社，2019：803.
[27] 刘基. 郁离子［M］. 张宏敏，曾孔方，笺校. 杭州：浙江大学出版社，2019.
[28] 徐善继，徐善述. 地理人子须知［M］. 郑同，编校. 北京：华龄出版社，2012.
[29] 黄公绍，熊忠，宁忌浮. 古今韵会举要［M］//文渊阁四库全书. 北京：人民出版社，2016.
[30] 彭静. 明传奇用韵中鱼模、歌戈互押现象探析［J］. 重庆科技学院学报（社会科学版），2011（9）：106，109.
[31] 沈宠绥. 度曲须知［M］. 刻本. 1639（明崇祯十二年）.
[32] 彭定求. 全唐诗（增订本）［M］. 陈尚君，补辑. 北京：中华书局，1999.
[33] 郑玄. 易纬通卦验［M］. 北京：中华书局，1991.
[34] 李明昉. 太平御览［M］. 孙雍长，熊毓兰，校点. 石家庄：河北教育出版社，1994.
[35] 孙瑴. 古微书［M］//文津阁四库全书. 北京：商务印书馆，2006.
[36] 陈梦雷. 古今图书集成：博物汇编［M］. 扬州：广陵书社，2011.
[37] 张英. 御定渊鉴类函［M］//文渊阁四库全书. 北京：人民出版社，2016.
[38] 魏庆之. 诗人玉屑［M］. 北京：中华书局，2007.
[39] 范成大. 石湖诗集［M］//文渊阁四库全书. 北京：人民出版社，2016.
[40] 杨万里. 诚斋集［M］//文渊阁四库全书. 北京：人民出版社，2016.
[41] 方岳. 秋崖集［M］//文渊阁四库全书. 北京：人民出版社，2016.
[42] 查礼. 铜鼓书堂遗稿［M］//《清代诗文集汇编》编纂委员会. 清代诗文集汇编. 上海：上海古籍出版社，2010.

基于气候和物候的二十四节气英文译名研究

宋英杰[1]，隋伟辉[1]，孙凡迪[2]，齐鹏然[1]

（1 中国天气·二十四节气研究院，北京 100081；
2 中央广播电视总台、北京语言大学，北京 100045）

摘要： 二十四节气在联合国教科文组织非物质文化遗产名录中属于“有关自然界和宇宙的知识和实践”类的项目。数百年来，众多学者提供了节气称谓的英译版本。目前，国内尚无节气英文译名的行业或国家标准。在实际传播中，“即兴”创作的译名版本甚多，其中不少版本的译者显然缺乏对节气名称背后气候和物候意蕴的深刻理解。在梳理节气英译源流的基础上，侧重研究节气称谓的气候和物候内涵及其微妙的指向性，以期提出精准契合节气气候和物候的英文译名，促进二十四节气的国际化传播。

关键词： 二十四节气；英文；译名

1 引言

二十四节气是以大约 15 d 为自然节律的时令体系，其作为人类非物质文化遗产代表作的定义为：二十四节气——中国人通过观察太阳周年运动而形成的时间知识体系及其实践。英文表述为：The 24 Solar Terms，knowledge in China of time and practices developed through observation of the sun's annual motion。目前的二十四节气是以黄经 15°为间隔的节点序列（图 1、表 1），分为 6 个基本类别（表 2）。

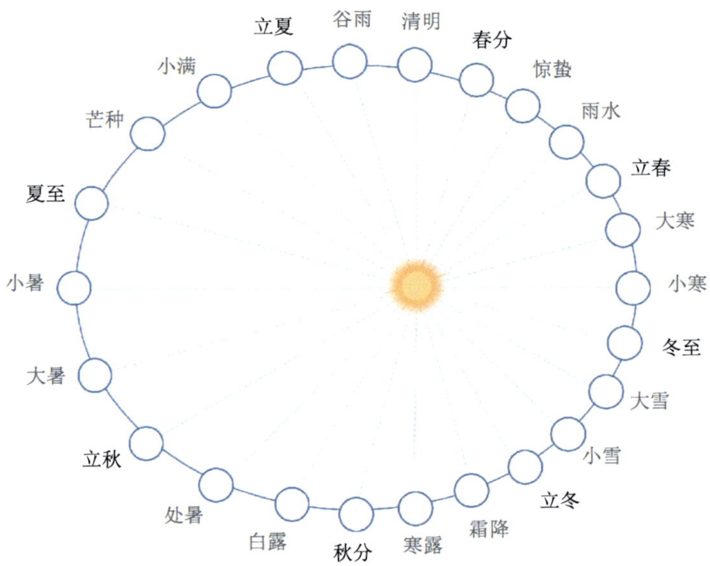

图 1　二十四节气在黄道上的位置示意图

表 1　二十四节气的称谓

春季节气	立春	雨水	惊蛰	春分	清明	谷雨
夏季节气	立夏	小满	芒种	夏至	小暑	大暑
秋季节气	立秋	处暑	白露	秋分	寒露	霜降
冬季节气	立冬	小雪	大雪	冬至	小寒	大寒

表 2 二十四节气的基本类别

天文类节气	春分、夏至、秋分、冬至
季节类节气	立春、立夏、立秋、立冬
寒暑类节气	小暑、大暑、处暑、小寒、大寒
水汽状态类节气	雨水、白露、寒露、霜降、小雪、大雪
物候类节气	惊蛰、小满、芒种
天气与物候复合类节气	清明、谷雨

节气体系，发端于先秦时期，自公元前 104 年汉武帝时期起，成为国家历法的有机组成部分。它是阴阳合历的“纽带”，是指导人们起居生养的重要时令体系，并辐射到周边的很多国家和地区，成为人们广泛应用和传承的具有科学属性的文化遗产。二十四节气，其节点以天文的方式刻画，其称谓以气候或物候的方式表征，是多学科的文化集成。准确而简洁地翻译各个节气的名称，需要从天文、气候、物候等多个维度进行审视和斟酌。

2 节气英译源流概述

就现存文献资料看，节气名称最初的外文译本，音译和意译并存。英国牛津大学教授约翰·格里菲斯在 1650 年出版的 *Epochae Celebriores* 一书给出了二十四节气的音译（图 2、图 3、表 3）[1]。

天主教耶稣会传教士卫匡国在其 1655 年出版的《中国新地图集》（*Novus Atlas Sinensis*）中，记录了荷兰莱登大学教授格里乌斯所写的附录，其中有二十四节气的阿拉伯字母拼音、拉丁字母拼音、拉丁文翻译（图 4）[2]。这是欧洲的正式出版物中，最早的木刻汉字。笔者对拉丁文意译版本进行了英译（表 4）。

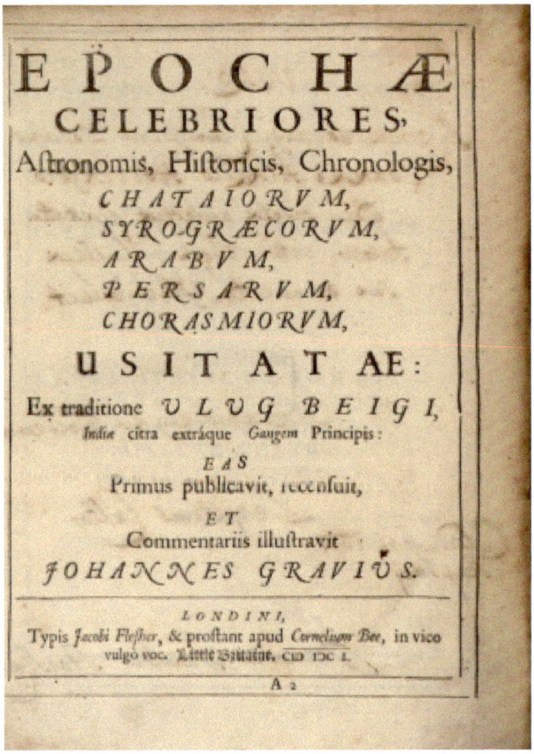

EPOCHÆ
CELEBRIORES,
Aſtronomis, Hiſtoricis, Chronologis,
CHATAIORUM,
SYROGRÆCORUM,
ARABUM,
PERSARUM,
CHORASMIORUM,
USITATAE:
Ex traditione ULUG BEIGI,
Indiæ citra extráque Gangem Principis:
EAS
Primus publicavit, recenſuit,
ET
Commentariis illuſtravit
JOHANNES GRAVIUS.

LONDINI,
Typis Jacobi Fleſher, & proſtant apud Cornelium Bee, in vico vulgò voc. Little Britaine. CIↃ IↃC L.

A 2

图 2　*Epochae Celebriores* 封面

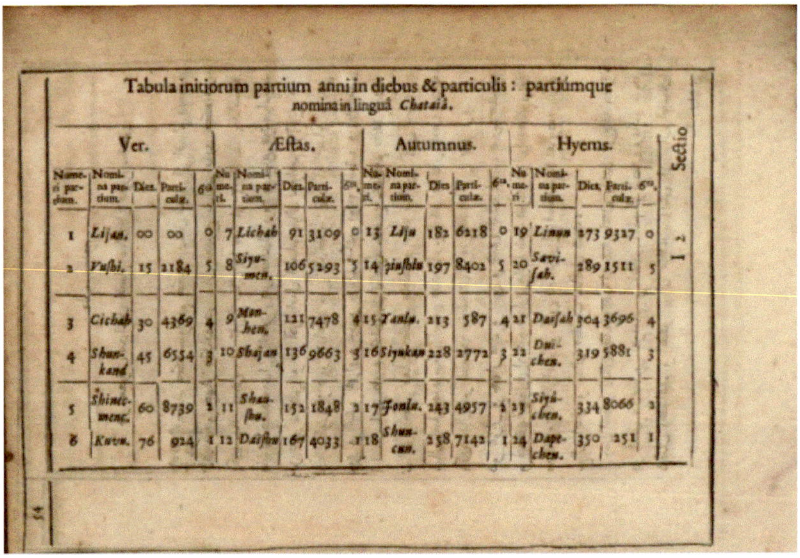

Tabula initiorum partium anni in diebus & particulis: partiúmque nomina in linguâ Chataiâ.

Ver.					Æſtas.					Autumnus.					Hyems.				
Numeri partium.	Nomina partium.	Dies.	Particulæ.	6ta.	Numeri.	Nomina partium.	Dies.	Particulæ.	6ta.	Numeri.	Nomina partium.	Dies.	Particulæ.	6ta.	Numeri.	Nomina partium.	Dies.	Particulæ.	6ta.
1	Lijan.	00	00	0	7	Lichab	91	3109	0	13	Lifu	182	6218	0	19	Linun	273	9327	0
2	Vuſhi.	15	2184	5	8	Siyu-men.	106	5293	5	14	ʒinſhlu	197	8402	5	20	Savi-ſab.	289	1511	5
3	Cichab	30	4369	4	9	Mon-hen.	121	7478	4	15	Yanlu.	213	587	4	21	Daiſab	304	3696	4
4	Shun-kand	45	6554	3	10	Shajan	136	9663	3	16	Siyukan	228	2772	3	22	Dui-chen.	319	5881	3
5	Shimet-menc.	60	8739	2	11	Shan-ſhu.	152	1848	2	17	Joula.	243	4957	2	23	Siyú-chen.	334	8066	2
6	Kuvu.	76	924	1	12	Daiſhu	167	4033	1	18	Shun-can.	258	7142	1	24	Dape-chen.	350	251	1

Sectio

图 3　*Epochae Celebriores* 书中二十四节气页

表 3 牛津大学教授约翰·格里菲斯给出的二十四节气音译

季节	节气	译文	季节	节气	译文
春季	立春	lijan	秋季	立秋	liju
	雨水	vushi		处暑	tiushiu
	惊蛰	cichah		白露	yanlu
	春分	shunkand		秋分	siyukan
	清明	shinec menc		寒露	jonlu
	谷雨	kuvu		霜降	shuncun
夏季	立夏	lichah	冬季	立冬	linun
	小满	siyu men		小雪	savisah
	芒种	monhen		大雪	daisah
	夏至	shajan		冬至	duichen
	小暑	shaushu		小寒	siyuchen
	大暑	daishu		大寒	dapechen

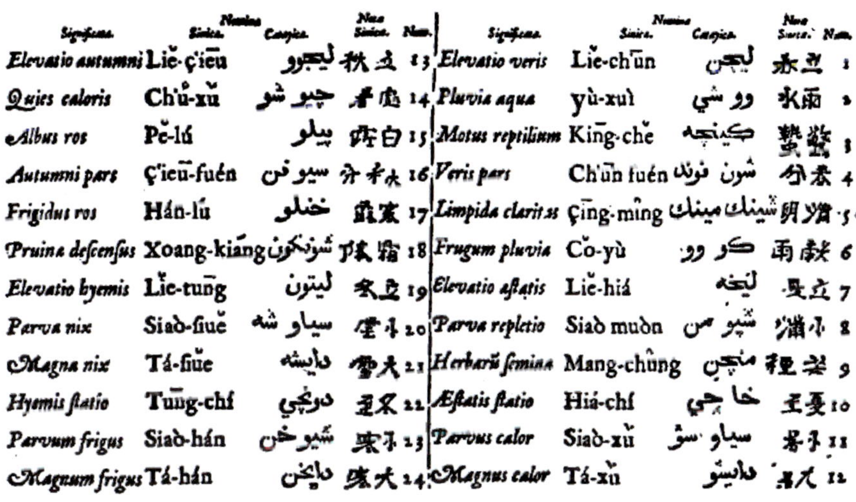

Significata.	Nomina Sinica.	Nomina Cataica.	Nota Sinica.	Num.	Significata.	Nomina Sinica.	Nomina Cataica.	Nota Sinica.	Num.
Elevatio autumni	Liĕ-çʿieū	ليجوو	秋立	13	Elevatio veris	Liĕ-chʿūn	ليچن	春立	1
Quies caloris	Chʿů-xŭ	چيو شو	暑處	14	Pluvia aqua	yù-xuì	وو شي	水雨	2
Albus ros	Pĕ-lú	پيلو	露白	15	Motus reptilium	Kīng-chĕ	كينچه	蟄驚	3
Autumni pars	Çʿieū-fuén	سيو فن	分秋	16	Veris pars	Chʿūn fuén	شون فونك	分春	4
Frigidus ros	Hán-lú	خنلو	露寒	17	Limpida claritas	Çīng-mîng	شينك مينك	明清	5
Pruina descensus	Xoang-kiáng	شونكون	降霜	18	Frugum pluvia	Cŏ-yù	كو وو	雨穀	6
Elevatio hyemis	Liĕ-tūng	ليتون	冬立	19	Elevatio æstatis	Liĕ-hiá	ليخه	夏立	7
Parva nix	Siaò-siuĕ	سياو شه	雪小	20	Parva repletio	Siaò muòn	شيو من	滿小	8
Magna nix	Tá-siuĕ	دايشه	雪大	21	Herbarū semina	Mang-chûng	منچن	種芒	9
Hyemis statio	Tūng-chí	دونچي	至冬	22	Æstatis statio	Hiá-chí	خا جي	至夏	10
Parvum frigus	Siaò-hán	شيوخن	寒小	23	Parvus calor	Siaò-xŭ	سياو سو	暑小	11
Magnum frigus	Tá-hán	دايخن	寒大	24	Magnus calor	Tá-xŭ	دايسو	暑大	12

图 4 荷兰莱登大学教授格里乌斯的音译和意译版本截图

表 4 荷兰莱登大学教授格里乌斯的拉丁文意译和笔者英译二十四节气版本

节气名	拉丁文意译	笔者英译
立春	Elevatio veris	The raising of spring
雨水	Pluvia aqua	The rain water
惊蛰	Motus reptilium	The movement of creeping animals
春分	Veris pars	The division of spring
清明	Limpida claritus	Transparency in clear
谷雨	Frugum pluvia	The rain of fruits

续表

节气名	拉丁文意译	笔者英译
立夏	Elevatio aftasis	The raising of summer
小满	Parva repletio	The small filling
芒种	Herbaru semina	The seeds of herbs
夏至	Aestasis ftatio	The coming of summer
小暑	Parvus calor	The small heat
大暑	Magnus calor	The high heat
立秋	Elevatio autumni	The raising of autumn
处暑	Quies caloris	The cessation of heat
白露	Albus ros	The whiteness in fields
秋分	Autumni pars	The division of autumn
寒露	Frigidus ros	The coldness in fields
霜降	Pruina defcenfus	The descent of frost
立冬	Elevatio hyemis	The raising of winter
小雪	Parva nix	The small snow
大雪	Magna nix	The big snow
冬至	Hyemis ftatio	The coming of winter
小寒	Parvum frigus	The small coldness
大寒	Magnum frigus	The high coldness

与此同时，清代的官方译文典籍中，并未有二十四节气名称的系统性翻译。例如乾隆年间的《华夷译语》中，“时令门”章节并没有收录二十四节气译文，只有在天气部分收录了“霜降”（图 5）。其为天气之霜降，而非节气之霜降。

进入 19 世纪，汉英或英汉辞典中，陆续收录二十四节气，由零散的数个节气名发展为逐渐出现二十四节气的完整译名序列。1815—1823 年，英国伦敦会传教士马礼逊在广州出版了世界上第一本汉英词典《华英字典》。其中有了二十四节气的译法，是节气名音译加标注的方式，但二十四节气并没有单独的总表或附录，而只是散见于各条目[3]。

1868 年，邝其照在香港出版《字典集成》。这是第一本由中国人编

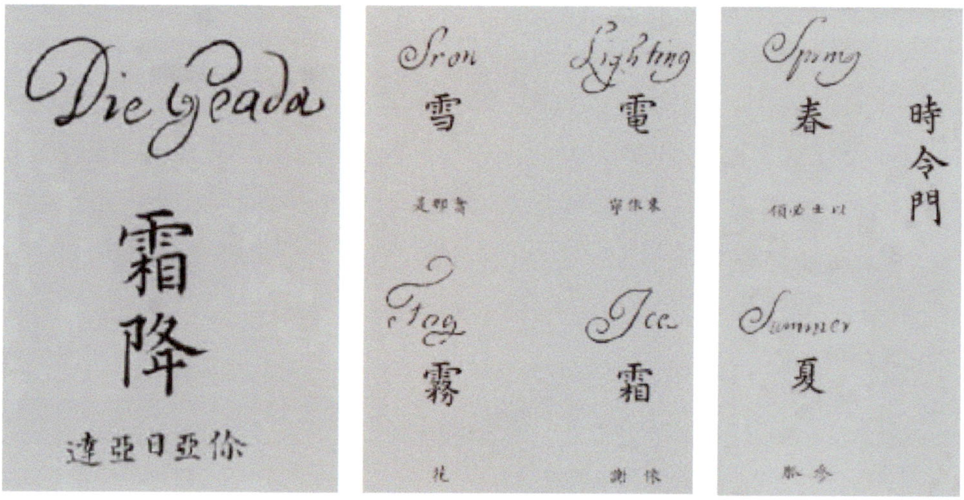

图 5 清乾隆年间《华夷译语》第十三卷译文图示

写的汉英词典。但在这本字典中，仅在“杂字·时令门”中提及了 6 个节气，并未形成完整的译名序列[4]。

直到 19 世纪后半叶，才逐渐出现二十四节气名的完整意译版本。1871 年，英国公使馆原护送团成员司登德出版《汉英合璧相连字汇》。词典的附录部分，以笔记体提供了包括二十四节气在内的许多有关中国传统文化和风俗的英文翻译与介绍[5]。后来，加拿大传教士季理斐据此于 1898 年出版修订本《华英成语合璧字集》[6]。

德国传教士罗存德于 1866—1869 年期间在香港陆续出版四卷《英华字典》。这套词典的附录提供了由美国汉学家卢公明翻译的另一套二十四节气译名[7]。

1912 年，英国剑桥大学教授翟理斯出版了《华英词典》。其附录中收录的二十四节气表，大体源自卢公明的版本。翟理斯首次将小暑和大暑、小雪和大雪、小寒和大寒这三组节气的译法加以区分：以 Slight/Great heat 对应小暑和大暑，以 Light/Heavy snow 对应小雪和大雪，以 Little/Severe cold 对应小寒和大寒[8]。这些处理都体现出译者对中国传统文化背景比较细腻的理解。经过了翟理斯的修订，节气译名变得更为规范。

20 世纪 30 年代，在另一本著名英汉词典——由澳大利亚传教士马修斯出版的《马修斯汉英词典》中的二十四节气部分，直接采用的是翟理斯的附表[9]。随着这本词典的流行，翟理斯译法变得更为通行。

概而观之，在新中国成立之前，二十四节气译名体系可大致分为“司登德—季理斐”体系（简称季理斐体系）和“卢公明—翟理斯”体系（简称翟理斯体系）（表 5）。最初相对规范的二十四节气英文意译版本，主要是由传教士和汉学家完成。

表 5　季理斐和翟理斯体系的二十四节气英译版本

节气	季理斐版本	翟理斯版本
立春	Beginning of spring	Spring begins
雨水	Rain water	Rain water
惊蛰	Waking of insects	Excited insects
春分	Spring equinox	Vernal equinox
清明	Pure brightness	Clear and bright
谷雨	Corn rain	Grain rains
立夏	Beginning of summer	Summer begins
小满	Grain full	Grain fills
芒种	Grain in the ear	Grain in ear
夏至	Summer solstice	Summer solstice
小暑	Slight heat	Slight heat
大暑	Great heat	Great heat
立秋	Beginning of autumn	Autumn begins
处暑	Stopping of heat	Limit of heat
白露	White dew	White dew
秋分	Autumnal equinox	Autumnal equinox
寒露	Cold dew	Cold dew
霜降	Frost's descent	Hoar frost descends
立冬	Beginning of winter	Winter begins
小雪	Slight snow	Light snow

续表

节气	季理斐版本	翟理斯版本
大雪	Great snow	Heavy snow
冬至	Winter solstice	Winter solstice
小寒	Slight cold	Little cold
大寒	Great cold	Severe cold

1949年之后，对于人们认知二十四节气译名体系影响重大的，是吴景荣编著的《汉英词典》，这是新中国的第一本汉英词典。该书附录中的节气译名，主要基于季理斐体系，但根据翟理斯体系，对个别译名进行了订正[10]。

20世纪70年代，文化学者林语堂、梁实秋等也都在各自编著的词典中提供了二十四节气英文译名。

在二十四节气英译历程中，一个跨越性的标志是节气相关专业领域学者的介入。在1987年，由天文学者组成的天文学名词审定委员会出版了天文学领域的科技名词规范《天文学名词》，专业机构审定二十四节气英译版本由此开始。该套译名，参照了季理斐体系和翟理斯体系，但基于专业思维进行了优化[11]。基于《天文学名词》中的二十四节气英译，全国科学技术名词审定委员会（以下简称名词委）与中国天文学会于2015年发布了英译版本（表6）。

表6　全国科学技术名词审定委员会与中国天文学会2015年发布的二十四节气英译版本

节气	英译	节气	英译
立春	Beginning of Spring	雨水	Rain Water
惊蛰	Awakening from Hibernation	春分	Spring Equinox
清明	Fresh Green	谷雨	Grain Rain
立夏	Beginning of Summer	小满	Lesser Fullness
芒种	Grain in Ear	夏至	Summer Solstice
小暑	Lesser Heat	大暑	Greater Heat

续表

节气	英译	节气	英译
立秋	Beginning of Autumn	处暑	End of Heat
白露	White Dew	秋分	Autumn Equinox
寒露	Cold Dew	霜降	First Frost
立冬	Beginning of Winter	小雪	Light Snow
大雪	Heavy Snow	冬至	Winter Solstice
小寒	Lesser Cold	大寒	Greater Cold

天文学界在这个英译版本中，从节气名称的本义出发，提出了一些相对独立的创新性译法。例如，第一，考虑到春日苏醒的并非只是蛰虫，所有冬眠动物都在此列，因此不再将 insects 作为主体，将惊蛰译为 Awakening from Hibernation；第二，清明时节“万物皆洁齐而清明”，但此时天气未必晴朗，因此弃用基于 Clear 和 Bright 的各种变化，而以更具有物候普适性的 Fresh Green 表征草木新绿的阳春时节；第三，霜降译作 First Frost ，规避了以往 Descent 与“降”之间的生硬对应，体现“季秋之月，霜始降”的霜生规律，简洁而契合气候。但“小/大”类的节气，小暑大暑、小寒大寒以及小满用 Lesser/Greater 凸显相对性分寸，感觉冗余；小雪大雪用 Light/Heavy，易与降水量级相混淆。

本研究将名词委英译版本作为对标版本，并充分参考中国的台湾、香港、澳门对二十四节气的英译，还参考了日本、韩国、越南、马来西亚、新加坡等国家对于二十四节气的不同译法版本①。

①中国台湾对二十四节气的英译参考台湾邮政部门 2000 年发行的二十四节气邮册、台湾气象部门 1994 年建立的自用版本以及台北天文台和台北天文科学教育馆相关译法，香港对二十四节气的英译参考香港天文台相关译法，澳门对二十四节气的英译参考澳门地球物理暨气象局相关译法。日本、韩国、越南、马来西亚、新加坡等国对二十四节气的英译参考维基百科。

3 对二十四节气气候/物候内涵的解析及译名提议

基于1981—2010年气候基准期的状况，本文对二十四节气的气候内涵进行解析。

3.1 天文类节气：春分、秋分、夏至、冬至

春分、秋分、冬至、夏至是二十四节气中的国际通行部分，只是它们在西方不被称为节气。目前，欧美国家依然采用天文季节划分方式，以白昼最长、最短日和昼夜平分日界定四季。春分、秋分、冬至、夏至的译法，由于英语中有相应的词汇，所以差异或争议较小。

对于“至”和“分”，英语为Solstice和Equinox，法语为Solstice和Équinoxe，西班牙语为Solsticio和Equinoccio。因此，绝大多数译者的版本是：

春分：Spring Equinox；秋分：Autumn Equinox；

夏至：Summer Solstice；冬至：Winter Solstice。

只有日本将“二分”“二至”英译为：

春分：Spring Center；秋分：Autumn Center；

夏至：Summer Maximum；冬至：Winter Maximum。

在日本译法中，以Center体现“分”的均分之义，以Maximum体现“至”的极致之义，可谓确切。但在英语中已有相应词汇的情况下，择取专有词汇为宜。

3.2 季节类节气：立春、立夏、立秋、立冬

在古代各国的天文观测中，都有白昼最长和最短（夏至和冬至）、昼夜平分（春分和秋分）的划定。但中国古人进而划定“启闭”，即立春、立夏、立秋、立冬，并以此创立了四季等长的季节框架，由此形成了

与其他文明古国不同的时间体系，流传至今（图 6）。什么是立？立，建始也，是一个季节的开始。其季节，是节气意义上的季节，而非气候意义上的季节。如果按照气温来衡量，“四立”之中，最冷的不是立冬，而是立春；最热的不是立夏，而是立秋。我们如何翻译“四立”？译为节气季节的开始。

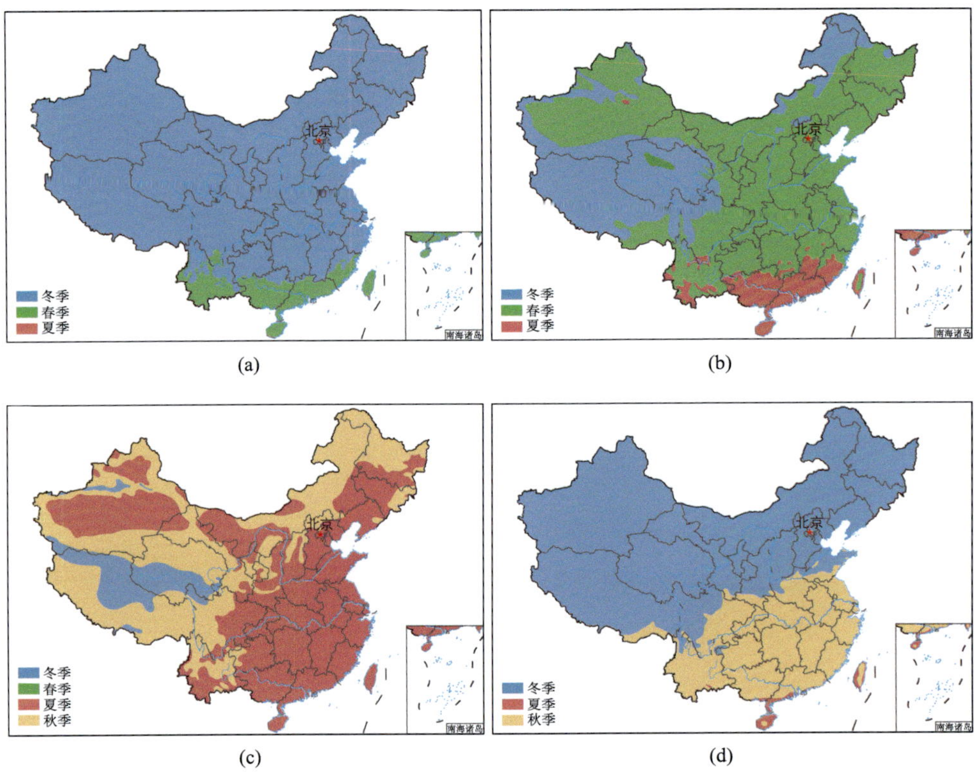

图 6　我国 1981—2010 年立春(a)、立夏(b)、立秋(c)、立冬(d)日的气候季节分布图

以立春为例，译法通行版本如表 7 所列，Start 更简短，更有画面感，在形义上更符合“由此而始”的通感。但 Start 的主观性更强，有人为设定的意蕴，有人为推动之义，表征由静到动的转变。相比之下，Beginning of 或 Begins 更符合季节序列的自然更迭和接续。如果为了保持名词词性，应译为 Beginning of；为了保证节气译法序列用词最简洁，可译为 Begins。

表 7 立春节气的几种通行译法

版本	译法
季理斐译法、名词委译法、申遗译法、梁实秋译法	Beginning of Spring
翟理斯译法、卢公明译法、日本译法	Spring Begins
张君迟译法	Start of Spring
中国香港译法	Spring Commences
中国台湾译法	Commencement of Spring
韩国译法	Advent of Spring

3.3 寒暑类节气：小暑、大暑、处暑、小寒、大寒

第一，小暑、大暑。小暑、大暑的代表性译法如表 8 所示。

表 8 小暑、大暑节气的几种通行译法

译法	小暑	大暑
季理斐译法、翟理斯译法	Slight Heat	Great Heat
卢公明译法	Little Heat	Great Heat
名词委译法、姚小平译法、申遗译法	Lesser Heat	Greater Heat
中国台湾译法	Lesser Heat	Great Heat
张君迟译法	Moderate Heat	Major Heat
澳门译法、韩国译法	Minor Heat	Major Heat
中国香港译法	Moderate Heat	Great Heat
日本译法	A bit Sweltering	Most Sweltering

古人是以温度和湿度所形成的综合热感划定小暑与大暑，它们分别代表炎热程度的“冠军”和“亚军”。从我国 1981—2010 年平均气温看，小暑最热的区域与大暑最热的区域，涵盖了全国绝大部分地区(图 7)。

因此，小暑之小，不是绝对意义上的轻微，而是相对意义上的仅次于大暑而已。单纯就气温而言，小暑与大暑之热难分伯仲，微妙的差异仅仅在于小暑侧重干热，大暑侧重湿热。所以日本译法中不用

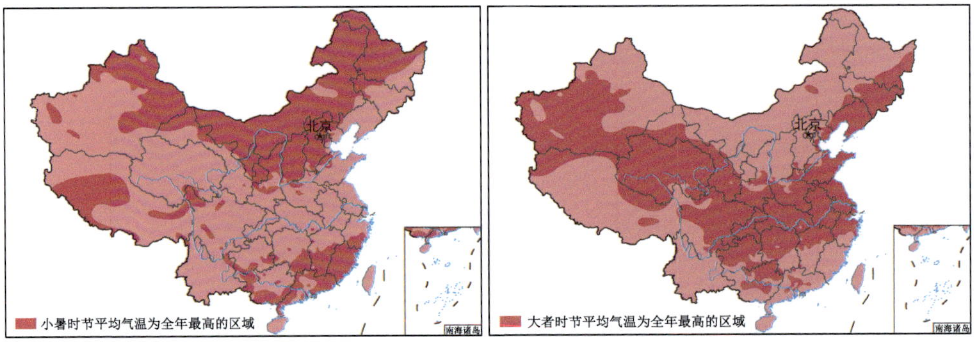

(a) (b)

图 7　我国 1981—2010 年平均气温在小暑时节最高的区域(a)和在大暑时节最高的区域(b)

Heat 而用 Sweltering 刻画温度和湿度所形成的闷蒸感有其独到之处，只是 Heat 一词更通俗。

第二，小寒、大寒。小寒、大寒的代表性译法如表 9 所示。

表 9　小寒、大寒节气的几种通行译法

译法	小寒	大寒
季理斐译法	Slight Cold	Great Cold
翟理斯译法	Little Cold	Severe Cold
卢公明译法	Little Cold	Great Cold
名词委译法、姚小平译法、申遗译法	Lesser Cold	Greater Cold
中国台湾译法、韩国译法	Lesser Cold	Great Cold
张君迟译法	Moderate Cold	Major Cold
中国澳门译法	Minor Cold	Major Cold
中国香港译法	Moderate Cold	Severe Cold
日本译法	A bit Frigid	Most Frigid

古人不是以天寒程度，而是以地冻程度划定小寒与大寒，它们是分别代表寒冷程度的“冠军”和“亚军”。从我国 1981—2010 年平均气温看，小寒最冷的区域与大寒最冷的区域，涵盖了全国的绝大部分地

区(图 8)。小寒之小,不是绝对意义上的轻微,而是相对意义上仅次于大寒而已。而且,单纯就气温而言,小寒之寒,甚于大寒。

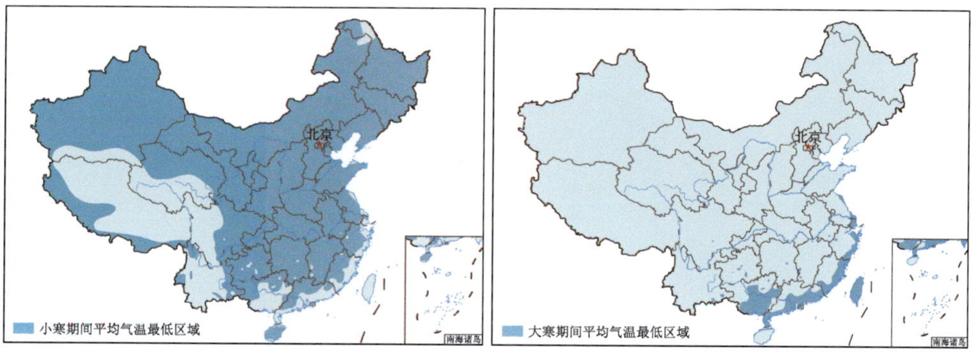

(a) (b)

图 8 我国 1981—2010 年平均气温在小寒时节最低的区域(a)和在大寒时节最低的区域(b)

在小暑、大暑、小寒、大寒相关的代表性英译中,表征“小/大”的六组词汇为:A bit 对 Most,Slight 对 Great,Little 对 Great,Lesser 对 Greater,Moderate 对 Major,Minor 对 Major。在不同版本的译文中,表征“小”的词汇有 6 个,表征“大”的词汇有 4 个。英文 A bit 和 Slight 所体现的些许和轻微之义, Moderate 所体现的温和与适度之义,都不能确切表征小暑和小寒的气候态。所谓小暑、小寒中的“小”,不是冷热程度绝对意义上的轻微或温和,而是相对于“大”而言的。所谓小和大,实际意义是第二和第一。表征相对性的 Lesser 与 Greater 的比较级语态过于烦琐,相比之下,Minor 和 Major 所体现的主次对比,更可以表征气候态上的“小”与“大”之分。

第三,处暑。处者,止也,暑气至此而止矣。但暑热的止息,是一个过程,是渐变而不是突变,不是戛然而止。从我国 1981—2010 年处暑时节气温分布看,即使在广义的节气起源地区,结束暑热的地区也很少(图 9)。处暑时节之后的白露、秋分时节,秋老虎天气在江南、华南地区才逐渐终结。在江南、华南地区,处暑是全年第四或第五热的节气(图 10)。而在日本多数地区,处暑是全年第三或第四热的节气。

图 9　我国 1981—2010 年处暑时节摆脱夏热、陆续入秋的区域

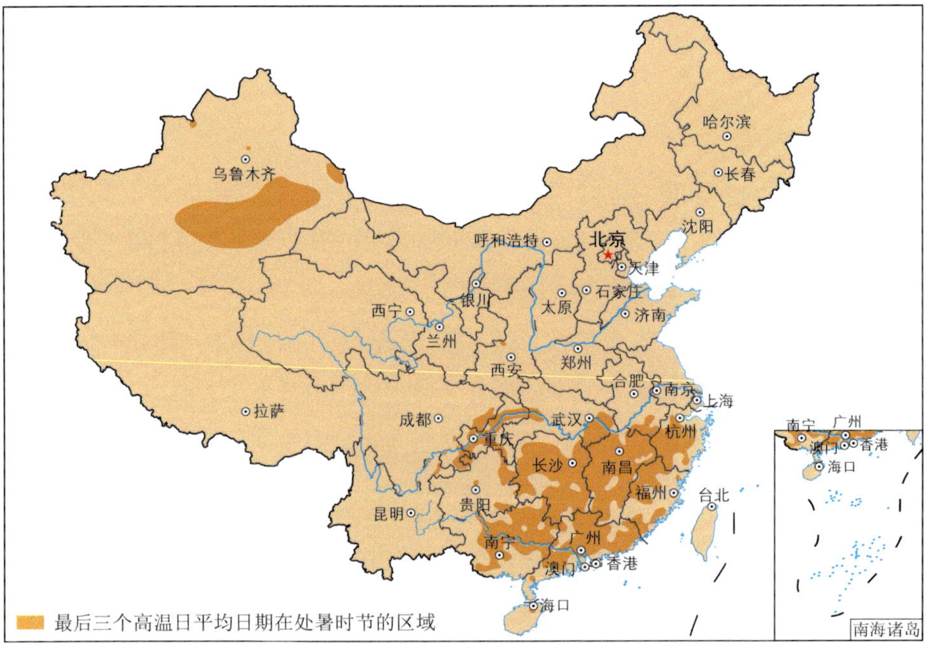

图 10　我国 1981—2010 年最后三个高温日平均日期在处暑时节的区域

就长江沿线著名的"火炉"而言，处暑是二十四节气中高温日数位列第四或第五的节气（图 11）。处暑的英译版本，语义之间存在的差异较小，相比之下，Heat Withdraws 版本更接近气候状态以及趋势，而 End of Heat 版本在表征暑热戛然而止的各版本中，更为精确（表 10）。

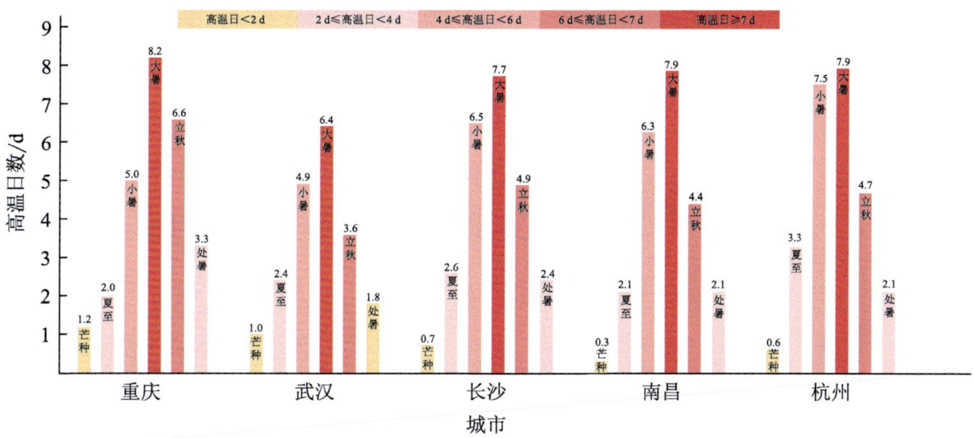

图 11　1981- 2010 年气候基准期长江沿线"火炉"城市芒种—处暑时节的高温日

表 10　处暑节气的几种通行译法

版本	译法
季理斐译法	Stopping of Heat
翟理斯译法、澳门译法	Limit of Heat
吴景荣译法	The Limit of Heat
名词委译法、香港译法	End of Heat
中国台湾译法	Bounds of Heat
日本译法	Heat Withdraws
韩国译法	Lapse of Heat

3.4　水汽状态类节气：雨水、白露、寒露、霜降、小雪、大雪

第一，雨水。关于雨水的代表性译法如表 11 所示。林语堂译法颇为随手，没有诠释雨水节气"冰雪皆散而为水，化而为雨"的意蕴。邝其照 Rainy Season 的译法，即使在岭南也不契合气候状态，华南前汛期雨

季的开始日均值为 4 月 6 日(1981—2010 年平均值)。香港天文台 Spring Showers 的译法只涉及雨水增多,不能体现雨水节气的丰富内涵。雨水节气通常被译为 Rain Water,有顾及汉语“雨水”二字的考量。但 Rain Water 并不能表征雨水节气深刻的气候内涵。Rainwater 一词,有以雨水灌溉之意。例如,Rainwater is naturally designed to water plants 与《夏小正》中正月“农及雪泽”[12]9 意思较为接近。但在英语中,Rainwater 一词的使用频率也并不高,而且 Rainwater 与 Rain Water 是两个概念。

表 11 雨水节气的几种通行译法

版本	译法
季理斐译法、翟理斯译法、名词委译法、申遗译法、中国台湾译法	Rain Water
邝其照译法	Rainy Season
林语堂译法	The Rains
中国香港译法	Spring Showers
日本译法	More Rain than Snow

依据我国 1981—2010 年雨水时节降雨概率开始高于降雪概率的气候特征(图 12),雨水节气可译为 More Rain than Snow。这个译法较为恰切,但表述上较为繁复。可以依据雨日增多的气候特征,译为 Prevailing Rain。但这个译法表征气候特征方面,未能体现出确切的临界状态,因为雨日增多,是贯穿整个春季的趋势,并不仅限于雨水节气。

雨水时节的降雨概率开始大于降雪概率,其最本质的特征应为降雨开始常态化,不再偶然和轻微。我们以 1981—2010 年 2/3 以上年份雨水时节至少出现 1 个雨日作为指标,落区与广义的节气起源地区高度吻合(图 13)。因此,将雨水译为初雨,契合节气起源地区气候的本质特征。按照气候态上的初雨时段,雨水节气可译为 First Rainfall。

第二,白露、寒露。这两个节气将人们身边水汽状态变得可视化。在古人心目中,玉露生凉,气始寒也。以我国 1981—2010 年为例,平均气温从小于等于 15 ℃到小于等于 10 ℃,是人们从不再短衣短裤到不再单衣单裤的换装节点(图 14)。露凝而白,莹莹白露;露气寒冷,凄凄寒露。这是天气由凉到寒的渐进。

图 12　我国 1981—2010 年雨水时节降雨概率开始高于降雪概率的区域

图 13　我国 1981—2010 年 2/3 以上年份节气时段

雨日≥1 d 的情形首次出现在雨水时节的区域

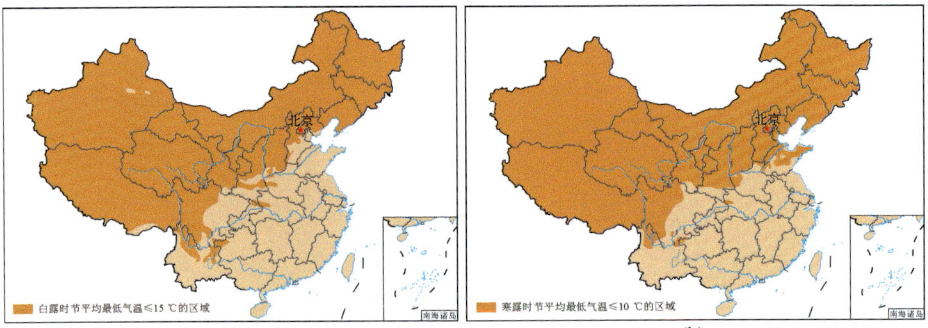

(a) (b)

图 14 我国 1981—2010 年白露时节平均最低气温≤15 ℃的区域(a)和寒露时节平均最低气温≤10 ℃的区域(b)

节气英译的各种版本中，最无争议的是寒露，译为 Cold Dew。白露也只有两个版本，一个是绝大多数译者的 White Dew，一个是日本译法的 Dews。Dews 版本是为了强调露水的颜色不是白色的，而是晶莹清澈、透明的。而绝大多数版本都译为 White Dew，契合白露时节清露与薄雾共同构建的天气景象和文化意象。

第三，霜降。古人之所以格外在意霜，是因为“霜以杀木，露以润草”[13]，霜对草木的生长具有“一票否决权”。随着气温降低，空气中的水汽凝华为霜，附着在物体表面，图 15 显示了我国 1981—2010 年霜降时节出现初霜的区域。所以，不可能“月落乌啼霜满天”[14]2712。霜“皆由地发，不从天降也”[15]。但古人多以“降霜”或“陨霜”描述霜之降临。霜降之“降”，若降生之“降”，只是一种形容方式。所以如何翻译“降”，是译法的关键（表 12）。

有两种译法用“Hoar”添加了对于霜色的界定。有五种译法用“Descent”表征“降”，但霜“皆由地发，非从天降”，“降”是汉语中的文化定式，英译中不宜对标。中国香港的译法和日本的译法简洁，适用于霜月或霜期的表述，但没有初霜的明确指向。First Frost 这一译法表征初霜，最符合霜降的物理特征和气候规律。这是英译历程中的一次重大改变，并且剔除了英译中以“Descent”对霜降之“降”的刻意对应。

图 15　我国 1981—2010 年霜降时节出现初霜的区域

表 12　“霜降”的几种通行译法

版本	译法
季理斐译法、张君迟译法	Frost's Descent
翟理斯译法	Hoar Frost Descends
名词委译法	First Frost
中国台湾译法	Descent of Hoar Frost
中国香港译法、日本译法	Frost
韩国译法	Descent of Frost

第四，小雪、大雪。在广义的节气起源地区，小雪节气代表的是气候平均意义上的初雪时节。就气候而言，小雪是开始下雪的节气(图 16)。降水量较大雪时节更大，但降水相态较为复杂，往往雨雪交替或雨雪混杂。大雪是开始积雪的节气，降水日数较小雪时节更多，降水相态较为单一，以纯粹的降雪为主。以我国 1981—2010 年为例，与小雪节气相比，大雪时节的降雪日数更多(图 17)。而从另一个视角看，在广义的节气起源地区，小雪是首次降雪的节气，大雪是首次积雪的节气(图 18)。

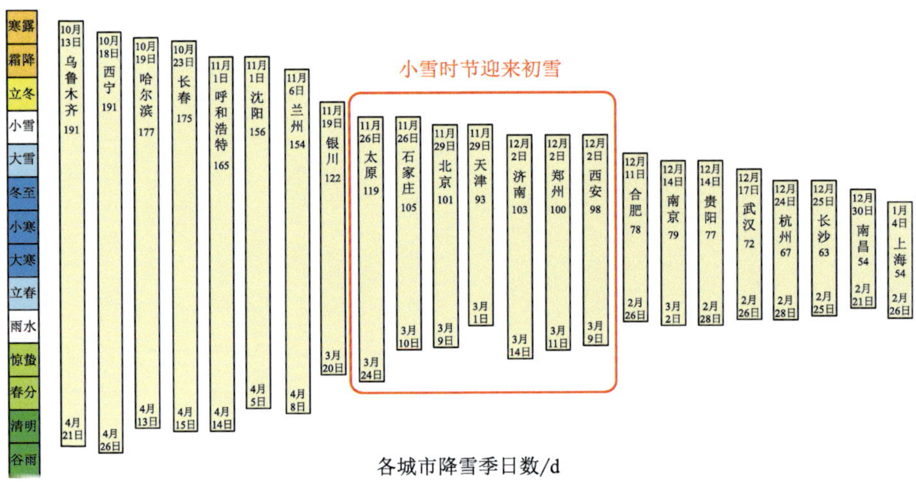

图 16　我国 1981—2010 年气候基准期部分城市的降雪季

（图中红框内城市在小雪时节迎来初雪）

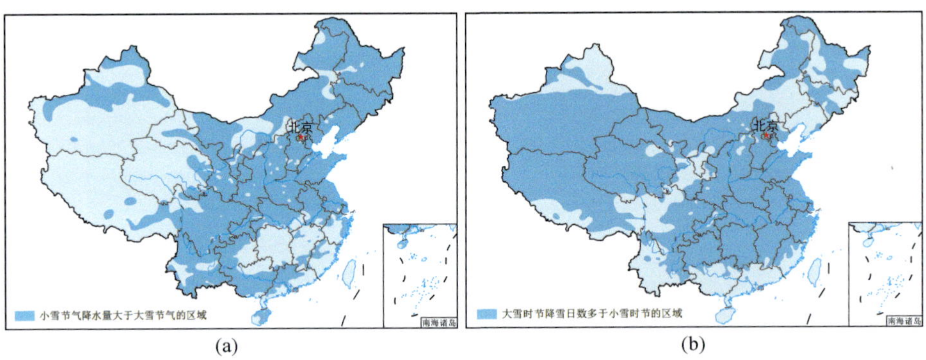

图 17　我国 1981—2010 年小雪时节比大雪时节降水量更大的区域(a)

和大雪时节比小雪时节降雪日数更多的区域(b)

关于小雪、大雪的代表性译法如表 13 所示。小雪、大雪节气中的“小”与“大”，与小暑、大暑、小寒、大寒节气中的“小”与“大”是不同的。小暑、大暑，分别是一年之中炎热程度的冠、亚军；小寒、大寒，分别是一年之中寒冷程度的“冠军”和“亚军”。其小与大，可译为 Minor 和 Major，以体现相对的主次之分。但小雪、大雪节气中的“大”，却不是一年之中降雪量（或降雪日数）最大的。一年之中降雪量（或降雪日数）最大的时段，通常是在小寒、大寒前后。因此，中国澳门译法和韩国译法中以 Minor 和 Major 表征“小”和“大”，不符合气候实际状况。

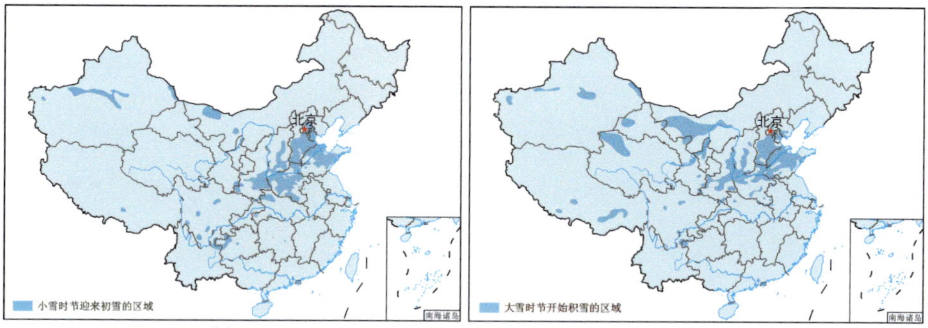

(a) (b)

图 18　我国 1981—2010 年平均首场降雪在小雪时节的区域(a)和平均首次积雪在大雪时节的区域(b)

而其他译文中的关键词，只比对了小雪和大雪之间降雪量或降雪日数的小与大，均不具备小雪节气开始下雪和大雪节气开始积雪的核心内涵。另外，英文 Light 和 Heavy 与现今的小雪、大雪的天气现象英译相对应，容易产生混淆。古人对于大雪节气的描述：“至此而雪盛矣。”[16]9 其盛，可以诠释为与小雪节气相比的降雪频次，也意味着开始进入积雪的时段。因此，小雪可译为 First Snowfall，大雪可译为 First Snow Cover，这样具有气候上的明确指向和限定性。

表 13　小雪、大雪节气的几种通行译法

版本	小雪	大雪
季理斐译法	Slight Snow	Great Snow
翟理斯译法、中国香港译法	Light Snow	Heavy Snow
卢公明译法	Little Snow	Great Snow
名词委译法、申遗译法	Light Snow	Heavy Snow
姚小平译法	Lesser Snow	Greater Snow
中国台湾译法	Lesser Snow	Great Snow
中国澳门译法、韩国译法	Minor Snow	Major Snow
日本译法	Snow a bit	Snow a lot

3.5 物候类节气：惊蛰、小满、芒种

第一，惊蛰。在中国最早的物候典籍《夏小正》中便有“正月启蛰”的说法[12]6。后来因避汉景帝刘启的名讳而改为惊蛰。“万物出乎震，震为雷，故曰惊蛰。是蛰虫惊而出走矣。”[16]5 惊蛰（启蛰）是指冬眠的结束。冬眠结束的主因是天气回暖，但也有春雷使蛰虫惊醒的信俗。

因此，在人们看来，蛰虫之醒，有因暖而（主动）苏醒之说，也有因雷而（被动）惊醒之说。关于惊蛰的代表性译法如表 14 所示。大多数译法，特指昆虫结束蛰伏冬眠状态，而没有泛指所有冬眠动物以及处于低代谢水平睡眠的动物，未能全面表征惊蛰所蕴含的物候状态。从这一点上看，名词委译法 Awakening from Hibernation，张君迟译法 Waking from Hibernation，是贴切的。但这两个版本不够简短，为了使各个节气的译名尽量简短且体现整体的序列感，我们在此基础上稍做改动，将惊蛰译为 Hibernator Awakens。

表 14 惊蛰节气的几种通行译法

版本	译法
季理斐译法	Waking of insects
翟理斯译法	Excited insects
中国香港译法	Insects waken
林语堂译法、申遗译法	Insects awaken
张君迟译法	Waking from Hibernation
韩国译法	Stirring of Insects
日本译法	Hibernating Insects Awaken
名词委译法	Awakening from Hibernation

第二，小满。小满，在传承的过程中，有阳气小满和籽粒小满、江河小满的不同语义。阳气小满指小满时节日照时数均值为全年最大（图 19a），籽粒小满、江河小满则指小满时节降水量为全年最大或次大

(图 19b)。在英译时,侧重表征泛指的谷物"物至于此小得盈满"[16]5。在此基础上,小满体现着以小麦为代表的谷物籽粒未满但将满的微妙分寸。小满的节气名,提示人们麦收即将开始。麦收的特点,如农谚所云:"九成熟,十成收;十成熟,一成丢。"也就是说,待到"大满"之时再收就晚了。因此,小满作为节气名,虽具有"未满"和"将满"的双重含义,但其指向是侧重"将满",而不是"未满"。

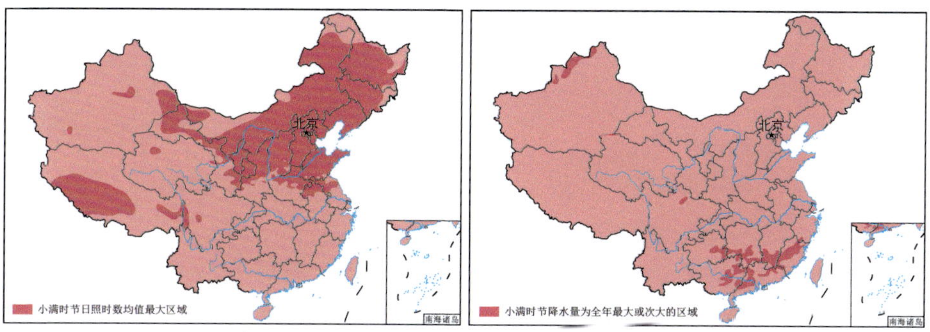

(a) (b)

图 19　我国 1981—2010 年小满时节日照时数均值为全年最大的区域(a)和小满时节降水量为全年最大或次大的区域(b)

"小满"的代表性译法如表 15 所示。林语堂版本和吴景荣版本对小满含义理解有误。香港天文台的译法为 Corn Forms,可以表征小满"物至于此小得盈满",但 Corn 也特指玉米,可能产生歧义。Unripe Grain 译法只表征了谷物"未熟",没有表征谷物未熟但将熟的特征。Grain Full 译法和 Grain Fills 译法体现的更像"大满"。Creatures Plentish 译法表征的是"万物丰饶",Growing Grain 译法表征的是成长之中,均过于宽泛,没有谷物籽粒将满的特定含义。Lesser Fullness 和 Lesser Fullness of Grain 译法较为接近,但仍未突出"将满"之义。且 Lesser Fullness of Grain 译法过于烦琐。

表 15　小满节气的几种通行译法

版本	译法
季理斐译法	Grain Full
翟理斯译法	Grain Fills

续表

版本	译法
林语堂译法	Grain Buds
吴景荣译法	Grain Budding
名词委译法、申遗译法	Lesser Fullness
姚小平译法	Lesser Fullness of Grain
张君迟译法	Unripe Grain
中国台湾译法	Little Fullness
中国香港译法	Corn Forms
日本译法	Creatures Plentish
韩国译法	Growing Grain

概括而言，原有的各个版本译法或侧重未满，或侧重已满，均未表征未满但将满的特定分寸和称谓指向。建议将“小满”译为 Fullness Approaches，以此提示麦之将熟，需要做好麦收的准备。另外南方部分地区“小满江河满”，译为“将满”也具有提示效应。

第三，芒种。就主粮物候而言，芒种是“麦收不可逾其时、稻种不可逾其时”的关键时节。这是农事最繁忙之时，故有“小满赶天，芒种赶刻”之说。在英译时，两三个词汇难以承载麦穗当收、稻秧当种的双重指向。芒种，“谓有芒之种谷可稼种矣”[16]5，其称谓指向性，应当是提示人们以水稻为代表的谷物应当开始播种了。如果以小满表征麦子的籽粒将满，以芒种作为“大满”，即麦子的籽粒全熟，既错过了对于麦收的最佳提示时间，又忽略了对于稻种的重视。即使出于对麦作和稻作重视的平衡性考量，也应当在“芒种”的英译中体现水稻等谷物的播种。“芒种”的几种通行版本的代表性译法如表 16 所示。

表 16　芒种节气的几种通行译法

版本	译法
季理斐译法	Grain in the Ear
翟理斯译法、卢公明译法、名词委译法、申遗译法	Grain in Ear

续表

版本	译法
中国香港译法	Corn on Ear
中国台湾译法	Husks of Grain
日本译法	Seeding Millet
韩国译法	Maturing Grain

Grain in Ear(意为“谷成于穗”)译法最为简洁,且具有共识。但其余大多数译法聚焦的是谷物的成熟与收获,并没有芒种“谓有芒之种谷可稼种矣”的指向。只有 Seeding Millet 译法表征了播种之义。芒种,应当前瞻性地聚焦稻谷播种:劝播。节气名及候应名如同立春鞭春牛劝耕一样,具有前瞻性的提示功能。而芒种时节的农事物候是种稻,更广义地说,是“谓有芒之种谷可稼种矣”。所以“芒种”英译的着眼点不应是麦之大满,而是稻之青秧。正如陆游诗云:“时雨及芒种,四野皆插秧。”[17]“芒种”的译法,最好能体现收获,也能体现播种。收且种,是芒种时节农事物候最核心的排他性特征。如果仅体现收获,无法区分此时的夏收与后续的秋收;如果仅体现播种,无法区分此时的夏种与之前的春种、其后的秋种。因此,芒种节气可译为 Harvesting and Sowing。

3.6 天气与物候复合类节气:清明、谷雨

第一,清明。“万物齐乎巽,物至此时皆以洁齐而清明矣。”[16]3 清明,气清景明,是兼容了天气现象和物候现象的节气。其原始语义中侧重天气清新明媚。但时值“句者毕出,萌者尽达”[18],即弯曲的芽儿皆破土,鲜嫩的叶儿初长成。万物皆显,草木新绿,是清明时节专属化的物候现象。清明节气的几种通行译法如表 17 所示。清明,虽有清新、明丽之意,但真实的清明时节的天气往往被称为“神鬼天”,降雨颇多(图 20)。南北朝时期《荆楚岁时记》在描述与清明时段相近的寒食节时有云:“去冬节一百五日,即有疾风甚雨谓之寒食。”[19] 宋代的葛长庚词云“清明也,尚阴晴莫准,蜂蝶休猜”[20],可见清明时节的天气

悬念丛生。将“清明”译为体现“气清景明”的 Clear and Bright 或 Pure Brightness，仅仅契合和暖而晴丽的北方地区，而南方正值盛行“牛筋风雨”时段。将“清明”译为 Fresh Green，这是英译历程中的一次重大创新，其本质是改变了以往英译以 Clear 和 Bright 对“清明”二字的刻意对应。将“清明”译为体现“万物皆显”的 Fresh Green，更具有物候意义上的普适性。日本也将阳春时节的倒春寒称为“新绿寒波”。以“新绿”表征清明，更为会意。

表 17　清明节气的几种通行译法

版本	译法
季理斐译法	Pure Brightness
翟理斯译法、日本译法、韩国译法	Clear and Bright
邝其照译法	Tomb Festival
张君迟译法	Clearness and Brightness
中国香港译法	Bright and Clear
名词委译法、非遗译法	Fresh Green

图 20　我国 1981—2010 年清明时节阴雨概率≥60％的区域

第二，谷雨。雨生百谷，谷雨也是同时具备天气现象和物候现象的节气。春季，土膏脉动，草木萌发。播谷之时，春雨如恩诏。这是草木最渴望雨水时的雨露。

在气候变化之前，以 1951—1980 年为例，在广义的二十四节气起源地区，谷雨时节的降水量既大于之前的清明时节，也大于其后的立夏时节（图 21）。也就是说，在返青的草木最渴望雨水的时候，恰好可以迎来丰沛的雨水。这是天气与物候的良性呼应，也是谷雨节气的要义所在。而谷雨节气衍生的文化内涵，是“天雨粟”。正如《淮南子·本经训》记载：“昔者苍颉作书，而天雨粟、鬼夜哭。”[21] 唐代张彦远在《历代名画记》中记载：“（有了文字之后）造化不能藏其密，故天雨粟；灵怪不能遁其形，故鬼夜哭。”[22] 自 2010 年起，谷雨节气被确定为“联合国中文日”，源于仓颉造字感动上苍，于是“天雨粟”的传说。这个传说，言说的是文化的价值，如同百谷若春雨般由天而降。

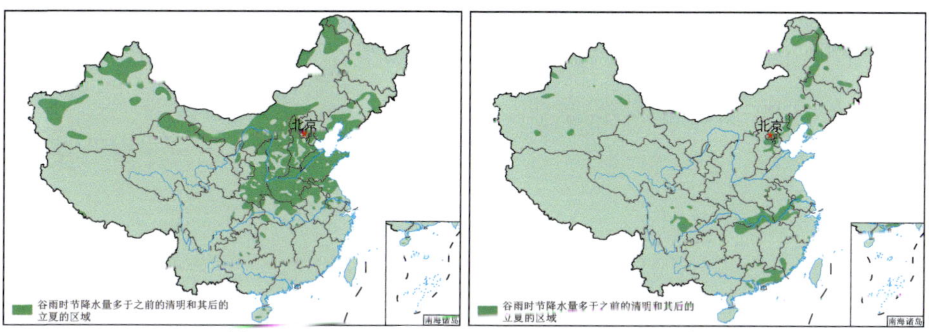

(a) (b)

图 21　我国不同气候基准期谷雨时节降水量大于清明和立夏的区域

(a)1951—1980 年；(b)1981—2010 年

“谷雨”的几种通行译法如表 18 所示，其中 Grain Rain 更能体现“雨生百谷”和“天雨粟”的双重指向。

表 18　谷雨节气的几种通行译法

版本	译法
季理斐译法、中国香港译法	Corn Rain
翟理斯译法	Grain Rains

续表

版本	译法
卢公明译法、吴景荣译法、名词委译法、申遗译法、韩国译法	Grain Rain
日本译法	Wheat Rain

4 对二十四节气英文译名序列的总体构思

二十四节气是蕴含科学的文化，其译名应当体现二十四节气所具有的文化与科学的丰富意蕴，既具有文化品位，也具有科学品质，并且在充分尊重历史源流的基础上进行改进和修订。二十四节气是人类非物质文化遗产，其译名应当体现国际性，应充分借鉴受中华节气文化熏陶的国家或地区的译名及通识，并充分考虑译名在非节气文化区的理解与认同。因此，本文设定了英文译名序列的三个原则。

(1)词汇尽可能简洁，尽量不超过 2 个单词。如芒种节气必须兼顾夏收和夏种的双重农事物候，译为 Harvesting and Sowing；大雪节气需要突出“首次积雪”的气候特征，译为 First Snow Cover。其他节气名都是 2 个英语单词。

(2)尽可能体现其气候或物候的最本质内涵。如雨水节气译为 First Rainfall，更契合气候，以及“始雨水”的古意；小满节气译为 Fullness Approaches，更贴切地表征了谷物籽粒未满但将满的指向；芒种节气译为 Harvesting and Sowing，更全面地兼顾了夏收与夏种在该时段的叠合；处暑节气译为 Heat Withdraws，更准确地体现暑热止息不是突变而是渐变的气候特征；小雪节气译为 First Snowfall、大雪节气译为 First Snow Cover 比笼统以 Light Snow 和 Heavy Snow 来描述降雪量的大小更准确，也更凸显真实的气候状态。

(3)使节气称谓体系具有规范的整体序列感。如四个“立”都译为 Begins；刻画寒暑的两组“小”与“大”，都译为 Minor 和 Major；雨水、霜降、小雪、大雪，都以 First 表征，对应初雨、初霜、初场降雪、初次积雪，更清晰地刻画特定天气现象的起始时段。“二至”“二分”，都对应英语中的专有词汇 Solstice 和 Equinox。

基于以上原则，笔者遴选和修订了二十四节气英文译名序列，见表 19。

表 19 笔者遴选和修订的二十四节气英文译名序列

季节	节气名	英译名
春季	立春	Spring Begins
	雨水	First Rainfall
	惊蛰	Hibernator Awakens
	春分	Spring Equinox
	清明	Fresh Green
	谷雨	Grain Rain
夏季	立夏	Summer Begins
	小满	Fullness Approaches
	芒种	Harvesting and Sowing
	夏至	Summer Solstice
	小暑	Minor Heat
	大暑	Major Heat
秋季	立秋	Autumn Begins
	处暑	Heat Withdraws
	白露	White Dew
	秋分	Autumn Equinox
	寒露	Cold Dew
	霜降	First Frost
冬季	立冬	Winter Begins
	小雪	First Snowfall
	大雪	First Snow Cover
	冬至	Winter Solstice
	小寒	Minor Cold
	大寒	Major Cold

总之，二十四节气的英文译名，是二十四节气文化与科学传播的

重要载体。二十四节气译名体系要秉持“信达雅”的原则，译名体现专名化、单义性。尊重节气称谓的古意和逻辑，表征节气时段的气候或物候特征和指向，并体现文辞的简洁与优美以及整体性。

致谢

国家图书馆外文采编部主任顾犇、故宫出版社编辑部主任王冠良、台湾“中国文化大学”大气科学系主任曾鸿阳教授、北京大学中文系陈连山教授、日本Weather News Inc. 赵晓娜等在节气译文资料方面提供了宝贵的帮助。此间，二十四节气保护传承牵头单位——中国农业博物馆二十四节气研究中心唐志强研究员、张建军博士，中国中央广播电视总台英语播音员 Bo-Yee Poon 和潘一可参与了英译版本的遴选和修订工作。信欣、付靖怡绘制了本文的气候图形①。在此，一并致谢。

参考文献

[1] GREAVES J. Epochae Celebriores, Astronomis, Historicis, Chronologis, Chataiorvm, Syro-Graecorvm Arabvm, Persarvm Chorasmiorvm, Usitatae Ex Traditione Vlvg Beigi, Indiae Citra Extraque Gangem Principis [M]. J. Flesher, 1650.

[2] MARTINI M. Novus Atlas Sinensis [M]. Trento:Museo Tridentino di Scienze Naturali, 1981.

[3] MORRISON R. A Dictionary of the Chinese Language in the three parts: Part the third, consistng of the English and Chinese [M]. Macao: The honorable East India Company, 1822.

[4] 邝其照，内田庆市，沈国威. 字典集成 [M]. 北京：商务印书馆，2016.

①信欣，副研级高级工程师，华风气象传媒集团气象影视有限公司气象服务副首席，主要研究方向为二十四节气与气候变化分析。

[5] STENT G C. A Chinese and English Vocabulary in the Pekinese Dialect [M]. Shanghai: The Customs Press, 1871.
[6] MACGILLIVRAY D. A Mandarin-Romanized dictionary of Chinese [M]. Shanghai: Presbyterian Mission Press, 1911.
[7] LOBSCHEID W. English and Chinese Dictionary, with the Punti and Mandarin Pronunciation [M]. Hong Kong: "Daily Press" Office, 1866-1869.
[8] Giles H A. A Chinese-English Dictionary Preface [M]. Shanghai: Kelly and Walsh, 1912.
[9] MATHEWS R H. A Chinese-English Dictionary: Compiled for the China Inland Mission [M], Shanghai: China Inland Mission and Presbyterian Mission Press, 1931.
[10] 吴景荣. 汉英词典 [M]. 北京：商务印书馆，1978.
[11] 天文学名词审定委员会. 天文学名词 [M]. 北京：科学出版社，1987.
[12] 戴德，李调元. 夏小正笺 [M]. 北京：商务印书馆，1937.
[13] 李昉. 太平御览(第一册) [M]. 上海：上海古籍出版社，2008.
[14] 彭定求. 全唐诗（增订本）[M]. 陈尚君，补辑. 北京：中华书局，1999.
[15] 黄晖. 论衡校释 [M]. 北京：中华书局，2018.
[16] 吴澄. 月令七十二候集解 [M]. 北京：中华书局，1985.
[17] 北京大学古文献研究所. 全宋诗 [M]. 北京：北京大学出版社，1998.
[18] 陈澔，金晓东. 礼记 [M]. 上海：上海古籍出版社，2016.
[19] 宗懔. 荆楚岁时记 [M]. 杜公瞻，注. 姜彦稚，辑校. 北京：中华书局，2018.
[20] 唐圭璋. 全宋词 [M]. 北京：中华书局，1965.
[21] 刘安. 淮南子 [M]. 陈广忠，译注. 上海：上海古籍出版社，2017.
[22] 张彦远，秦仲文，黄苗子. 历代名画记 [M]. 北京：人民美术出版社，2016.

附表

七十二候英文译名序列

节气	候应	英译
春季节气		
立春	一候：东风解冻	Start thawing
	二候：蛰虫始振	Hibernant awakens
	三候：鱼陟负冰	Fish emerges from thawing ice
雨水	一候：獭祭鱼	Otter holds fish as a trophy
	二候：候雁北	Swan goose flies north
	三候：草木萌动	Vegetation sprouts
惊蛰	一候：桃始华	Mountain peach begins to bloom
	二候：仓庚鸣	Oriole begins to sing
	三候：鹰化为鸠	Cuckoo is seen instead of eagle
春分	一候：玄鸟至	Swallow arrives
	二候：雷乃发声	First thunder
	三候：始电	First lightning
清明	一候：桐始华	Empress tree begins to bloom
	二候：田鼠化为鴽	Quail is seen instead of vole
	三候：虹始见	First rainbow
谷雨	一候：萍始生	Hydrophyte begins to grow
	二候：鸣鸠拂其羽	Cuckoo begins to sing
	三候：戴胜降于桑	Hoopoe falls on the mulberry trees with lush leaves
夏季节气		
立夏	一候：蝼蝈鸣	Mole cricket chirps
	二候：蚯蚓出	Earthworm crawls out of the ground
	三候：王瓜生	Vine flourishes

续表

节气	候应	英译
小满	一候:苦菜秀	Sow-thistle begins to bloom
	二候:靡草死	Slender grass withers
	三候:麦秋至	Wheat is about to ripen
芒种	一候:螳螂生	Mantis hatches
	二候:鵙始鸣	Shrike begins to tweet
	三候:反舌无声	Mockingbird falls silent
夏至	一候:鹿角解	Antler sheds
	二候:蝉始鸣	Cicada begins to chirp
	三候:半夏生	Crow-dipper begins to grow
小暑	一候:温风至	Hot wind reach its peak
	二候:蟋蟀居壁	Cricket hides in the shade
	三候:鹰始挚	Eyas learns hunting
大暑	一候:腐草为萤	Fireflies twinkle on rotten grass
	二候:土润溽暑	Land is soaked in a sauna
	三候:大雨时行	Downpour prevails
秋季节气		
立秋	一候:凉风至	Cool breeze blows
	二候:白露降	Mist hangs in the air
	三候:寒蝉鸣	Bleak chirp of cicada predicts autumn
处暑	一候:鹰乃祭鸟	Eagle puts down birds as a trophy
	二候:天地始肃	Everything turns to solemn
	三候:禾乃登	Grain is about to ripen

续表

节气	候应	英译
白露	一候：鸿雁来	Swan goose flies south
	二候：玄鸟归	Swallow departs
	三候：群鸟养羞	Birds are busy for winter storage
秋分	一候：雷始收声	No more thunders
	二候：蛰虫坯户	Insect seals its burrow
	三候：水始涸	River bank starts drying up
寒露	一候：鸿雁来宾	Swan goose rests shortly when heading south
	二候：雀入大水为蛤	Clam is seen instead of bird
	三候：菊有黄华	Golden chrysanthemum begins to bloom
霜降	一候：豺乃祭兽	Jackal puts down beasts as a trophy
	二候：草木黄落	Vegetation withers
	三候：蛰虫咸俯	Insect falls into hibernation
冬季节气		
立冬	一候：水始冰	Water begins to freeze
	二候：地始冻	Land begins to freeze
	三候：雉入大水为蜃	Big clam is seen instead of pheasant
小雪	一候：虹藏不见	No more rainbows
	二候：天气上腾，地气下降	Convection vanishes
	三候：闭塞而成冬	Land freezes completely
大雪	一候：鹖鴠不鸣	Flying Squirrel falls silent
	大雪二候：虎始交	Tiger starts courtship
	大雪三候：荔挺出	Hardiest grass sprouts

续表

节气	候应	英译
冬至	一候：蚯蚓结	Earthworm bends upward
	二候：麋角解	Elk antler sheds
	三候：水泉动	Ice-covered spring itches to surge
小寒	一候：雁北乡	Swan goose heads north
	小寒二候：鹊始巢	Magpie begins to nest
	小寒三候：雉始雊	Pheasant starts a mating call
大寒	一候：鸡始乳	Hen begins to hatch eggs
	二候：征鸟厉疾	Falcon becomes sharp
	三候：水泽腹坚	Ice layer is completely solid

节气尺度刻画植物物候的数学意义

李文静[1]，宋英杰[1]，隋伟辉[1]，周雅娟[2]

（1 中国天气·二十四节气研究院，北京 100081；2 华风气象传媒集团，北京 100081）

摘要： 利用1931—1982年间时长不等的北京、西安、洛阳、杭州、广州5个城市自然历，归类物候类别并计算多年变幅均值，分析植物类物候在自然时序中的优越性；同时利用北京1963—2012年近50种植物不同物候期的资料和812—2021年日本京都樱花满开日期资料，分析研究不同时间尺度在界定植物类物候方面的精准度和数学意义。结果发现：植物类物候在自然时序中的定时功能显著优于动物类和环境类，尤其是农作物物候因有应时间节律种植的人为活动决定其生长时间而最具规律性。“四时八节”、月、节气均可作为界定农作物和自然植物物候的时间尺度，节气尺度是更精细界定农作物和自然植物物候的最优尺度。节气尺度是框定农作物多年变动天数的最小尺度，这是节气尺度在界定农作物物候上的数学意义。节气尺度下，半数以上自然植物在萌芽、展叶、开花、叶变色、落叶物候期的集中出现频率能超过60%的“及格线”，这是节气尺度在界定自然植物物候上的数学意义。节气尺度是自然植物花事物候集中出现概率满足正态分布的±1σ天数的最精准尺度，这是节气尺度在界定自然植物花事物候上的数学意义。

关键词： 物候；多年变幅均值；尺度；节气尺度；正态分布

1 引言

物候是自然界中的生物和非生物因受到气候、环境等因素的影响而在不同时节出现的各种自然现象。物候的研究对象非常广泛，主要可分为三类：一是动物，如候鸟、昆虫及其他动物的迁移、始鸣、终鸣、始见、绝见等；二是植物，如植物的萌芽、展叶、开花、结实、落叶等，农作物的播种、出苗、成熟、收获等；三是环境的自然现象，如初雷、初雪、终雪、初霜、终霜及河湖的封冻、融化等[1-3]。当古人开始认识到动物的繁衍迁徙、植物的生长成熟与不同时节的气候环境变化相联系时，就产生了物候知识体系，于是古人利用物候的知识体系来进行种植生产活动[1]。中国是世界上最早记录物候的国家，早在3000年前，我国的物候观测内容已经很丰富了，而且记载中物候与农事并列，反映了我国物候知识的发展从开始起就和农业生产的需要紧密结合在一起[4]。

物候是不同时节变化的重要表征，先民们对自然界中时间周期的认识，与对物候现象的长期观察紧密相连。人们正是从草木枯荣、动物迁徙、河冻河开等周期现象中，逐步探索到1年的长度[4]。以物候定时节，以时节安排农事活动，由此产生了四季、十二月、二十四节气、七十二候等服务于农业生产的时间周期知识体系。早在商代甲骨卜辞上，已记载有四方风与四时祭祀的关系，反映了殷商人对“二分”“二至”四节及对应物候现象的认识[5]。《尚书·尧典》中的“日中”“日永”“宵中”“日短”，一般被认为就是春分、夏至、秋分、冬至四气，是最早有记录的“二分”“二至”[6]。周秦之际，人们又发展出八方、八风、八节的关系体系，成为当时观象授时、确定岁时节令和民众生活的主要时间维度。《左传·僖公五年》记载：“凡分至启闭必书云物，为名故也。”历来注疏都认为“分至启闭”就是指“二分”“二至”“四立”这八个节气[7-9]。从四节到八节，反映的是先秦时期人们对日常生活中气候环境和时间节奏的认识与把握。到西汉初年《淮南子·天文训》时，

15 d为一时段的二十四节气得以制度化，《逸周书·时训解》更进一步以七十二候来记物候，更加精细地表征动植物周期性、气候与节令的关系[10-11]。同时，月令时间体系，也是中国先民从上古时代在物候、气候认知和把握基础上，逐渐衍生出一个完整的时间节律体系[12-14]。从《诗经·七月》《夏小正》到《吕氏春秋·十二纪》与《礼记·月令》，再到《四民月令》及后世的《农桑衣食撮要》等，均是按各月的物候节令记录了相关的农事活动，从植物到动物，各种指示巨细备载[15-16]。节气和月令等时间体系思想，源于物候纪时，与农业生产和农业社会生活密不可分，衍生出来的传统时令节日体系不断丰富、发展。到今天，我们的各类时令节日及风俗习惯依然在传承和发展，以物候节令定农时的习惯、世代相传的农时谚语也依然在流传。掌握好时间尺度对大自然物候的影响规律，对于当今农时预报、园林建设、生态环境监测与保护、气候变化趋势预测等具有重要的理论和现实意义。

本文基于当代物候观测资料，研究自然界中不同物候类别的时序优越性，以及植物物候的分布规律特征；研究“四时八节”、月、节气、旬、候（45 d、30 d、15 d、10 d、5 d）的不同时间尺度界定植物物候的精准度，同时分析阐释节气尺度在界定农作物、自然植物物候中的数学意义。

2 资料与方法

2.1 数据资料

在研究自然界中不同物候类别的时序优越性中，本文参考了宛敏渭的《中国自然历选编》，以北京、西安、洛阳、杭州、广州5个城市为例，挑选各城市自然历中的物候现象、多年变幅等数据进行整理分析，5个城市物候观测记录在1931—1982年间时长不等，各城市的物候观测现象种类、数目不尽相同（表1）[17]。

表 1　1931—1982 年北京、西安、洛阳、杭州、广州各类物候现象观测年份和观测数目

城市	观测起讫年份	环境类/项	植物类		动物类/项
			农作物/项	自然植物/项	
北京	1931—1982	11	23	330	16
西安	1962—1982	11	12	519	10
洛阳	1963—1982	12	26	403	14
杭州	1962—1982	6	18	196	—
广州	1964—1982	7	2	208	—

在研究自然植物物候的分布规律以及不同时间尺度在界定植物物候的精准度过程中，本文选取了北京 1963—2012 年观测年份在 10 年以上的近 50 种木本植物的不同物候期的数据资料。数据来源于国家科技基础条件平台——国家地球系统科学数据（http://www.geodata.cn）的中国物候观测网北京站点典型植物物候观测数据（1963—2008 年）、北京站点木本植物物候观测数据（2009—2012 年）数据集。物候数据分为 18 个典型物候期，物候期的相关概念均按宛敏渭、刘秀珍所著的《中国物候观测方法》界定，将其归类为萌动期、展叶期、开花期、果实期、叶秋季变色期、落叶期（图 1）[18]。

<table>
<tr><td>叶芽开始膨大期</td><td>叶芽开放期</td><td>花芽开始膨大期</td><td>花芽开放期</td><td>开始展叶期</td><td>展叶盛期</td><td>花序或花蕾出现期</td><td>开花始期</td><td>开花盛期</td><td>开花末期</td><td>第二次开花期</td><td>果实成熟期</td><td>果实脱落开始期</td><td>果实脱落末期</td><td>叶开始变色期</td><td>叶全部变色期</td><td>开始落叶期</td><td>落叶末期</td></tr>
<tr><td colspan="4">萌动期</td><td colspan="2">展叶期</td><td colspan="5">开花期</td><td colspan="3">果实期</td><td colspan="2">叶秋季变色期</td><td colspan="2">落叶期</td></tr>
</table>

图 1　植物观测中的典型物候期

在研究节气尺度界定植物物候的精准度过程中，同时选取目前已知世界上最长的物候观测序列——日本京都樱花满开日期（即开花盛期）作为典型实例进行研究，数据来源于日本大阪府立大学绿地环境

科学系青野靖之准教授及网站的部分补充[19-20]。数据观测自 812 年开始至 2021 年，期间存在部分年份缺测，实际观测年份数为 833 年。

2.2 研究方法

在研究自然界中不同物候类别的时序精准度过程中，对北京、西安、洛阳、杭州、广州 5 个城市自然历中的物候现象、多年变幅等数据进行整理，并将物候现象按照环境、植物、动物三大类别进行归类，计算不同类别下物候现象出现时间的多年变幅平均值，进一步将植物按照农作物、自然植物进行细分归类，再分别计算它们的多年变幅平均值。

在研究自然植物物候的分布规律以及不同时间尺度在界定自然植物物候的精准度过程中，利用 IBM SPSS Statistics 21 软件，对北京近 50 种植物的 18 个物候期进行逐一的描述统计，得到有效年数、平均值、标准差、偏度、偏度的标准误、峰度、峰度的标准误等统计量，再计算偏度 Z-score 评分（Z-score＝偏度值/偏度值的标准误）、峰度 Z-score 评分（Z-score＝峰度值/峰度值的标准误）。通过夏皮洛—威尔克（Shapiro-Wilk，S-W）检验法（显著性概率 Sig 值＞0.05）、偏度和峰度 Z 评分检验（Z-score 绝对值＜1.96）的正态检验方法，再结合正态 Q-Q 图对比分析，得到各物候期服从正态分布的植物。计算各物候期服从正态分布的植物数目及植物数目占比。

3 研究内容

3.1 植物类物候在自然时序中的优越性

表 2 为北京、西安、洛阳、杭州、广州 5 个城市环境类、植物类（自然植物和农作物）、动物类物候现象的多年变幅均值。可以看出，植物类的物候现象多年变幅均值最小，说明植物类物候的出现时间在自然界中的变动幅度最小、最为稳定和准时。

表 2 1931—1982 年北京、西安、洛阳、杭州、广州各类物候现象的多年变幅均值

单位:d

城市	环境类	植物类	动物类
北京	38.4	22.9	39.7
西安	51.2	20.4	41.3
洛阳	51.1	28.4	43.4
杭州	42	15.2	—
广州	47.3	19.8	—

3.2 节气尺度在界定农作物物候中的数学意义

植物类的物候观测,可根据其人工、自然属性细分为农作物和自然植物两类物候,如冬小麦拔节、春玉米播种等可归为农作物的物候现象,山桃始花、杏树叶初黄等可归为自然植物的物候现象。表 3 具体细分了农作物、自然植物物候现象的多年变幅平均值,可以看出,农作物对自然时序的定时功能优于自然植物,其多年变幅均值在各物候类别中为最小,物候出现时间最具有稳定性和规律性。

表 3 1931—1982 年北京、西安、洛阳、杭州、广州农作物和自然植物物候现象的多年变幅均值

单位:d

城市	农作物	自然植物
北京	15.9	23.4
西安	16.3	20.5
洛阳	25.1	28.6
杭州	11.7	15.5
广州	5.5	20.9

北京、西安、杭州、广州 4 个城市农作物物候的多年变幅均值基本

在节气尺度(15 d)内或在节气尺度附近。进一步对《中国自然历选编》中所有14个省(自治区、直辖市)共21个城市的293项农作物物候观测的多年变幅进行统计也可看出,多年变幅在旬尺度外、节气尺度内(11～15 d)的物候观测有83项,是不同时间尺度中出现最多的(表4)。候尺度可框定的多年变幅占农作物类项的8.9%、旬尺度可框定的占32.1%、节气尺度占60.4%(恰好"及格")、月尺度占93.9%、"四时八节"尺度可框定100%。如果以占比"及格"来看,意味着"四时八节"、月、节气均可以作为界定农作物物候的时间尺度,而旬、候尺度并不能涵盖农作物物候时间的变动幅度。

表4　1931—1982年我国14个省(自治区、直辖市)共21个城市的农作物物候现象多年变幅在不同时间尺度的数目及占比

多年变幅天数的时间尺度	总计	候尺度	候尺度外、旬尺度内	旬尺度外、节气尺度内	节气尺度外、月尺度内			月尺度外、"四时八节"尺度内
		≤5 d	6～10 d	11～15 d	16～20 d	21～25 d	26～30 d	31～45 d
观测数目/项	293	26	68	83	47	32	19	18
数目占比/%	100	8.9	23.2	28.3	16.0	10.9	6.5	6.1

相比之下,节气尺度是可以框定农作物物候多年变幅的最小时间尺度,这是节气尺度在界定农作物物候上的数学意义。中国古人以节气时段严谨对应农候,正是因为深谙其理。

3.3 节气尺度在界定自然植物物候中的数学意义

农作物的物候规律性最强,其次就是自然植物。但农作物的物候属性要两方面看待,一是与其他物候相同,其生长周期对环境会形成

差异响应，这是自然属性；二是农作物物候期经过了基于气候节律的人工校准，使农作物物候期的多年变幅限定在节气尺度，这是它独有的人为属性。因此，当我们只聚焦自然属性时，自然植物的物候规律性出现时间相对最稳定，也能体现出对自然时序的定时功能。但从表3看，自然植物的多年变幅均值多数都超出了节气尺度，这样节气尺度还能用来界定自然植物的物候吗？又是什么时间尺度在界定自然植物物候中最优呢？我们以北京植物1963—2012年共50年的物候为例，具体分析每一个物候期，探究自然植物的物候规律和最优界定尺度。

我们设定一条“及格线”为出现时间频率60%，看植物物候的集中出现时间能超过“及格线”的最小时间尺度是什么。统计北京物候观测超过10年的植物，计算每个植物在各物候期的平均出现时间（平均值），以平均值为中心，分别计算植物在候、旬、节气、月、“四时八节”时间尺度内物候出现的频率，统计各物候期的候、旬、节气、月、“四时八节”内频率超过“及格线”的植物数目及其占比，结果见表5，可以得出以下结论。

（1）几乎所有植物在“四时八节”尺度、月尺度下物候集中出现时间频率都能超出“及格线”。这也可能是古人从“四时”发展到“四时八节”、月令时间体系的物候逻辑。

（2）超过半数植物在萌芽、展叶、开花、叶秋季变色、落叶物候期，可由更精细的节气尺度来界定。在上述物候期中，有半数以上植物的物候集中出现频率能达到“及格线”。

（3）旬尺度和候尺度作为界定物候的尺度精准度较低，旬尺度下物候集中出现时间能达“及格线”的植物数普遍不足一半，候尺度下能达“及格线”的植物几乎不存在。由此可见，以候为时间尺度的古代七十二候候应，精准度较低，这也是七十二候延续至今流传度不高的原因之一。

表 5　1963—2012 年北京植物物候 60%以上出现时间集中在候、旬、节气、月、“四时八节”尺度内的植物数目及其占比（以平均值中心）

物候期		观测在10年以上的植物数目/种	候尺度		旬尺度		节气尺度		月尺度		“四时八节”尺度	
			植物数目/种	植物占比/%	植物数目/种	植物占比/%	植物数目/种	植物占比/%	植物数目/种	植物占比/%	植物数目/种	植物占比/%
萌芽期	叶芽开始膨大期	49	0	0	3	6.1	16	32.7	46	93.9*	49	100*
	叶芽开放期	49	0	0	9	18.4	35	71.4*	49	100*	49	100*
	花芽开始膨大期	13	0	0	5	38.5	10	76.9*	12	92.3	13	100*
	花芽开放期	7	0	0	4	57.1	6	35.7*	7	100*	7	100*
展叶期	开始展叶期	49	1	2	6	12.2	31	63.3*	49	100*	49	100*
	展叶盛期	49	0	0	1	2.0	19	38.8	49	100*	49	100*
开花期	花序或花蕾出现期	48	0	0	3	6.3	19	39.6	48	100*	48	100*
	开花始期	48	0	0	24	50.0	40	83.3*	48	100*	48	100*
	开花盛期	48	0	0	19	39.6	40	83.3*	48	100*	48	100*
	开花末期	48	0	0	22	45.8	40	83.3*	47	97.9*	47	97.9*
	第二次开花期	2	0	0	0	0	0	0	0	0	2	100*

续表

物候期		观测在10年以上的植物数目/种	候尺度		旬尺度		节气尺度		月尺度		“四时八节”尺度	
			植物数目/种	植物占比/%	植物数目/种	植物占比/%	植物数目/种	植物占比/%	植物数目/种	植物占比/%	植物数目/种	植物占比/%
果实期	果实成熟期	15	0	0	3	20.0	3	20.0	9	60.0*	11	73.3*
	果实脱落开始期	9	0	0	3	33.3	4	44.4	6	66.7*	8	88.9*
	果实脱落末期	3	0	0	1	33.3	3	100*	3	100*	3	100*
叶秋季变色期	叶开始变色期	46	0	0	3	6.5	13	28.3	46	100*	46	100*
	叶全部变色期	45	0	0	15	33.3	37	82.2*	45	100*	45	100*
落叶期	开始落叶期	46	0	0	4	8.7	30	65.2*	46	100*	46	100*
	落叶末期	46	0	0	21	45.7	41	89.1*	46	100*	46	100*

注：* 表示有超过半数植物的物候出现时间60%以上都集中在该时间尺度列。

以上结论表明，和农作物相同，在自然植物中，多数植物能采用“四时八节”、月、节气尺度来准确界定物候，但旬、候尺度能准确界定物候的植物数目不多。其中，节气尺度是界定植物萌芽、展叶、开花、叶秋季变色、落叶物候期的最精准尺度。节气尺度下，半数以上植物在上述物候期集中出现频率能超过60%“及格线”，这是节气尺度在界定自然植物物候中的数学意义。

3.4 节气尺度在界定自然植物花事物候中的数学意义

进一步分析北京1963—2012年中物候观测超过10年的植物发现，大部分植物的物候出现时间呈现正态分布规律，即植物物候的出现频率随着时间的推移呈现先增大后减少的趋势。各物候期中，服从正态分布的植物数目和植物数目占比见表6。可以看出，除花序或花蕾出现期、果实脱落开始期、叶全部变色期、落叶末期外，在萌芽、展叶、开花、果实、叶秋季变色、落叶的物候期内，均有80%以上的植物物候出现时间符合正态分布。

植物受气象、环境、自身等因素影响，每年的物候出现时间有早晚差异，多年来物候时间是否稳定，可以通过标准差σ来衡量。而对于符合正态分布规律的植物，在平均值μ前后的± 1个标准差σ范围内，正态曲线下的面积恰为出现时间的概率为68.27%，即在$[\mu-\sigma,\mu+\sigma]$时间区间内，植物物候出现的概率能达68.27%。我们把出现频率的60%(及格线)扩大到正态分布$[\mu-\sigma,\mu+\sigma]$的概率68.27%，以此进一步研究时间界定尺度，即把出现在$[\mu-\sigma,\mu+\sigma]$内的概率68.27%定义为植物物候的集中出现期，也就是可以用$[\mu-\sigma,\mu+\sigma]$的天数(简称$\pm 1\sigma$)作为判定植物物候集中期的时间尺度界定标准。

以符合正态分布的北京板栗、榆叶梅、黄栌的开花始期物候举例，开花始期出现时间(日序)的频率分布和正态曲线如图2，三种植物的标准差σ分别为4.792、6.168、7.42，其$\pm 1\sigma$的天数均在旬—节气尺度。

表 6　1963—2012 年北京植物各物候期出现时间服从正态分布检验的植物数目及其占比

物候期		观测在 10 年以上的植物数目/种	s-w 检验 服从正态分布（Sig. ＞0.05）		偏度 Z-score 评分 服从正态分布（Z-score 绝对值＜1.96）		峰度 Z-scor 评分 服从正态分布（Z-score 绝对值＜1.96）	
			植物数目/种	植物占比/%	植物数目/种	植物占比/%	植物数目/种	植物占比/%
萌芽期	叶芽开始膨大期	49	40	81.6*	44	89.8*	48	98.0*
	叶芽开放期	49	44	89.3*	46	93.9*	45	91.8*
	花芽开始膨大期	13	12	92.3*	12	92.3*	12	92.3*
	花芽开放期	7	7	100*	6	85.7*	5	71.4
展叶期	开始展叶期	49	44	89.8*	45	91.8*	47	95.9*
	展叶盛期	49	41	83.7*	47	95.9*	46	93.9*
开花期	花序或花蕾出现期	48	32	66.7	32	66.7	41	85.4*
	开花始期	48	39	81.3*	44	91.7*	42	87.5*
	开花盛期	48	40	83.3*	43	89.6*	44	91.7*
	开花末期	48	36	75.0	41	85.4*	41	85.4*
	第二次开花期	2	2	100*	2	100*	2	100*

续表

物候期		观测在10年以上的植物数目/种	s-w检验 服从正态分布 (Sig.＞0.05)		偏度Z-score评分 服从正态分布 (Z-score绝对值＜1.96)		峰度Z-scor评分 服从正态分布 (Z-score绝对值＜1.96)	
			植物数目/种	植物占比/%	植物数目/种	植物占比/%	植物数目/种	植物占比/%
果实期	果实成熟期	15	12	80.0*	13	86.7*	14	93.3*
	果实脱落开始期	9	5	55.6	5	55.6	5	55.6
	果实脱落末期	3	3	100*	3	100*	2	66.7
叶秋季变色期	叶开始变色期	46	32	69.6	35	76.1	39	84.8*
	叶全部变色期	45	30	66.7	32	71.1	34	75.6
落叶期	开始落叶期	46	37	80.4*	37	80.4*	36	78.3
	落叶末期	46	33	71.7	35	76.1	37	80.4*

注：* 表示检验为服从正态分布的植物数目占比超过80%。

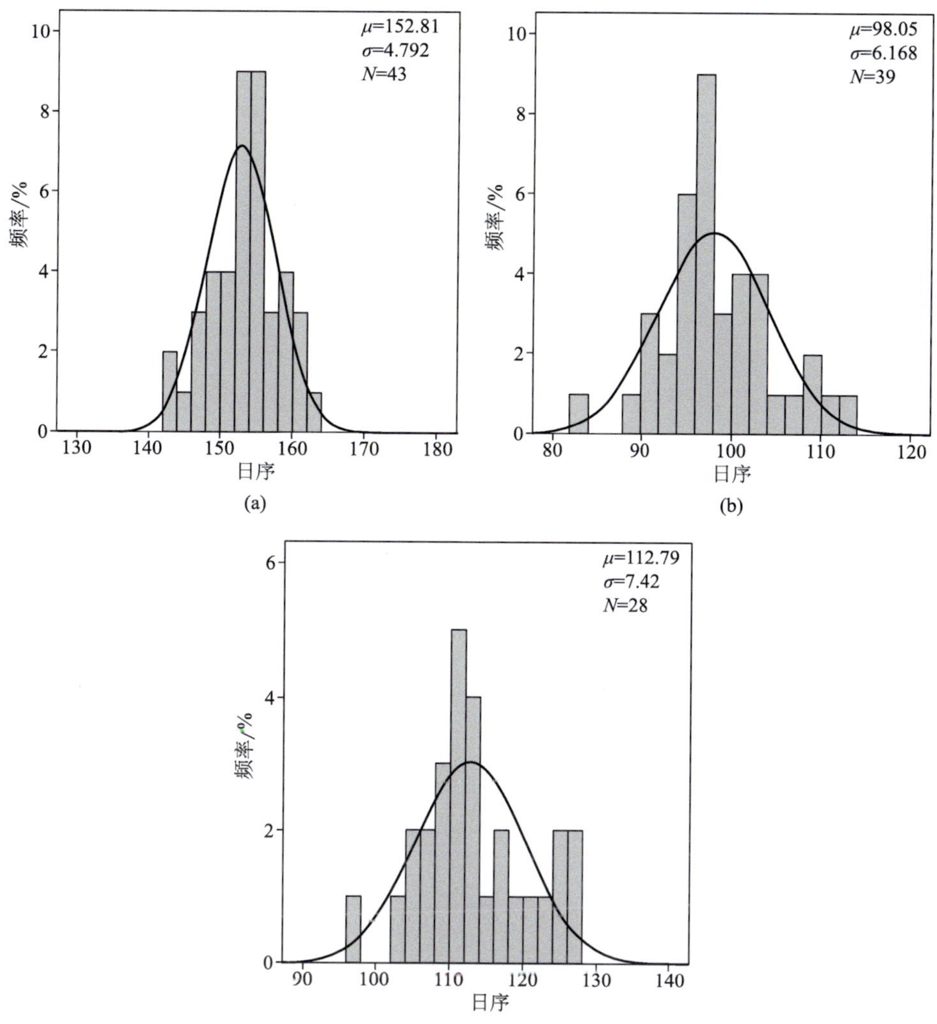

图 2　1963—2012 年北京板栗(a)、榆叶梅(b)、黄栌(c)开花始期出现时间的频率分布

在所有服从正态分布的植物中，计算各物候期中每个植物的 $\pm 1\sigma$ 天数，进一步计算 $\pm 1\sigma$ 天数在候、旬、节气、月、“四时八节”尺度内的植物数目占比(表 7)。可以看出，“四时八节”尺度内基本包含了所有物候期植物的 $\pm 1\sigma$ 天数，这与采用“及格线”得到的结论一致。此外，“四时八节”尺度对于果实脱落有一定的界定意义，但因物候观测记录年份和植物数目较少，结果的准确度有待进一步证实。

表 7　1963—2012 年北京各物候期服从正态分布植物中 $\pm 1\sigma$ 天数在候、旬、节气、月、“四时八节”尺度中的植物数目占比

物候期		服从正态分布的植物数目/种	候尺度内（Day* ≤5）植物占比/%	候尺度外、旬尺度内（5<Day ≤10）植物占比/%	旬尺度外、节气尺度内（10<Day ≤15）植物占比/%	节气尺度外、月尺度内（15<Day ≤30）植物占比/%	月尺度外、“四时八节”尺度内（30<Day ≤45）植物占比/%	“四时八节”尺度外（45<Day）植物占比/%
萌芽期	叶芽开始膨大期	40	0	0	10	82.5**	7.5	0
	叶芽开放期	44	0	6.8	11.4	81.8**	0	0
	花芽开始膨大期	12	0	0	16.7	83.3**	0	0
	花芽开放期	7	0	0	42.9	57.1**	0	0
展叶期	开始展叶期	44	0	0	22.7	77.3**	0	0
	展叶盛期	41	0	0	12.2	87.8**	0	0
开花期	花序或花蕾出现期	32	0	0	12.5	81.3**	6.3	0
	开花始期	39	0	15.4	48.7**	35.9	0	0
	开花盛期	40	0	12.5	52.5**	35.0	0	0
	开花末期	36	0	8.3	58.3**	33.3	0	0
	第二次开花期	2	0	0	0	0	0	100**

续表

物候期		服从正态分布的植物数目/种	候尺度内（Day* ≤5）植物占比/%	候尺度外、旬尺度内（5<Day≤10）植物占比/%	旬尺度外、节气尺度内（10<Day≤15）植物占比/%	节气尺度外、月尺度内（15<Day≤30）植物占比/%	月尺度外、“四时八节”尺度内（30<Day≤45）植物占比/%	“四时八节”尺度外（45<Day）植物占比/%
果实期	果实成熟期	12	0	0	16.7	33.3**	25.0	25.0
	果实脱落开始期	5	0	0	20.0	20.0	40.0**	20.0
	果实脱落末期	3	0	0	33.3**	33.3**	33.3**	0
叶秋季变色期	叶开始变色期	32	0	0	6.3	90.6**	3.1	0
	叶全部变色期	30	0	3.3	46.7	50.0**	0	0
落叶期	开始落叶期	37	0	0	18.9	81.1**	0	0
	落叶末期	33	0	9.1	60.6**	30.3	0	0

注：* 表示天数，单位为 d。

** 表示物候期内植物占比值的最大值。

月尺度是衡量萌芽、展叶、果实成熟、叶秋季变色、落叶物候的最优尺度，在上述物候期，$\pm 1\sigma$ 天数在节气尺度外、月尺度内的植物数目占比最高，50%～80%的植物 $\pm 1\sigma$ 天数在 16～30 d。这也说明古人在月令制度下以月尺度记载物候、匹配政令以顺天应时的合理性。

节气尺度是衡量植物花事物候的最优尺度。在植物的开花期，$\pm 1\sigma$ 天数在旬尺度外、节气尺度内的植物数目占比最高，约有半数植物的开花时间集中期 $\pm 1\sigma$ 天数在 11～15 d。这或许是古人将始花物候作为节气物候首选标识的缘由。不仅二十四节气中的广义物候体　　七十二候中有诸多的始花物候，二十四番花信风更是对始花物候的文化集成。

由此我们可以得出，以正态分布的 $\pm 1\sigma$ 天数作为植物物候集中期时间尺度的界定标准，“四时八节”是所有植物物候的界定尺度，而月尺度是植物萌芽、展叶、果实成熟、叶秋季变色、落叶物候的更为精准的界定尺度，节气尺度是植物花事物候的最精准的界定尺度。

节气尺度是植物花事物候集中出现概率满足正态分布 $\pm 1\sigma$ 天数的最精准尺度，这是节气尺度在界定植物花事物候中的数学意义。

由于资料有限，上述结论仅是从北京半个世纪的物候观测中得到的。在百年的气候变迁下，植物物候时间也在发生迁移改变，植物物候的正态分布规律性、节气尺度在花事物候中的优越性是否仍存在呢？

我们以目前已知的世界上最长的物候观测序列——日本京都樱花满开日期（即开花盛期）为例，来检验其满开时间是否服从正态分布。结果发现，日本京都樱花满开日期呈现正态分布规律（图 3）。

计算日本京都樱花满开日期的统计描述量，其平均日序 μ 为 104.45（4 月 15 日），标准差 σ 为 6.476 d，即 $\pm 1\sigma$ 天数约为 14 d，近似 1 个节气尺度时间（表 8）。计算在 $\pm 1\sigma$、$\pm 2\sigma$、$\pm 3\sigma$ 天数内满开日期出现的频率，分别为 67.2%、95.9%、99.8%（表 9）。计算不同时间尺

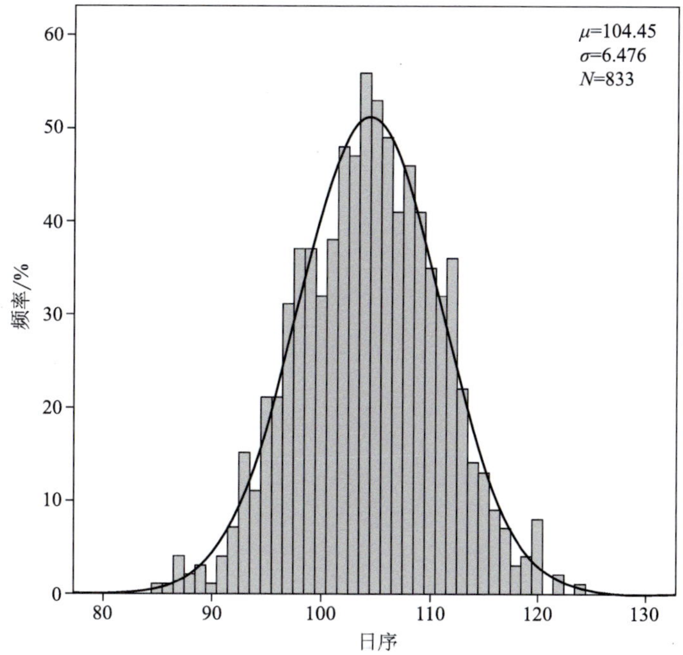

图 3 812—2021 年日本京都樱花满开日期的频率分布

表 8 812—2021 年日本京都樱花满开日期的描述统计

有效年数	平均值 μ（日序）	极小值（日序）	极大值（日序）	多年变幅/d	标准差 σ/d
833	104.45	85	124	39	6.476

表 9 812—2021 年日本京都樱花满开日期出现频率 %

$\pm1\sigma$ 天数内 $[\mu-\sigma,\mu+\sigma]$	$\pm2\sigma$ 天数内 $[\mu-2\sigma,\mu+2\sigma]$	$\pm3\sigma$ 天数内 $[\mu-3\sigma,\mu+3\sigma]$
67.2	95.9	99.8

度内满开日期的出现频率，可以看出，在节气尺度内满开日期出现的频率达 74.8%，超过了 $\pm1\sigma$ 天数的频率 67.2%；在月尺度内满开日期出现的频率达 97.4%，超过了 $\pm2\sigma$ 天数的频率 95.9%；在“四时八节”尺度内频率达 100%，超过了 $\pm3\sigma$ 天数的频率 99.8%（表 10）。也就是说，即使是存在气候变化的近千年物候序列，即使多年变幅 39 d 已经超出

了节气尺度，但节气尺度依然是衡量花事物候的最精准尺度，节气尺度也恰能满足花事物候中体现正态分布概率密度的 $\pm 1\sigma$ 天数标准，月尺度、“四时八节”尺度则能满足体现正态分布概率密度的 $\pm 2\sigma$、$\pm 3\sigma$ 标准，这是 3 个时间尺度在刻画特长序列植物花事物候方面的数学意义。

表 10　812—2021 年日本京都樱花在候、旬、节气、月、“四时八节”尺度内满开日期的出现频率（以平均值中心）

尺度	候尺度内 $[\mu-2.5, \mu+2.5]$	旬尺度内 $[\mu-5, \mu+5]$	节气尺度内 $[\mu-7.5, \mu+7.5]$	月尺度内 $[\mu-15, \mu+15]$	“四时八节”尺度内 $[\mu-22.5, \mu+22.5]$
年份数	253	451	623	811	833
占比	30.4%	54.1%	74.8%	97.4%	100%

4　结论

利用 1931—1982 年份数不等的北京、西安、洛阳、杭州、广州 5 个城市自然历，以及 1963—2012 年北京植物物候期的出现时间和 812—2021 年日本京都樱花满开时间资料，研究农作物、自然植物物候在自然时序中的优越性，以及不同时间尺度在界定物候方面的精准度，阐释节气尺度在农作物、自然植物物候方面的数学意义，得到以下结论。

（1）植物类物候出现时间的多年变幅均值小于动物类和环境类物候，这体现出植物类物候在自然时序中的优越性。植物类物候中，农作物多年变幅最小，即最准时、最有规律性，其对自然时序的定时功能最显著。

（2）“四时八节”、月、节气均可以作为界定农作物和自然植物物候的时间尺度，其中节气尺度是更精细界定农作物和自然植物物候的最优尺度，对植物类物候有很好的定时意义。旬尺度和候尺度下界定农作物和自然植物物候的精准度较低。

（3）节气尺度是框定农作物多年变动天数的最小尺度，这是节气尺度在界定农作物物候方面的一种数学意义。节气尺度下，半数以上自然植物在萌芽、展叶、开花、叶秋季变色、落叶物候期的集中出现频率能超过60%的“及格线”，这是节气尺度在界定自然植物物候中的数学意义。

（4）自然植物中，约80%以上植物的物候出现时间都呈现正态分布规律。节气尺度是自然植物花事物候集中出现概率满足正态分布的$\pm 1\sigma$天数的最精准尺度，这是节气尺度在界定自然植物花事物候中的数学意义。节气、月、“四时八节”尺度为花事物候集中出现概率满足正态分布的$\pm 1\sigma$、$\pm 2\sigma$、$\pm 3\sigma$天数的时间尺度，这也是时间尺度在刻画特长序列植物花事物候方面的数学意义。

参考文献

[1] 成青. 竺可桢的物候学研究与影响［D］. 杭州：浙江工业大学，2019.

[2] 李宏侠. 木本植物开花物候与谱系结构之间的关系［D］. 乌鲁木齐：新疆大学，2018.

[3] 郑景云，刘洋，葛全胜，等. 华中地区历史物候记录与1850—2008年的气温变化重建［J］. 地理学报，2015，70（5）：696-704.

[4] 戴尔君. 古代物候知识和物候历［J］. 教育界，2016（14）：79-80.

[5] 李传军. 四时八风：风与中国古代民众的时间生活［J］. 中原文化研究，2017，5（2）：57-61.

[6] 贺少雅，孙英芳. 二十四节气研究述评［J］. 长江大学学报（社会科学版），2022，45（6）：27-36.

[7] 阮元. 十三经注疏［M］. 北京：中华书局，1980.

[8] 郝保华，陈海涛，李伟泽，等. 中医时间医学的独特性：节气时令物候观念与临床康复［J］. 中国临床康复，2006，10（31）：145-147.

[9] 崔德卿. 中国古代的物候和农业（下）［J］. 古今农业，2003（1）：26-33.

[10] 崔德卿. 中国古代的物候和农业（上）［J］. 古今农业，2003（1）：

24-31.

[11] 沈志忠. 二十四节气形成年代考 [J]. 东南文化，2001（1）：53-56.

[12] 霍耀宗. 月令与明代社会 [D]. 苏州：苏州大学，2013.

[13] 张春樱. 上古月令研究 [D]. 长春：东北师范大学，2010.

[14] 施锜. 从“四时”到“月令”：古代画学中的时间观念溯源 [J]. 美术学报，2016（5）：15-25.

[15] 薛炎，张连伟.《礼记·月令》研究简述 [J]. 大庆师范学院学报，2023，43（3）：80-88.

[16] 樊志民，朱宏斌. 月令书与中国传统农业管理思想之嬗变 [J]. 中国农史，2002，21（3）：96-103.

[17] 宛敏渭. 中国自然历选编 [M]. 北京：科学出版社，1986.

[18] 宛敏渭，刘秀珍. 中国物候观测方法 [M]. 北京：科学出版社，1979.

[19] Aono Y,Saito S. Clarifying spring time cherry blossom phenology and temperature reconstructions of the medieval period by gap-filling the cherry blossom phenological data series at Kyoto，Japan [J]. International Journal of Biometeorology，2010，54（2）：211-219.

[20] Aono Y. Cherry blossom phenology and temperature reconstructions at kyoto [EB/OL]. [2023-10-01]，http：//atmenv. envi. osakafu-u. ac. jp/aono/kyopheno-temp4/.

气候变化背景下四季的天文划分法和节气划分法优劣变化

宋英杰[1]，隋伟辉[1]，信欣[2]

（1 中国天气·二十四节气研究院，北京 100081；2 华风气象传媒集团，北京 100081）

摘要： 天文划分法和节气划分法，都是前器测时代反映季节更迭的简化界定方式，且都是超越地域气候差异"一刀切"、四季准等长的传统季节体系，差异在于季节起始点、终点不同。而采用气象行业标准划分的气候意义上的四季，体现了四季划分方法日臻严谨和完善。本文利用全国基本气象站1951—2020年地面观测气温资料，基于气象行业标准进行修正后气候四季起始时间的判定方法，研究天文、节气划分的四季起始时间、四季长度分别与气候意义四季起始时间、四季长度的偏差程度，从而呈现气候变化背景下，天文和节气两种季节划分法在刻画气候季节方面产生的优劣变化，结果表明节气划分法在中国区域体现出更好的契合度和适用性。

关键词： 气候变化；天文划分法；节气划分法；优劣

1 引言

四季的划分，根据所强调的特征是天文特征还是气候特征而有不同划分方式。天文划分法是以春分、夏至、秋分、冬至作为四季起始点的季节划分方式，在黄道上分别对应黄经0°、90°、180°、270°，春分、秋分作为昼夜平分日，夏至、冬至作为白昼最长（短）日，是最具地域共性和清晰指征的天文时点。它们不仅是中国古代最早被测定的节气，也是二十四节气中最具国际性的四个节气，是世界上很多国家至今仍采用的季节划分节点。节气划分法是以立春、立夏、立秋、立冬作为四季起始点的季节划分方式，在黄道上分别对应黄经315°、45°、135°、225°，它们是在“二至”“二分”基础上的时令细分，与“二至”“二分”共同构成“四时八节”，是二十四节气体系的雏形①。先秦时期《鹖冠子》说：“斗柄东指，天下皆春。斗柄南指，天下皆夏。斗柄西指，天下皆秋。斗柄北指，天下皆冬。”[1]在先秦时期，它们便已是中国古人观天测候的主要时点。先秦时期《左传·僖公五年》：“凡分至启闭，必书云物，为备故也。”[2]其中，“分”代表春分、秋分，“至”代表冬至、夏至，“启”代表立春、立夏，“闭”代表立秋、立冬。

从本质上讲，天文划分法和节气划分法都是基于天文节点的季节划分方式，是“天上的时间”，而非“地上的时间”，都与特定地区气候意义上的季节存在显著差异。由于认知局限，人们认为“斗柄东指，天下皆春”，以为天下皆春；认为“一叶落而知天下秋”，以为天下同秋。尽管天文划分法和节气划分法在表征各地气候差异方面存在局限，但因其简易通俗，所以在文化层面依然是界定四季的日常习惯。

然而张宝堃先生在《中国四季之分布》一文中指出：“以面积如此广大、寒暖如此悬殊、地形如此高下之国家，欲讨论其四季气候的分布，自非有多量长期的记录作精密的统计不可。”[3]基于“近理”和“适

①参见本书《基于气候和物候的二十四节气英文译名开究》图1所示。

用”，他依照人们对于寒热温凉的通感以及春生夏长秋收冬藏的物候节律，确定 10 ℃和 22 ℃为季节更迭的温度阈值，并参照节气体系中五天一候的时令尺度，将候平均气温作为温度标准。现行季节划分方式，是平均气温的滑动均值序列，以温度序列值首次达到四季温度阈值为标志日即四季开始日期，如果显著偏离气候日期均值，还要进行二次判断，可见气候意义上的季节划分方式日臻严谨和完善。

综上所述，天文划分法、节气划分法，都需基于一个假定即四季分明，是四季准等长的季节体系。但气候意义上的四季划分标准，我国四季分明区只有约 4760000 km^2，仅占全国陆地面积的近 50%，只有北纬 30°附近地区四季时长相对均衡（图 1）。而且随着气候变暖，气候意义四季时间也在发生改变，那么气候变化背景下天文四季和节气四季，哪个适用性更好、适用区域在哪里呢？本文将就此做以下研究探讨。

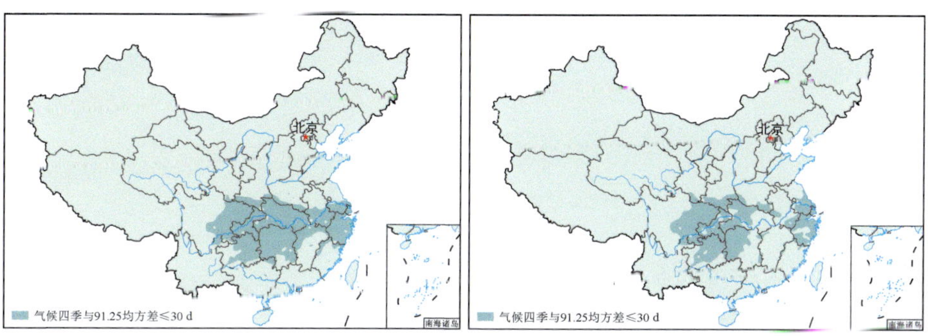

图 1　我国不同气候期四季时长相对均衡的区域

(a)1951—1980 年；(b)1981—2010 年

2　资料和方法

本研究采用国家气象信息中心“1951 年以来中国地面日值资料数据集”“中国地面气候标准值数据集（1981—2010 年）”。基于 1951—1980、1981—2010、2011—2020 年三个时段累年日平均气温气候值序列进行分析，1981—2010 年累年日平均气温直接采用中国地面气候标准值数据集（1981—2010 年）整编处理站点资料，1951—1980 年、2011—2020 年的累年日均值单独进行遴选分析处理并计算，最终本文使用 2221 个国家级气象站的地面站点日值资料和 1981—2010 年气候标准数据集整编资料。

累年某日平均值由历年该日平均值平均求得，2 月 29 日不计入统计之内，全年为 1—365 d 的日平均气温累年平均序列，单个站点累年日平均值采用如下公式：

$$\bar{t}=\frac{\sum_{i=1}^{n} t_i}{n} \tag{1}$$

式中，t_i 表示第 i 年的日平均值，i 取值为 $1,2,\cdots,n$，n 表示资料年数。

利用谐波分析方法对上面求得的累年日均值资料进行处理，滤去高频波动，谐波分析的具体计算公式如下：

$$f(t)=\frac{a_0}{2}+\sum_{k=1}^{\infty}\left[a_k\cos(k\omega t)+b_k\sin(k\omega t)\right] \tag{2}$$

式中，

$$a_k=\frac{2}{N}\sum_{j=1}^{\infty} f_j\cos\frac{2\pi k(j-1)}{N}$$

$$b_k=\frac{2}{N}\sum_{j=1}^{\infty} f_j\sin\frac{2\pi k(j-1)}{N}$$

式中，N 为 365，k 为需要截取的波数，ω 为圆周运动角速度，$\omega=\frac{2\pi}{N}$，$\frac{a_0}{2}$ 为累年日平均气温值的年均值，$f(t)$ 为谐波分析后第 t 日的累年日平均气温值，t 为 1—365 日序列，f_j 为单个站点第 j 日的累年日平均气温值，j 取值为 $1,2,3,\cdots,365$。

本文中的气候入季时间判定，基于中国气象局发布的《气候季节划分》（QX/T 152—2012）气象行业标准进行计算分析。其中，累年日平均值的 5 d 滑动序列公式如下：

$$\overline{T}_{Ml}=\frac{\bar{t}_{l-4}+\bar{t}_{l-3}+\bar{t}_{l-2}+\bar{t}_{l-1}+\bar{t}_{l}}{5} \tag{3}$$

式中，$\overline{T}_{Ml}$ 为第 l 日 5 d 滑动均值，单位为℃，$l=1,2,3,\cdots,365$，$\overline{t}_l$ 为第 l 日累年日平均气温($l=1,2,3,\cdots,365$)。

另外，针对气候无冬区的春季起始日判定，原标准制定春季起始日为 1 月 1 日，本研究基于原标准入季判断中气候无夏区秋季起始日判定方法以及二十四节气春季起始的古义，对入春日期进行一定修正，采用常年气温序列中最低日的次日为春季起始日，即气温的拐点。

均方差分析采用公式：

$$\sigma=\sqrt{\frac{1}{N}\sum_{i=1}^{N}(x_i-\mu)^2} \tag{4}$$

式中，σ 是均方差，描述变量 x_i 与平均值 μ 差异的平均状况的统计量，也是衡量变量 x_i 围绕平均值的变化幅度；N 表示样本数量。

3 天文划分法和节气划分法在三个不同时期的优劣变化探讨

根据 1951—2020 年节气的天文日期，确定相关节气的标准时间节点，天文划分法四季开始时间为 3 月 21 日春分、6 月 21 日夏至、9 月 23 日秋分、12 月 22 日冬至，节气划分法四季开始时间为 2 月 4 日立春、5 月 5 日立夏、8 月 8 日立秋、11 月 7 日立冬。

利用 1951—1980 年累年日平均气温序列、1981—2010 年地面整编资料日平均气温、2011—2020 年累年日平均气温序列，采用修正后的气候入季判定方法，分别计算全国站点在 3 个气候背景时段的入春、入夏、入秋、入冬日期以及春节、夏季、秋季、冬季的四季长度。对比天文四季、节气四季、气候意义上四季开始时间，确定本文分析指标如下。

3.1 天文划分法、节气划分法与气候意义四季吻合度指标

分别计算气候春季和天文春季、节气春季，气候夏季和天文夏季、

节气夏季，气候秋季和天文秋季、节气秋季，气候冬季和天文冬季、节气冬季即以上三类四季划分法的入季时间均方差，作为天文划分法、节气划分法与气候四季的吻合度指标。均方差越小，说明该划分法与气候四季的吻合度越高。对于气候上常夏/长夏无冬区、常冬/长冬无夏区，以天文划分法和节气划分法下的相应季长作为与气候划分法的入季时间差值。

基于气候季节标准计算的气候四季长度与全年 365 d 等分四季的长度(91.25 d)之间的均方差作为气候四季均衡度指标。均方差越小，说明气候四季越均衡，越接近古人四季准等长的季节划分理念。

3.2 气候变化背景下，不同划分法优劣变化分析

以节气划分法的立春、立夏、立秋、立冬开始日期与气候四季开始日期均方差，减去天文划分法的春分、夏至、秋分、冬至开始日期与气候四季开始日期的均方差(简写为 SD)。分别得到 $-10<SD<0$ 的区域、$SD\leqslant-10$ 的区域、$0<SD<10$ 的区域、$SD\geqslant10$ 的区域。

如图 2 所示，$0<SD<10$ 的区域、$SD\geqslant10$ 的区域，SD 值为正代表天文划分法好于节气划分法，且值越小即图中颜色由浅到深区域代表划分法准确度更好即更占优势，可见在 1951—1980 年期间，天文划分法在中国多数地区优于节气划分法，尤其在北方地区，天文划分法总体上明显占优。

如图 3 所示，均是 $-10<SD<0$ 的区域、$SD\leqslant-10$ 的区域即图中颜色由浅到深区域，分别代表节气划分法比天文划分法略微更准确、明显更准确的区域。可见，1951—1980 年期间，节气划分法优于天文划分法的区域较小，仅在云南、贵州、四川、重庆(简称云贵川)地区明显占优。1981—2010 年期间，节气划分法优于天文划分法的区域显著扩大，除了云贵川地区之外，在青藏高原部分地区、华南地区以及内蒙古东北部、黑龙江北部，也明显占优。在 2011—2020 年期间，节气划分法优于天文划分法的区域保持基本稳定。图 4 是 $SD\leqslant-10$ 的区域，可见 1951—1980 年气候期之后，节气划分法明显占优的区域大幅扩张。

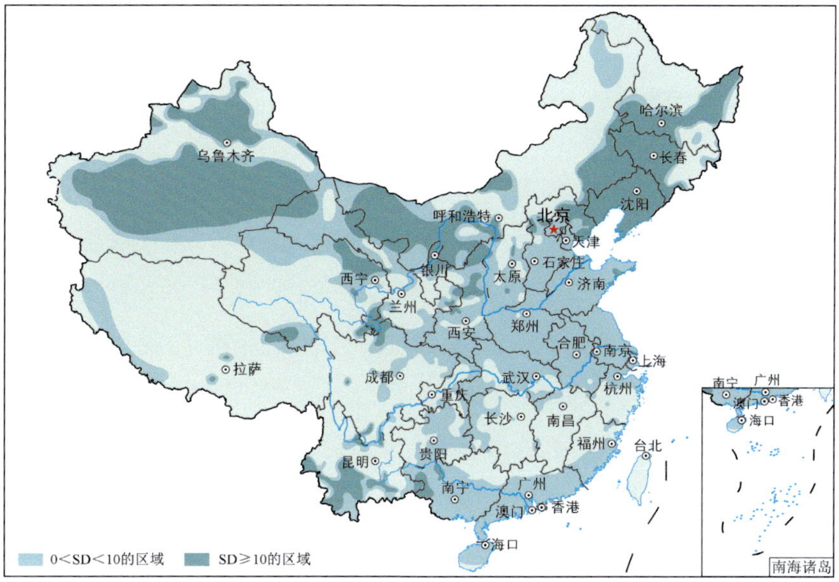

图 2　我国 1951—1980 年天文划分法比节气划分法更准确的区域

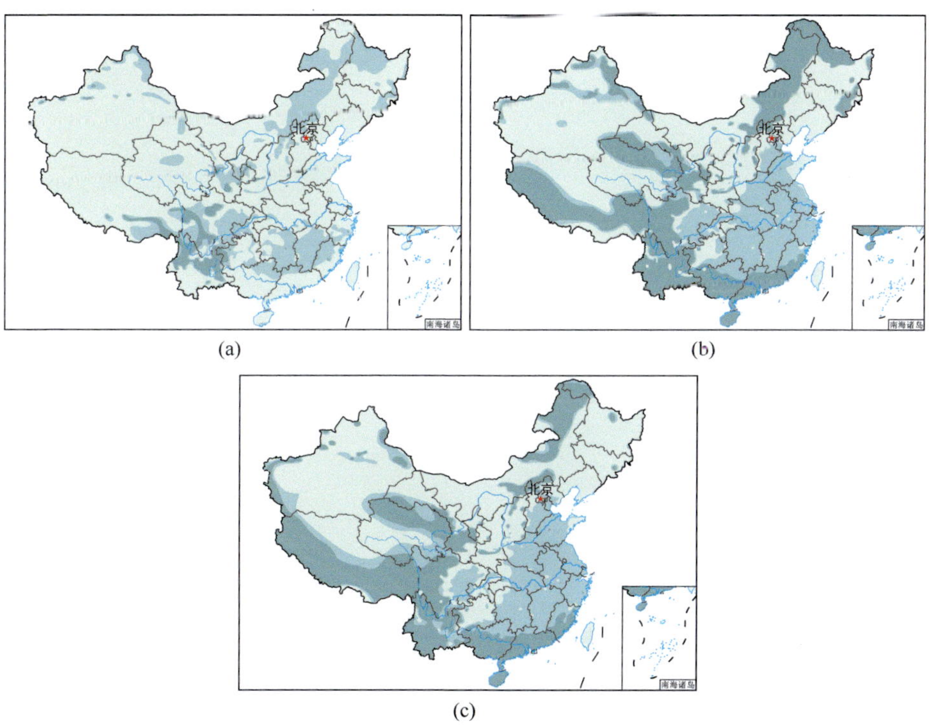

图 3　我国不同气候期节气划分法比天文划分法更准确区域

(a)1951—1980 年;(b)1981—2010 年;(c)2011—2020 年

由以上分析可见，以气候意义四季开始时间作为参照，随着气候变化，节气划分法相比天文划分法，占优势区域是不断扩大。进一步计算节气划分法的立春、立夏、立秋、立冬开始时间与1981—2010年的气候四季开始时间的均方差，得到颜色越深的区域，即节气四季开始时间与气候四季开始时间相差越短，也代表节气划分法越接近真实气候区域（图5）。可见，基于四季准等长的节气体系，节气划分法最适用于气候四季相对均衡的北纬30°附近地区。选取我国部分省会级城市为代表，可见在北纬30°附近地区以及广义节气起源地区，节气四季与气候意义四季吻合度是最高的，如成都位居第一，相反，其他地区吻合度向南向北扩展深入时不断下降，如广州、西宁、拉萨、海口为代表的地区（图6）。

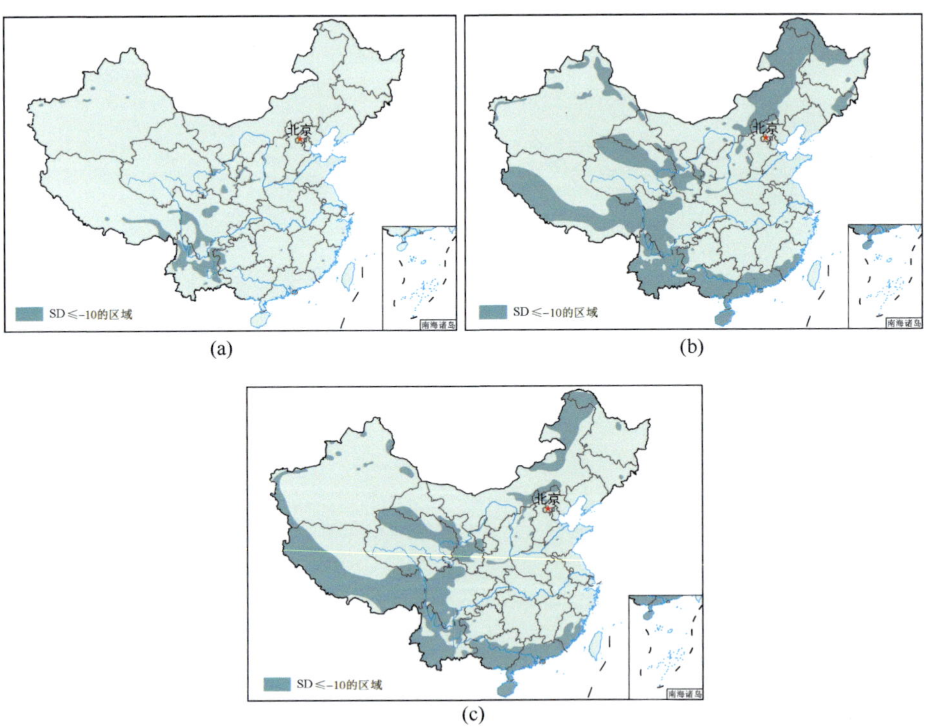

图4　我国不同气候期节气划分法明显优于天文划分法区域

(a)1951—1980年；(b)1981—2010年；(c)2011—2020年

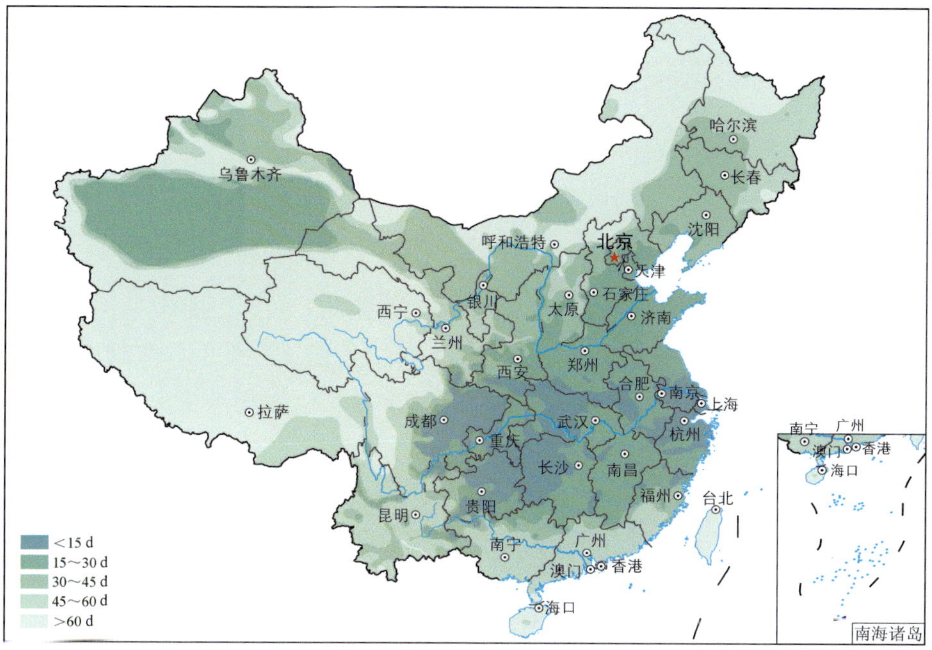

图 5　我国 1981—2010 年气候期节气划分法与气候四季的离散度

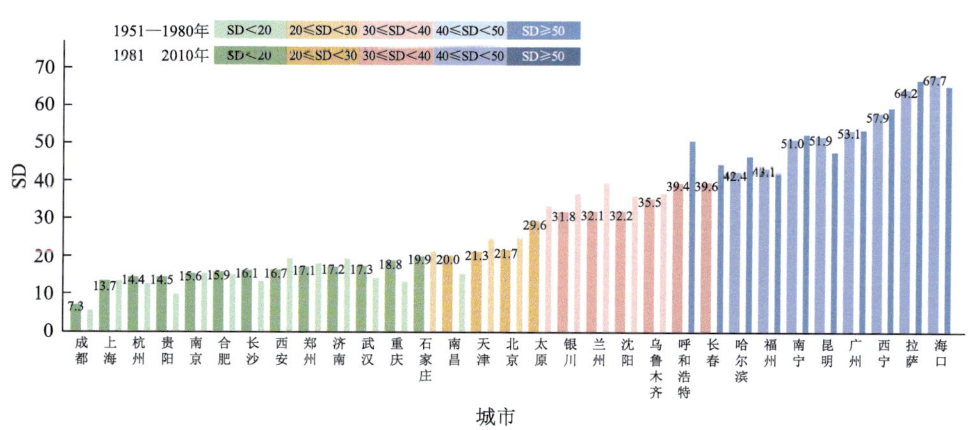

图 6　我国部分省会级城市气候四季与节气四季的吻合度排名

从四季均衡度分析来看，随着气候变化，北方城市的四季均衡度提高，南方城市的四季均衡度下降。在 1981—2010 年气候期内，在我国省会级城市中，四季均衡度最高的前四名为：成都、贵阳、上海、杭州，主要分布在北纬 30°附近（图 7）。

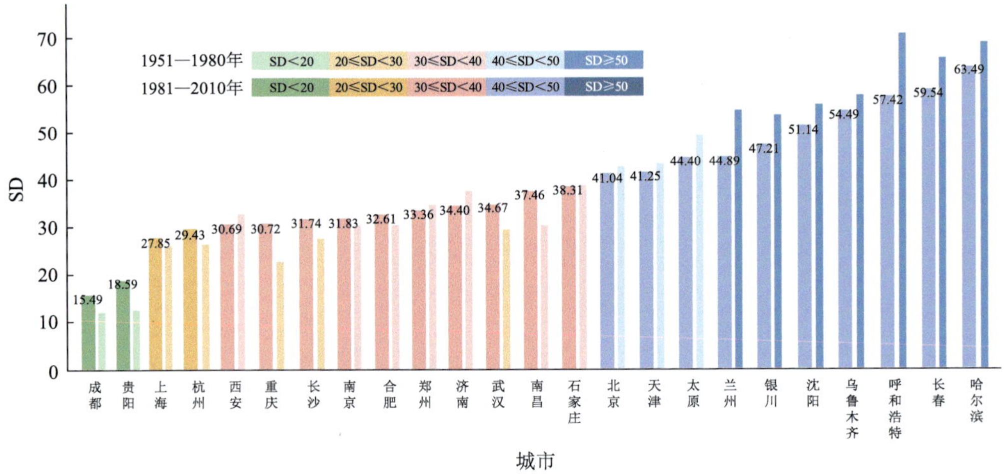

图 7　气候四季分明的省会级城市四季均衡度

中国幅员辽阔、气候多样，气候意义四季与天文四季、节气四季开始时间、季节长度的对比来看，随着气候变化，气候冬季显著长于夏季区域的代表城市，北京是节气划分法转而占优，哈尔滨是两种划分法逐渐没有优劣之分；节气体系广义的起源区域西安和郑州，节气划分法转而占优；气候四季相对均衡区域的南京和成都，节气划分法转而占优；气候四季不分明区域的代表性城市昆明始终是节气划分法占优，广州是节气划分法转而占优。

3.3　气候变化背景下，节气划分法优势渐显的分析探讨

从气候意义四季开始时间分析得到，节气划分法逐渐占优的原因是随着气候变化，气候入春、入夏提前（图 8），气候入秋、入冬延后（图 9）。但入春、入夏日期提前的变化较大，入冬日期延后的变化相对较小。

从全国平均的季节变化幅度来看，与 1951—1980 年相比，到了 2011—2020 年，春季提前幅度最大，春季平均提前 7 d，全国 87.7%的地方春季提前，10.5%的地方春季延后，1.0%的地方无变化，另外有 0.8%的地方产生由冬到无冬、春秋相连到有夏、常冬到有春秋的气候

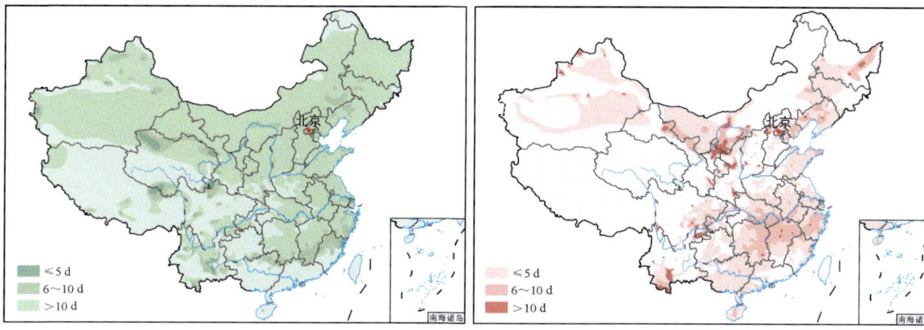

(a) (b)

图 8　我国 1981—2010 年与 1951—1980 年相比春季和夏季提前的区域

(a)气候入春提前;(b)气候入夏提前

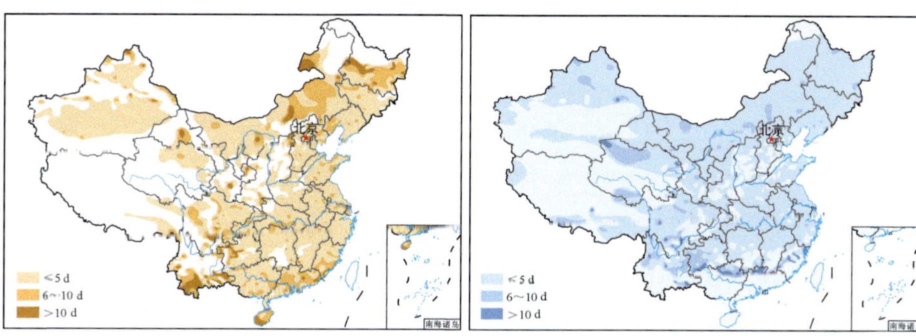

(a) (b)

图 9　我国 1981—2010 年与 1951—1980 年相比秋季和冬季延后的区域

(a)气候入秋延后;(b)气候入冬延后

类型变化(图 10)。夏季平均提前 6.48 d,全国 71.1%的地方夏季提前,8.0%的地方夏季延后,15.0%的地方无变化,另外有 5.9%的地方产生由无夏到有夏的气候类型的变化。秋季平均延后 5.18 d,全国 83.8%的地方秋季延后,9.2%的地方秋季提前,6.1%的地方无变化,另外,有 0.9%的地方产生由有冬到无冬、春秋相连到有夏、常冬到有春秋的气候类型变化。冬季延后幅度最小,冬季平均延后 3.81 d,全国 77.8%的地方冬季延后,6.9%的地方冬季提前,12.9%的地方无变化,另外有 2.4%的地方产生由有冬到无冬、常冬到有春秋等气候类型的变化。

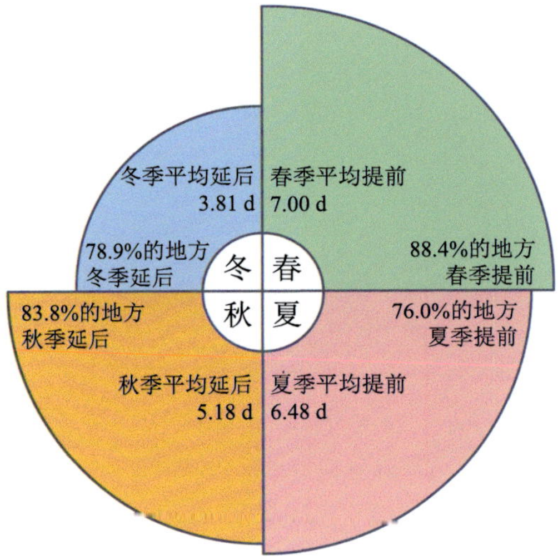

图 10　我国 2011—2020 年与 1951—1980 年相比平均换季时间的变化

概括而言，在气候变化背景下，春夏提前的幅度相对较大，秋冬延后的幅度较小，这使得多数地区的入春、入夏日期与立春日、立夏日的偏差显著缩小，尽管多数地区入秋日期与立秋日的偏差增大，但入冬日期与立冬日的偏差变化较小。因此总体上得到，随着气候变化，节气划分法逐渐优于天文划分法。

4　结论

本文采用自定义的四季吻合度和均衡度指标，以 1951—1980 年和 1981—2010 年作为两种气候情境进行比对，并以 2011—2020 年作为 1981—2010 年气候情境的延伸，以气象标准划分的气候意义四季划分方法为参照，探讨了强调天文特征的天文划分法、节气划分法在中国区域的气候变化背景下的优劣势变化。得到结论如下：在 1951—1980 年的气候情境下，天文划分法更契合气候意义上的四季更迭，但随着气候变化，在 1981—2010 年的气候情境下，节气划分法已优于天文划分法，并且延伸至 2011—2020 年，其优势更为显著。

致谢

感谢魏思静基于本文内涵对图形的重新诠释和视觉化包装设计。

参考文献

[1] 黄怀信. 鹖冠子校注［M］. 北京：中华书局，2014.
[2] 杨伯峻. 春秋左传注［M］. 北京：中华书局，1990.
[3] 张宝堃. 中国四季之分布［J］. 地理学报，1934（1）：1-2.

由《红楼梦》中的“冷香丸”解析水汽状态类节气的气候变化

宋英杰[1]，隋伟辉[1]，于金[2]

（1 中国天气·二十四节气研究院，北京 100081；2 华风气象传媒集团，北京 100081）

摘要：《红楼梦》中“冷香丸”在某地调制，依照雨、露、霜、雪的初始时令，需要该地雨水节气的雨、白露节气的露、霜降节气的霜、小雪节气的雪。笔者基于这一视角，力求依托气象数据时空量化分析，研究探讨调制“冷香丸”所需烦琐的雨、露、霜、雪可以在哪里采集、可否1～2年配成，是否10年也未必配成等系列问题，进而分析“冷香丸”调制区域在不同气候期的变化，并由此解读水汽状态类节气的气候变化特征。

关键词： 红楼梦；冷香丸；水汽状态；节气；气候变化

1 研究背景

人类活动导致了以气候变暖为主要特征的全球变化，是当今社会普遍认可的事实。《中国气候变化蓝皮书(2022)》显示，中国升温速率高于同期全球平均水平，是气候变化敏感区，显著升温导致不同降水相态初终时间、发生概率出现一系列变化。《红楼梦》是中国文化的四张“名片”之一，位居四大名著之首，其历史价值、艺术成就都不可估量，深深影响一代又一代人。本文基于熟读经典名著，试图挖掘藏在《红楼梦》中的二十四节气和气象元素，利用可获取的准确 1951—2020 年气象观测数据进行背景设定，立足气象科学、以节气崭新视角，将气象科学与古典文学、二十四节气非遗文化融合分析，力求以中国智慧科普气候变化事实。

《红楼梦》第七回写了调制“冷香丸”的背景：

宝钗笑道：“不问这方儿还好，若问这方儿，真把人琐碎死了！东西药料一概却都有限，最难得是‘可巧’二字：要春天开的白牡丹花蕊十二两，夏天开的白荷花蕊十二两，秋天的白芙蓉蕊十二两，冬天的白梅花蕊十二两。将这四样花蕊于次年春分这一天晒干，和在末药一处，一齐研好；又要雨水这日的天落水十二钱……”周瑞家的笑道：“嗳呀，这么说就得三年的工夫呢。倘或雨水这日不下雨，可又怎么着呢?”宝钗笑道：“所以了！那里有这么可巧的雨？也只好再等罢了。还要白露这日的露水十二钱，霜降这日的霜十二钱，小雪这日的雪十二钱。把这四样水调匀了，丸了龙眼大的丸子，盛在旧瓷坛里，埋在花根底下。若发了病的时候儿，拿出来吃一丸，用一钱二分黄柏煎汤送下。”

周瑞家的听了，笑道：“阿弥陀佛！真巧死了人。等十年还未必碰得全呢！”宝钗道：“竟好。自他去后，一二年间，可巧都得了，好容易配成一料。如今从家里带了来，现埋在梨花树底下。”周瑞家的又道：“这药有名字没有呢?”宝钗道：“有。也是那和尚说的，叫作‘冷香丸’。”[1]

按照《红楼梦》中薛宝钗的描述，“冷香丸”的调制，需要雨水节气日的雨、白露节气日的露、霜降节气日的霜、小雪节气日的雪。听者“周瑞家的”直觉认为10年也未必能配成，但薛宝钗说1～2年就“竟好”配成了。基于“冷香丸”调制的节气背景，二十四节气序列中，有6个严格意义上的水汽状态类节气，分别为雨水、白露、寒露、霜降、小雪、大雪，其中雨水代表雨始降，白露代表露始凝，霜降代表霜始生，小雪代表雪始落，是刻画水汽状态的最重要的四个节气。雨水节气日的雨、白露节气日的露、霜降节气日的霜、小雪节气日的雪分别表征的是雨、露、霜、雪这四种水汽状态的初始。其采集逻辑，如同采集花、果，在花之初绽、果之初熟。基于《红楼梦》中所写“冷香丸”调制过程，本文将设定1951—1980年、1981—2010年、2011—2020年三个气候期以及1951—2020年天气变化作为研究时段，探讨在气候变暖背景下，什么是改变“冷香丸”可制作区域的关键因素？可制作“冷香丸”的区域变化与气候变化幅度有怎样的关系？气候变化的背景下，未来制作冷香丸的最大变数是什么？

2 资料和方法

2.1 资料来源

本文研究基础数据来源于国家气象信息中心“1951年以来中国地面日值资料数据集”“中国地面气候标准值数据集（1981—2010年）”的气温、降水、雨日、露日、霜日、雪日的日值数据。雨、露、霜、雪的定义参照中国气象局发布《地面观测规范》第4部分。雨水、白露、霜降、小雪的四个水汽状态类的节气日时间是基于1951—2020年逐年天文时间统计分析，选取确定本文研究的雨水节气日为2月19日、白露节气日为9月8日、霜降节气日为10月23日、小雪节气日为11月22日。

2.2 数据处理

选取1951—2020年雨日、露日、霜日、雪日地面日值观测数据，分析前对所使用资料采取一定质量控制，基于站点尽可能多、资料尽可能长的考虑，利用气温、降水量、定时和特殊观测处理等数据对缺测的日值数据进行订正，无法订正时，按缺测处理。考虑站点资料需具有一定连续性，筛选2月19日雨日、9月8日露日、10月23日霜日、11月22日雪日的数据完整性，如果有一项缺测，该站点该年予以舍弃不用，选取该站点连续有记录年份的第一年为研究起始年。

2.3 研究方法

本文运用逐步判别准则、气候统计分析、概率论等方法，针对雨、露、霜、雪出现的气候平均态、天气状况、极端值等进行满足特定条件下的时空分布特征分析[2]。首先进行累年雨、露、霜、雪气候平均初日、长序列年份资料中特定日的雨露霜雪是否出现、气候期内雨露霜雪最早初日的判别，满足为1，否则为0。

雨、露、霜、雪在特定日或者指定日期之前发生的可能性，在本研究框架下设定是无法准确预测，采用概率表征发生可能性。四个水汽状态类的天气发生是相互独立的，采用联合概率法即两个或多个事件相交的概率，如事件A、B、C、D，任何一个事件的结果不会影响其他事件的结果，一起发生的概率记为

$$P(\mathrm{A}\cap\mathrm{B}\cap\mathrm{C}\cap\mathrm{D})=P(\mathrm{A})\times P(\mathrm{B})\times P(\mathrm{C})\times P(\mathrm{D})$$

根据离散数据的概率分布、二项分布计算概率，二项分布对应于做某件事次数是固定的，每一次事件都有两个可能的结果（成功或者失败），每一次成功的概率 p 都是相等的，计算做某件事情 n 次，成功 x 次的概率的 $P(x)$ 为

$$P(x)=\mathrm{C}_n^x p_x(1-p)^{n-x}$$

式中，P 表示成功 x 次的概率，p 表示每一次成功的概率。

3 基于设定气候期，“冷香丸”可调制的区域变化和结果分析

3.1 不同气候期内，可调制“冷香丸”的首选地区

应该选择在气候意义上适宜的区域，即气候平均意义上雨水节气日以前能够下雨、白露节气日以前能够出露、霜降节气日以前能够出霜、小雪节气日以前能够下雪的区域。以1981—2010年气候期为例，可见满足降雨条件与满足出霜、降雪条件的空间交集较小，因此同时满足雨、露、霜、雪条件即气候意义上可调制“冷香丸”的空间概率较低（图1）。

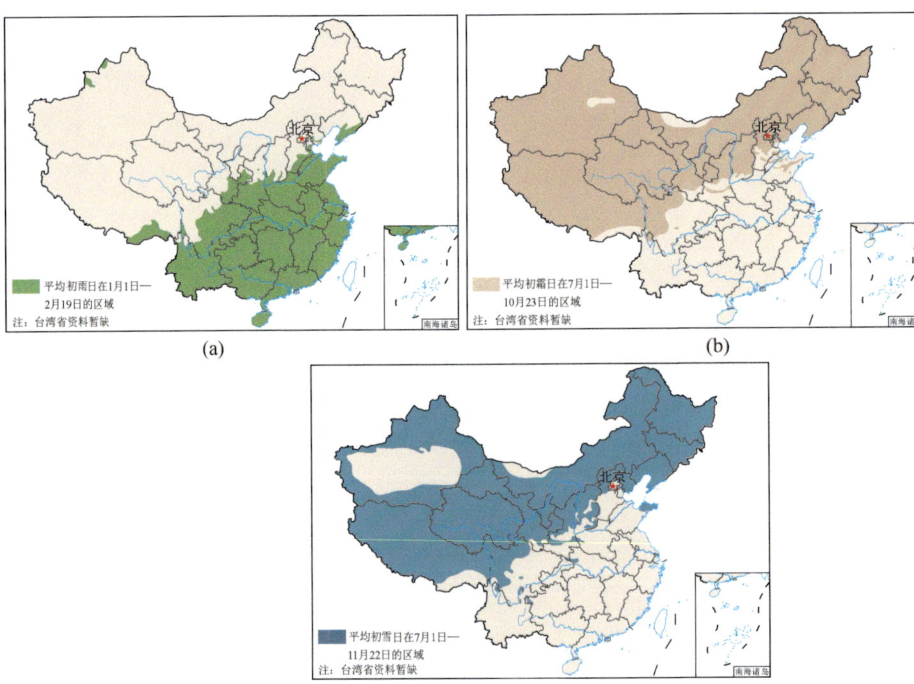

图1 我国1981—2010年雨(a)、霜(b)、雪(c)满足调制“冷香丸”条件的区域（露不满足，站点少，故图略）

满足条件站点，1951—1980年全国占比1.9%，1981—2010年全

国占比 3.2%，2011—2020 年全国占比 2.8%。因此，气候意义上，全国只有 2%～3%的地方具备调制"冷香丸"的气候条件，即在不同气候期，《红楼梦》中薛宝钗调制"冷香丸"的首选地区（图 2）。

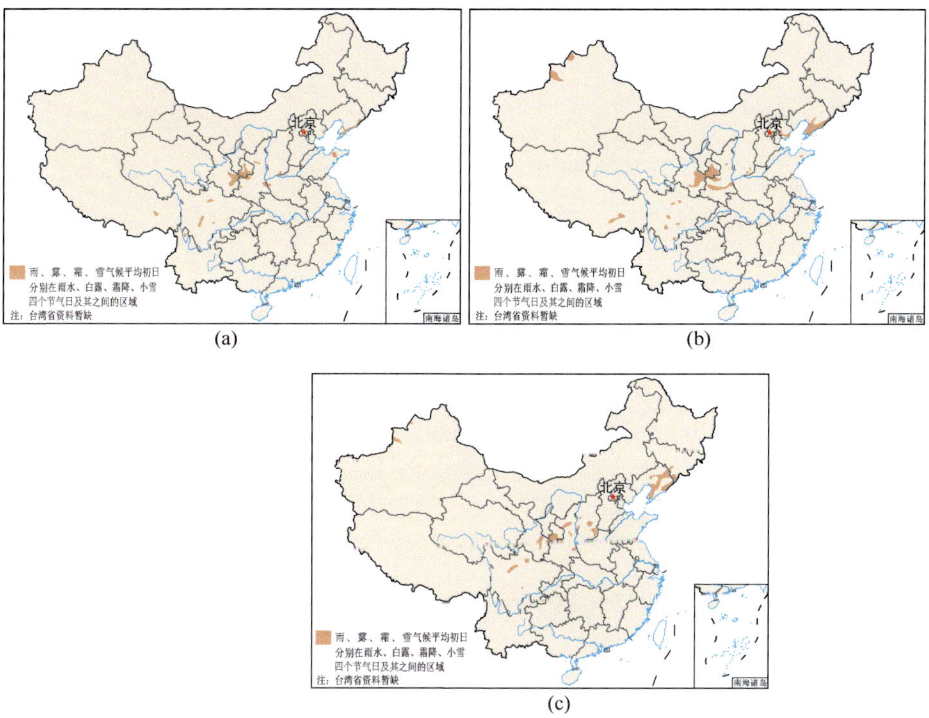

图 2　我国不同气候期气候意义上可调制"冷香丸"的区域

(a)1951—1980 年；(b)1981—2010 年；(c)2011—2020 年

3.2　1951—2020 年，可调制"冷香丸"的潜力地区及其可能用时

基于 1951—2020 年长序列观测，找到相应节气日出现过雨、露、霜、雪的地方，它们虽然不是调制"冷香丸"的首选地区，但如果薛宝钗具有足够的耐心，历经漫长的等待，也可能在这里制成"冷香丸"（图 3）。有完整气象记录以来，有近 42%的地区具备可能制成"冷香丸"的条件。通过计算，可调制"冷香丸"站点中，调制成功一次"冷香丸"，

平均用时 24.98 年。所以，通常意义上，“冷香丸”调制成功一次，大约需要 25 年，并不是“周瑞家的”直觉判断的 10 年左右。

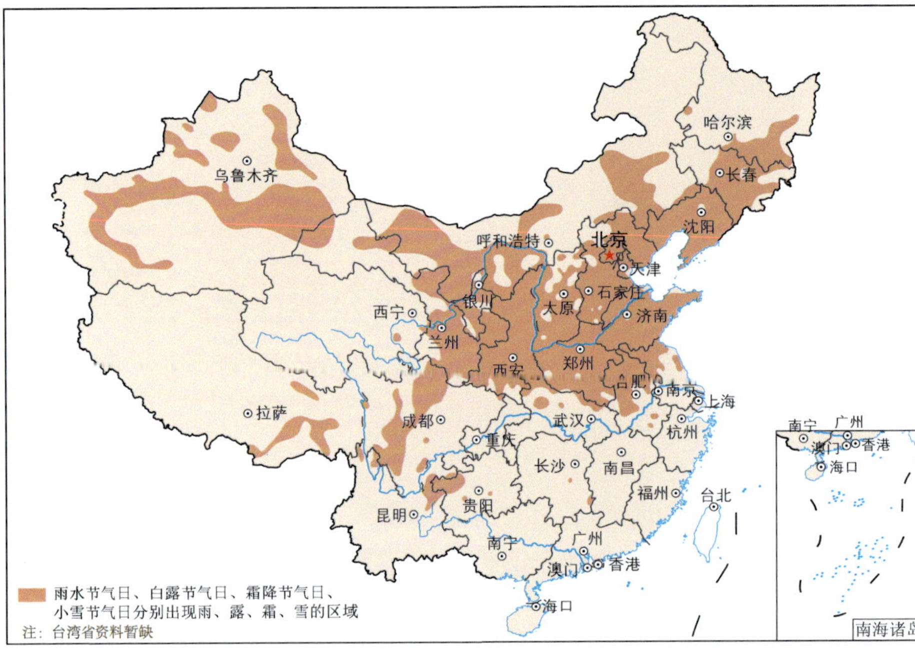

图 3　我国 1951—2020 年气候意义上可调制“冷香丸”的区域

3.3　不同气候期内可调制“冷香丸”的区域制成“冷香丸”的比例分析

由于 1951—2020 年全序列中可制成的区域内，实际制成“冷香丸”的平均周期为 24.98 年，我们首选气候推荐的站点在 1951—2020 年时段内制成 3 次以上为推荐成功，基于以上站点筛选，再次分析 1951—1980 年、1981—2010 年内可以制成 1 次以上（≥1 次）为推荐成功。其中，1951—1980 年气候推荐地区成功率为 95.7%，气候未推荐地区成功率为 10.0%；1981—2010 年气候推荐地区成功率为 74.0%，气候未推荐地区成功率为 3.8%。可见，气候推荐的地区，调制“冷香丸”的成功率显著高于气候未推荐地区，制成≥1 次的成功率高出气候未推荐地区 1 个数量级，制成≥3 次的成功率高出气候未推荐地区 2 个数量级(表 1)。

表 1 1951—1980 年和 1981—2010 年气候期内气候推荐地区和气候未推荐地区制成“冷香丸”的概况

站点状况	1951—1980 年	1981—2010 年
气候推荐区		
气候推荐站点数	46 个	77 个
气候推荐站点中,完成≥1 次的站点	44 个	57 个
气候推荐站点的成功率	95.7%	74.0%
气候推荐站点中,完成≥3 次的站点	14 个(占比 30.4%)	17 个(占比 22.1%)
气候未推荐区		
气候未推荐站点数	2329 个	2323 个
气候未推荐站点中,完成≥1 次的站点	233 个	89 个
气候未推荐站点的成功率	10.0%	3.8%
气候未推荐站点中,完成≥3 次的站点	7 个(占比 3.0‰)	3 个(占比 1.3‰)

1951—2020 年全序列,气候推荐地区成功率为 88.2%(气候未推荐地区成功率为 10.0%)。显然,基于节气气候分析所形成的推荐,对于选择在哪里调制“冷香丸”具有良好的指导性(表 2)。甘肃和辽宁分列首席和次席,其中 1951—2020 年可制成“冷香丸”次数最多(8 次)的两个站点,均在甘肃,为泾川和张家川(表 3)。

表 2 1951—2020 年全序列中气候推荐地区和气候未推荐地区制成“冷香丸”的概况

制成“冷香丸”状况	气候推荐地区	气候未推荐地区
站点概况	76 个	2324 个
完成≥1 次的站点	76 个	919 个
完成率	100%	39.5%
完成≥3 次的站点	67 个	232 个

续表

制成“冷香丸”状况	气候推荐地区	气候未推荐地区
成功率	88.2%	10.0%
完成≥6 次的站点	17 个（占比 22.4%）	5 个（占比 0.2%）
完成 8 次的站点	2 个（占比 2.6%）	0 个

表 3 1951—2020 年全序列中气候适宜调制“冷香丸”地区的省际分布

省（区）	甘肃	辽宁	陕西	河北	山西	新疆	四川	山东	河南	西藏
站点数/个	25	14	8	7	6	6	5	3	1	1

3.4 不同气候期内可调制“冷香丸”的潜力区域的变化

按照某地首次出现雨、露、霜、雪的极值日期，判断该地是否具有制成“冷香丸”的潜力区域。在 1951—1980 年、1981—2010 年、2011—2020 年三个气候期内，最早初雨在雨水节气日以前、最早露日在白露节气日以前、最早初霜在下半年霜降节气日以前、最早初雪在下半年小雪节气日以前的区域，是在极端状态下偶然可能调制“冷香丸”的地方，这是为调制“冷香丸”寻找理论上的最大空间（图 4）。

基于以上设定，得到全国有 50%的地方具备制成“冷香丸”的潜力。1951—1980 年、1981—2010 年、2011—2020 年三个气候期满足条件站点占比分别为 50.2%、49.7%、30.3%。而且，随着气候变化，相应区域向北偏移，满足条件的空间概率降低。

以雨、露、霜、雪在相应气候时段内的极端最早初日作为衡量指标，寻找调制“冷香丸”的潜力区域并讨论发生的变化。1951—1980 年不满足条件但 1981—2010 年满足条件的站点中，有 73.1%是因为雨水节气日以前能够出现降雨，主要分布在北纬 35°以北。1951—1980 年满足条件但 1981—2010 年不满足条件的站点中，有 67%是因为初霜延迟到霜降节气日之后，主要在北纬 35°以南。可见，北方初雨

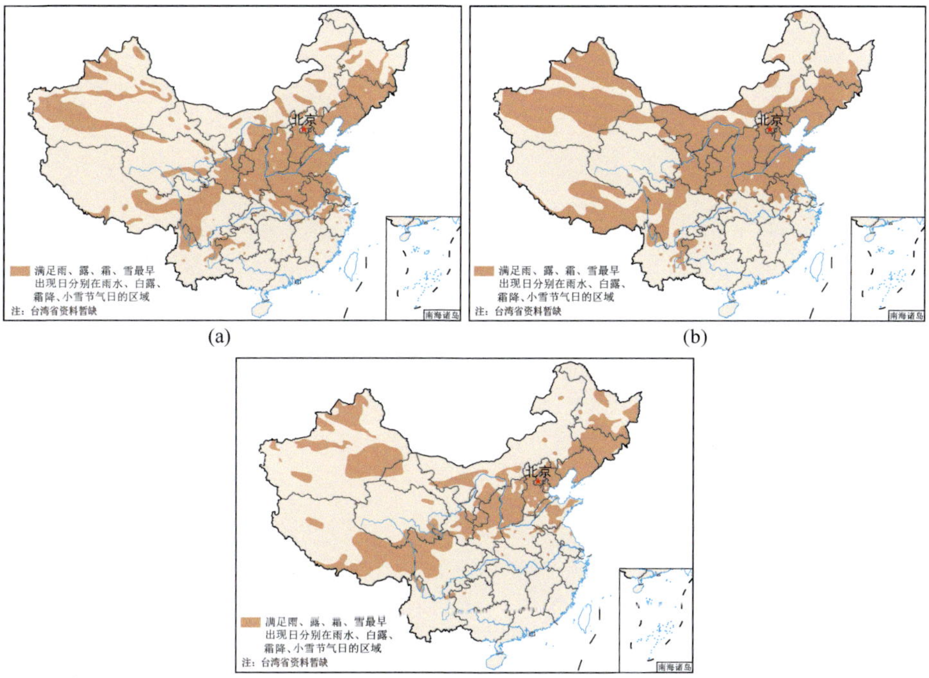

图 4 我国不同气候期具有调制“冷香丸”潜力的区域

(a)1951—1980 年；(b)1981—2010 年；(c)2011—2020 年

的提前和南方初霜的延后，使“冷香丸”潜力区域增添了变数。

3.5 不同气候期内，“冷香丸”1 年内“可巧”调制成功概率分析

实际观测中，有没有 1 年时间内调制“冷香丸”的成功案例？1951—1980 年，1 年时间内成功调制“冷香丸”的空间概率为 8‰；1981—2010 年，1 年时间内成功调制“冷香丸”空间概率为 44.6‰。1981—2010 年概率显著增加，主要是较北地区雨水节气日能够出现降雨所致。但 2011—2020 年，仅有 4 站在 1 年时间内可成功调制“冷香丸”（图 5）。在 1951—2020 年的全时间序列中，全国仅 5.4%站点可有成功案例，70 年间，8 个站点（宁夏西吉、黑龙江五常、甘肃陇西和

张家川、辽宁岫岩和海城、四川黑水）可完成 2 次，集中在 1960—1980 年。其余均为 1 次。

图 5　我国 1951—2020 年在 1 年时间内可调制“冷香丸”的区域

3.6　气候变化背景下，可调制成功“冷香丸”的理论概率和区域变化

3.6.1　“冷香丸”可调制成功的理论概率变化分析

能调制“冷香丸”的站点，1951—1980 年空间占比为 24.8%，主要分布于二十四节气起源的黄河中下游地区以及辽宁，成功的平均概率为 1.54‰；1981—2010 年空间占比为 22.0%，向吉林、黑龙江以及新疆拓展，黄河中下游地区的概率明显降低，成功的平均概率为 1.92‰。概括而言，全国不足 1/4 的地方，理论上具备调制完成“冷香丸”的可能性，成功概率平均在 2‰以下（图 6、表 4）。

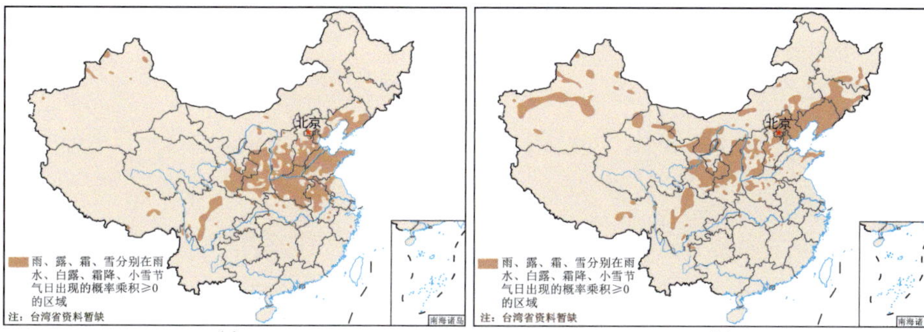

(a)　　　　(b)

图 6　我国不同气候期理论上具备调制完成"冷香丸"的可能性的区域

(a)1951—1980 年；(b)1981—2010 年

表 4　4 个代表性城市 1 年内制成"冷香丸"的理论概率　‰

城市(站点编号)	1951—1980 年	1981—2010 年
北京(54511)	1.1	0.8
西安(57036)	1.5	0
南京(58238)	0.5	0
沈阳(54342)	2.5	5.3

3.6.2　"冷香丸"可调制成功的区域变化分析

在 1951—1980 年可调制成功满足条件的 589 站中，概率均值为 1.03‰，最大 6‰，到了 1981—2010 年，55.9%站点不再满足条件，这些不满足条件的站点中有 88%的站点是因为小雪节气没有降雪。在 1981—2010 年满足条件的 528 站中，概率均值 2.16‰，最大 14.8‰，相比 1951—1980 年有 50.8%是新增，这新增站点中有 92%是满足了雨水节气降雨条件。在两个气候期，可调制"冷香丸"的区域，发生了超过 50%的变化，空间重合率只有 31.3%。而随着气候变化，满足条件的区域向北偏移，由于气温高于原有水平，北纬 38°以南地区因小雪节气日不具备降雪条件而无法调制"冷香丸"；北纬 38°以北地区，因雨水节气日具备降雨条件而可以调制"冷香丸"。气候变化层面，雨水节气的雨和小雪节气的雪，是改变“冷香丸”调制区域的关键因素。

再对相对寒凉的1971—1980年与相对温暖的2011—2020年进行极致化的年代际对比[3]。在满足条件的区域内，1971—1980年可制成“冷香丸”的平均概率为4.4‰，在这其中有87.3%站点到2011—2020年不再满足条件，不再满足条件站点中有63%是因为到了2011—2020年霜降节气日无霜。在满足条件的区域内，2011—2020年可制成“冷香丸”的平均概率为3.8‰，这其中有93.1%（122个）的站点为新增，新增的之中有84%是因为2011—2020年雨水节气日能够降雨。两个年代对比，理论上可制成“冷香丸”的区域，空间重合率只有4.7%，也就是说相对寒凉的年代与相对温暖的年代，可调制“冷香丸”的区域差异超过95%（图7）。

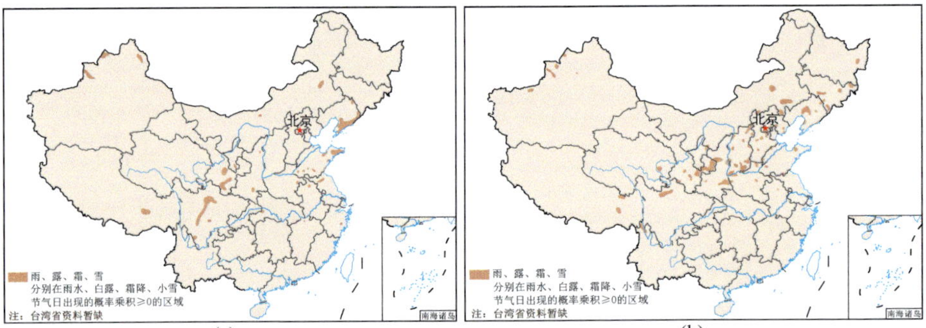

图7　我国不同气候期可调制“冷香丸”区域对比

(a)1971—1980年；(b)2011—2020年

造成区域显著变化的主因，是较南地区霜降节气日无霜，而较北地区雨水节气日可以有雨（降水相态由雪到雨）。气候差异越大，可制成“冷香丸”的区域重合度越低，表征初雨的雨水节气、表征初霜的霜降节气、表征初雪的小雪节气，在气候相对寒凉的20世纪70年代到气候相对温暖的21世纪初，其适用区域几乎截然不同，或可被视为衡量年代际气候差异的一项重要指标。

3.7　气候变化背景下调制“冷香丸”的区域发生变化的主要原因

3.7.1　四个节气日的水汽相态类天气现象空间分布出现显著变化

(1)立春和雨水时节雨日的变化

从全国雨日变化来看，3%站点雨日无变化，25%站点雨日减少，72%站点雨日增加。雨日增多呈现出较为显著的普遍性(图 8)。

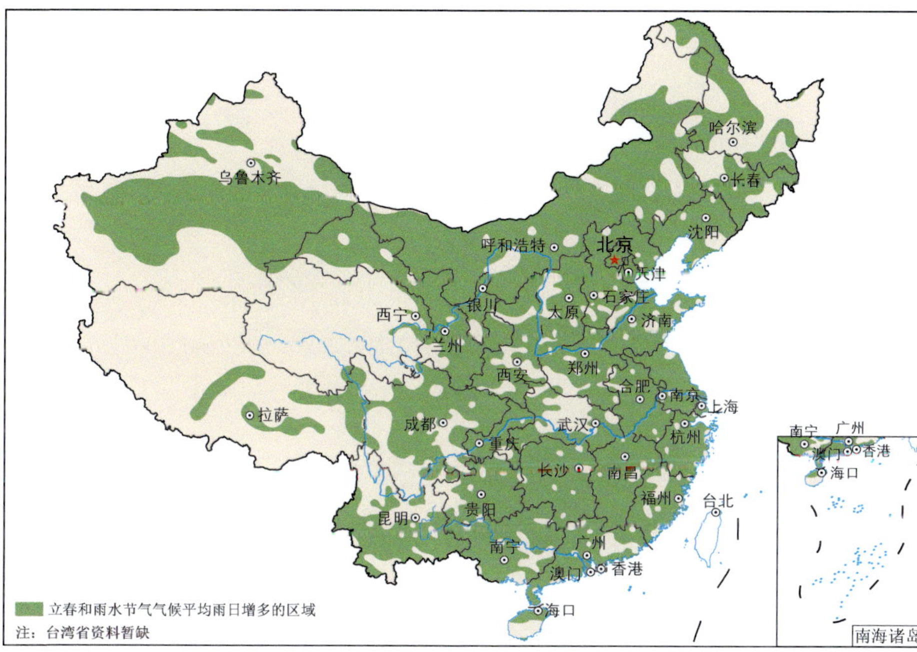

图 8　我国 1981—2010 年与 1951—1980 年同期相比立春和雨水时节的雨日特征

(2)处暑和白露时节露日的变化

从全国露日变化来看，44%站点露日减少，56%站点露日增多。露日的增减并未呈现出显著的普遍性。

(3)寒露和霜降时节霜日的变化

从全国霜日变化来看，20%站点霜日无变化；42%站点霜日减少，平均减少 0.94 d；38%站点霜日增加，平均增加 1.3 d。霜日的增减，也未呈现出显著的普遍性。

（4）立冬和小雪时节雪日的变化

从全国雪日变化来看，13%站点雪日无变化；64%站点雪日减少，平均减少 0.6 d；23%站点雪日增加，平均增加 0.29 d。雪日减少，体现出较为显著的普遍性（图 9）。

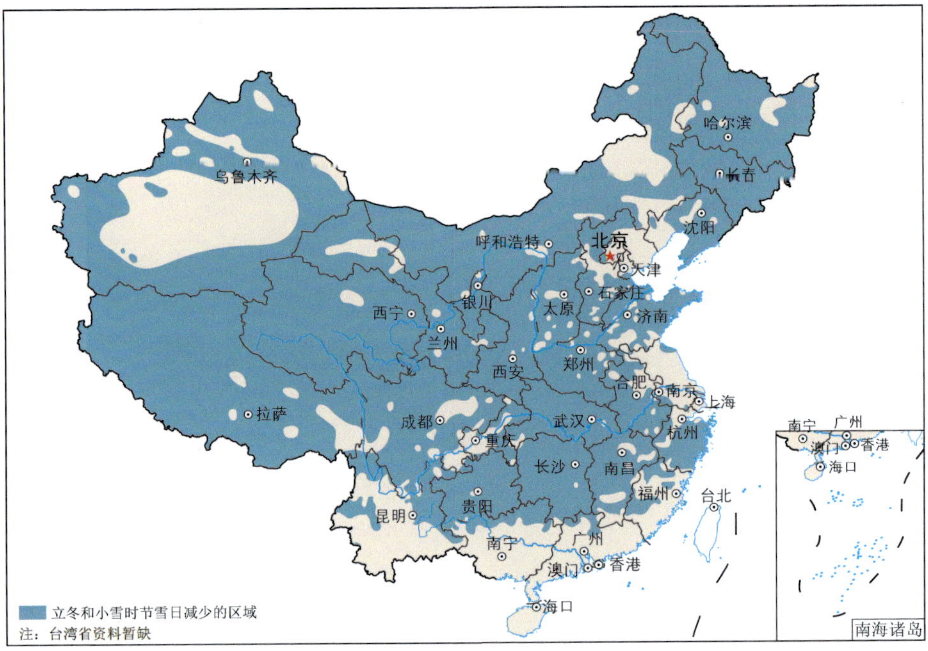

图 9　我国 1981—2010 年与 1951—1980 年同期相比立冬和小雪时节的雪日特征

由以上分析可见，在气候变化的背景下，立春—雨水时节的雨日增多和立冬—小雪时节的雪日减少，对可调制“冷香丸”的区域变化，起到了最关键的作用[4-5]。就此，我们重点解析气候变化背景下雨雪转换期的变化特征[6-7]。

3.7.2 雨日增多和初雨日提前，降低了北方调制“冷香丸”的难度

全国有 61.8%的地区立春时节气温增幅最大（图 10）。气候变化背景下，全国平均而言，雨水节气日之前的立春时节，也是增温幅度最

大的时段。这使北方的雨雪转换期大幅提前，部分地区开始具备雨水节气日降雨的气候条件。

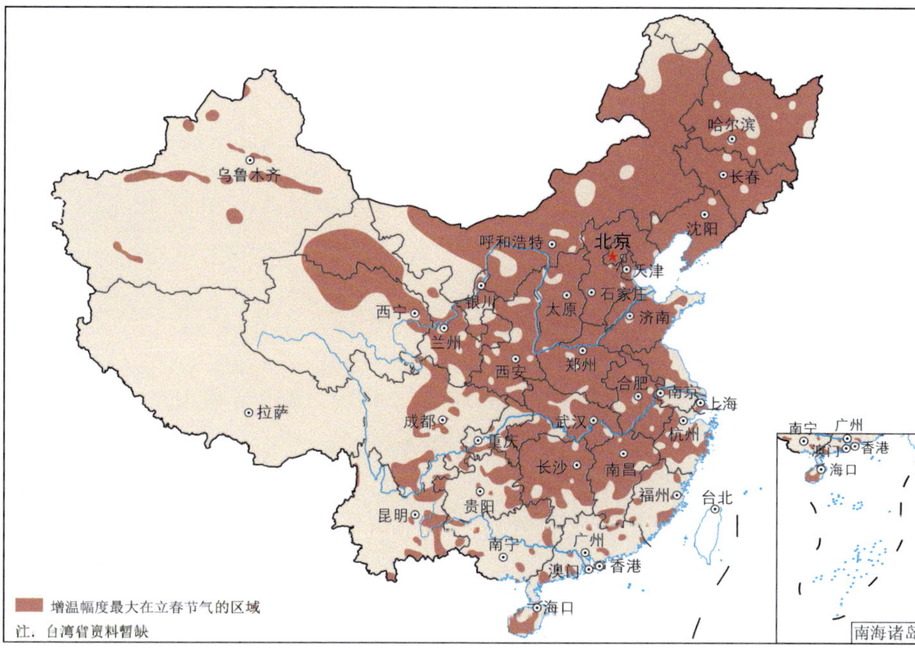

图 10　我国 1981—2010 年较 1951—1980 年增温幅度最大的节气时段为立春时节的区域

北京也是雨水时节增温幅度最大，以 1951—1980 年作为节气气候基准，北京 1981—2010 年雨水节气的气候时间提前 17 d 开始、提前 11 d 结束，白露节气的气候时间延后 7 d 开始、延后 7 d 结束，霜降节气的气候时间延后 4 d 开始、延后 4 d 结束，小雪节气的气候时间延后 4 d 开始、延后 12 d 结束。四个水汽状态类节气的气候时间，雨水节气的变化幅度最大，雨水节气气候时间的大幅前移，使立春之后北方众多地区降雨在降水相态中的占比显著提升，从而打破原有的限定条件（图 11）。

与 1951—1980 年相比，1981—2010 年全国立春时节降雨概率开始高于降雪概率的区域向北偏移了约 1 个纬度。与 1951—1980 年相比，1981—2010 年雨水时节降雨概率开始高于降雪概率的区域向北

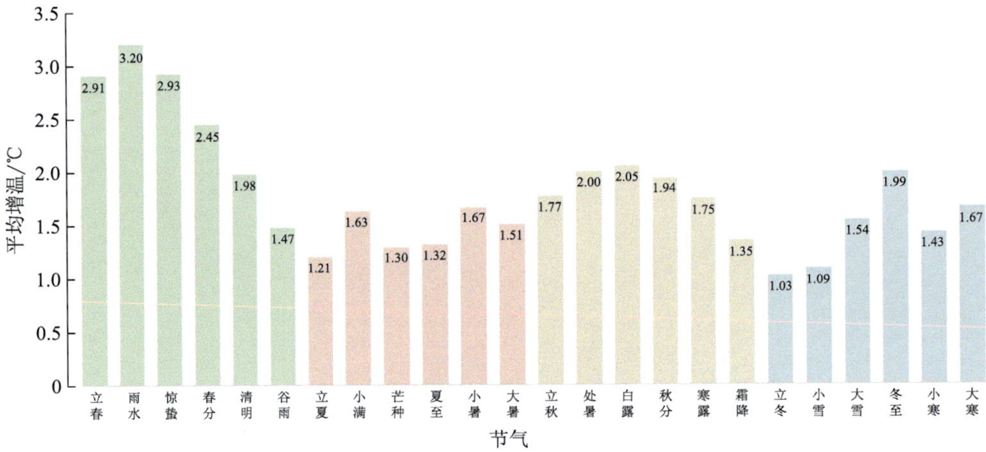

图 11　北京 1981—2010 年与 1951—1980 年相比
各个节气时段的平均增温幅度

偏移了约 2 个纬度。随着气候变化，初雨日在雨水时节的区域由辽宁向吉林蔓延。

对于偏南地区而言，若调制“冷香丸”，受到既要霜降节气日降霜又要小雪节气日降雪的双重限定，只要有一项不满足就无法调制“冷香丸”。而在气候变化的背景下，这两个“门槛”对于黄河中下游以南地区正在变得越来越高。从前对于偏北地区而言，白露节气日有露、霜降节气有霜、小雪节气有雪，是可以轻而易举“达标”的。只有雨水节气日以仍降雪为主，降雨条件难以“达标”。而在气候变化的背景下，由于雨水节气日之前的立春时节增温显著，雨水节气的气候时段大幅向前漂移，雨水节气日降雨的概率显著提高，从而使东北部分地区也开始具备了调制“冷香丸”的气候条件。因此，随着气候变化，可调制“冷香丸”的区域，逐渐向北偏移。

3.7.3　降雪减少、初雪延后，是“冷香丸”无法制成的最大影响因素

从无雪区气候变化来看，1951—1980 年、1981—2010 年、2011—2020 年站点占比分别为 4.2%、4.6%、8.2%。21 世纪初的无雪区，

几乎比半个世纪前扩大了一倍。

从年均雪日变化分析得到，与 1951—1980 年相比，1981—2010 年 7.0%站点雪日增加，平均增幅 27.5%；89.6%站点雪日减少，平均降幅 21.0%。与 1981—2010 年相比，2011—2020 年 3.5%站点雪日增加，平均增幅 42.5%；92.3%站点雪日减少，平均降幅 34.5%。从年均雪日减少比例分析得到，与 1951—1980 年相比，1981—2010 年 16.0%的站点降雪日数减少≥30%，5.1%的站点减少≥50%。与 1981—2010 年相比，2011—2020 年 46.1%站点降雪日数减少≥30%，14.3%的站点降雪日数减少≥50%。与 1951—1980 年相比，2011—2020 年 75.2%的站点降雪日数减少≥30%，28.9%的站点降雪日数减少≥50%，也就是说，半个世纪的时间，中国有将近 30%的地方降雪日数减少了一半以上。

从代表性城市来看，与 1951—1980 年相比，2011—2020 年南岭附近及四川盆地降幅更大，韶关减少 100%，重庆、福州、温州、桂林、成都等地均减少 60%以上，就连盛行冷流降雪而被称为"雪窝子市"的烟台，也减少了 30%以上。综上分析，在气候变化背景下，全国 90%左右的地区雪日减少，具有非常显著的普遍性，且呈现加速减少的态势。尤其在南岭两侧、四川盆地等地，年均雪日降幅尤甚（图 12）。

不仅雪日减少，初雪日延后现象也非常显著。与 1951—1980 年相比，1981—2010 年全国有 57.6%的地区初雪延后，平均延后约一周（7.4 d），其中有 3.7%的地区初雪延后超过 15 d，达到节气尺度。与 1981—2010 年相比，2011—2020 年全国有 72.5%的地区初雪延后，平均推后约 10 d，其中，全国有 12.9%的地区初雪延后超过 15 d，初雪延后达到节气尺度。另外，全国还有 3.8%的地区（91 个站）由有降雪现象变成无降雪现象。三个气候期的对比，在气候变化背景下，初雪延后的空间范围和时间尺度均在逐步扩大。在气候变化背景下，全国较为普遍性地出现降雪日减少、初雪日延后的现象。小雪节气日的雪，正在成为决定"冷香丸"是否能够调制成功的最大变数。

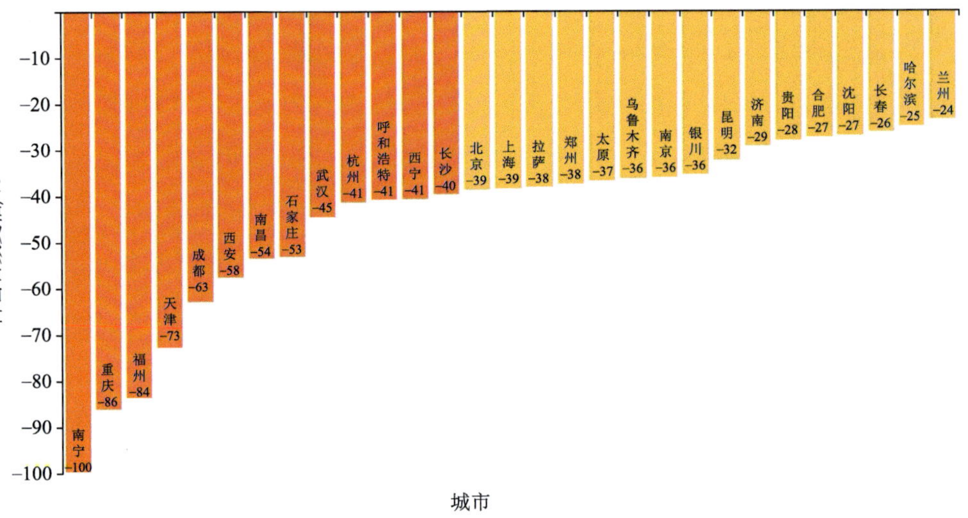

图 12　2011—2020 年与 1951—1980 年相比我国部分省会级城市年均降雪日数变幅

4　结论

本文基于中国古典文学名著与节气、气象元素的关联，设定并依托 1951—2020 年可靠长序列、多要素气象观测数据进行分析，运用统计分析、概率论等方法，立足气象学科，通过全新的科学与文化的融合形成崭新视角，进行时空量化分析探讨，以中国智慧方式展现气候变化的影响，具体结论如下。

(1)全国只有 2%～3%的地方，具备调制“冷香丸”的气候条件，它们制成“冷香丸”的成功率高于其他地区至少 1 个数量级。基于气候分析的推荐，对于选择在哪里调制“冷香丸”具有良好的指导性。

(2)在天气意义上，全国有约 42%的地方，具备制成“冷香丸”的可能性，平均制成周期约为 25 年。

(3)在假定的极端意义上，全国约有 50%的地方，具有偶然制成“冷香丸”的潜力。

(4)全国有接近 25%的地方，在天气意义上具备 1 年时间内调制完成“冷香丸”的可能性，平均成功概率在2‰以下，近乎“千年等一回”的小概率事件。

(5)有完整气象记录以来，全国有接近5%的地区具备1年时间内制成“冷香丸”的成功案例的条件，其中97%都仅可能制成1次，3%具备制成2次的条件。

(6)1951—1980年和1981—2010年两个气候期对比，可制成“冷香丸”的区域重合度仅约30%。相对寒凉的1971—1980年和相对温暖的2011—2020年两个年代对比，可制成“冷香丸”的区域重合度不足5%。气候差异越大，可制成“冷香丸”的区域重合度越低，甚至可能出现近乎不重合的状况。

(7)气候变化背景下，可制成“冷香丸”的区域向北偏移。原因之一是，偏南地区调制“冷香丸”，本就受到霜降节气日出霜、小雪节气日降雪的双重制约。而随着气候变化，部分地区霜日减少并初霜滞后，多数地区雪日减少并初雪滞后，使北纬38°以南地区越来越难以满足条件。原因之二是，偏北地区调制“冷香丸”，只受雨水节气降雨这一单项条件制约。而随着气候变化，立春时节增温幅度显著，雨水节气的气候时间大大前移，是4个水汽状态类节气中气候时间变幅最大的。雨水时节降雨概率开始高于降雪概率的区域北移了2个纬度。北纬38°以北地区可调制“冷香丸”的区域显著扩张。

(8)气候变化背景下，相关时段的雨日增多和初雨日提前，降低了调制“冷香丸”的难度。初雪显著而加速延后、降雪日普遍而加速减少，正在成为未来“冷香丸”调制的最大变数。

致谢

感谢信欣完成本文所有图形绘制、基于气候背景和地形的修正审核。感谢付靖怡基于本文内涵对图形的重新诠释和视觉化包装设计。

参考文献

[1] 曹雪芹，高鹗. 红楼梦［M］. 北京：人民文学出版社，1982.
[2] 魏凤英. 现代气候统计诊断与预测技术［M］. 北京：气象出版社，2007.
[3] 丁一汇，任国玉. 中国气候变化科学概论［M］. 北京：气象出版社，2008.
[4] 任国玉，吴虹，陈正洪. 我国降水变化趋势的空间特征［J］. 应用气象学报，2000，11（3）：322-330.
[5] 王颖，施能，顾骏强，等. 中国雨日的气候变化［J］. 大气科学，2006，30（1）：162-170.
[6] 王遵娅. 中国冰冻日数的气候及变化特征分析［J］. 大气科学，2011（3）：411-421.
[7] 刘引鸽. 我国降雪日数的气候变率及其影响因素研究［D］. 北京：中国科学院大学，2014.

哈萨克族“阿玛勒”与二十四节气的对位研究

宋英杰，智利蓉，隋伟辉，齐鹏然，张慕天

（中国天气·二十四节气研究院，北京 100081）

摘要： 不晚于8世纪以来，哈萨克族的“阿玛勒”一直存续于民间，直到1994年才进入学术界的视野。“阿玛勒”在哈萨克族语言中意为“措施”，被视为哈萨克族的二十四节气，用以指导生产和生活，是非常独特的节令体系，是哈萨克族宝贵的文化遗产。“阿玛勒”在传承过程中，有多种版本，与二十四节气的对位也存在显著差异。在尊重“阿玛勒”文化习俗的前提下，从气象、天文、物候等多个维度进行数据化分析，自诸多版本中，遴选出最确切对应哈萨克族聚居区气候和物候节律及指征的“阿玛勒”节气序列，并在此基础上形成与二十四节气的对位，以利于理解两种节气体系的时序关系。

关键词： 哈萨克族；阿玛勒；二十四节气；对位

1 哈萨克族“阿玛勒”与二十四节气的特征化差异

“阿玛勒”在哈萨克族语言中意为“措施”，被视为哈萨克族的二十四节气，用以指导生产和生活，是哈萨克族宝贵的文化遗产。其与二十四节气存在特征化差异。

第一，二十四节气表征的是无位移的视域内的时令。而哈萨克族的“阿玛勒”表征的时令，存在上千米的垂直位移、上百千米的水平位移，以指导四季转场的游牧生活方式（图 1）。

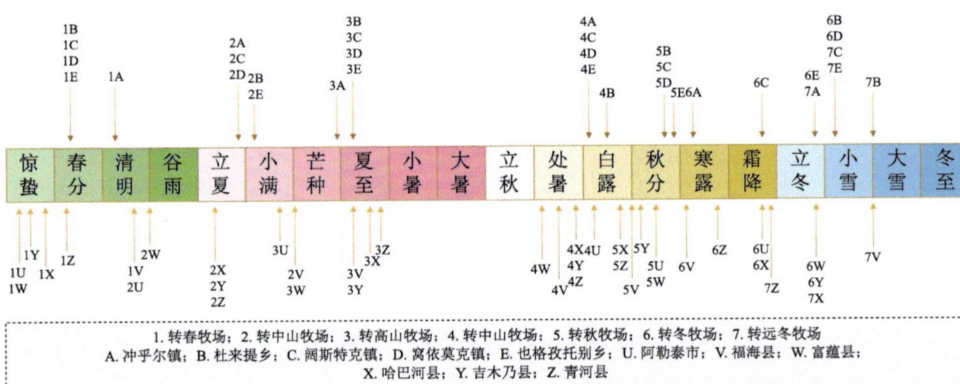

图 1 新疆阿勒泰地区各县和布尔津县各乡镇的转场起始时间

第二，二十四节气中各个节气时段是首尾相接的，每个节气时段 15±1 d。而哈萨克族“阿玛勒”中的各个节气时段为 6 d，并非首尾相接。目前，新疆的哈萨克族已习惯于以现行公历对应“阿玛勒”中的传统节气。每月的第一个节气是公历 10—15 日，第二个节气是公历 20—25 日。因此，在“阿玛勒”中，1 年里的节气时段只有 144 d。因此，哈萨克族“阿玛勒”中的节气与二十四节气，起止时段不同，所谓的对位，是整体序列的对位，而并非起止时间点上的严谨对位。

第三，二十四节气是表征气候态的，哈萨克族“阿玛勒”是表征某种高影响天气或某种重要物候现象的较高概率的发生时段的。这是它们之间本质的逻辑差异。

第四，二十四节气的节气名主要为气候或天气现象，物候现象主要由七十二候进行情节刻画。而哈萨克族“阿玛勒”中的节气名，主要是物候现象，以及故事化的天气现象。例如玛木尔节气，刻画的是水草丰美之时，飞禽吃得太饱，飞不动，走路时一拽一拽的状态。例如萨拉坦（意为“骆驼”）节气和枣吾扎（意为“女孩”）节气，取自春夏交替时的遭遇暴风雪而冻僵的故事。而且，哈萨克族“阿玛勒”中的同一节气，往往有数个节气名。例如，对应小满节气，既有描述意外的风雪天气的枣吾扎节气，也有描述莺歌燕舞的云雀节气，类似于北方节气歌谣中的“小满鸟来全”。

目前在辞书、论文、专著以及民俗记录中，哈萨克族“阿玛勒”版本众多，很多节气的称谓和排序也各不相同（表1）。例如对应立春，有的版本是艾孜，有的版本是沃塔玛勒；对应小满，有的版本是木尔扎，有的版本是萨拉坦—枣吾扎；对应秋分，有的版本是塔拉孜（天秤），有的版本是布鄂木因朱瓦热（鹿脖子变粗）；对应小寒、大寒，有的版本是阿克潘、月特，有的版本是塔克潘、阿克潘。吾尔开尔节气，有的版本对应谷雨，有的版本对应小暑，有的版本对应立秋；卡拉杰勒，有的版本对应白露，有的版本对应寒露；萨尔塔木孜，有的版本对应大暑，有的版本对应处暑。

表1 哈萨克族“阿玛勒”与二十四节气对位的通行版本

季节	二十四节气	阿玛勒	季节	二十四节气	阿玛勒
春季	立春	艾孜	夏季	立夏	奎也克
	雨水	诺吾鲁孜		小满	木尔扎
	惊蛰	沃塔玛勒		芒种	巴斯赤勒叠
	春分	萨吾尔		夏至	萨尔沙
	清明	萨拉坦		小暑	吾尔开尔
	谷雨	枣吾扎		大暑	萨尔塔木孜

续表

季节	二十四节气	阿玛勒	季节	二十四节气	阿玛勒
秋季	立秋	玛萨克	冬季	立冬	阿克拉甫
	处暑	塔拉孜		小雪	赛尔涅
	白露	卡拉杰勒		大雪	克尔哈亚克
	秋分	布鄂未因朱瓦热		冬至	托克劳吾
	寒露	考吾斯		小寒	阿克潘
	霜降	波克劳		大寒	月特

2　哈萨克族“阿玛勒”与二十四节气的对位分析

本文的对位分析，从三个方面进行。第一，基于天文和历法。第二，基于气候态，选取表征新疆北部哈萨克族聚居区天气气候的国家地面气象观测站观测数据（简称43个站点），并重点选取新疆北部哈萨克族主要聚居区的20个代表性气象站点，包括10个气候无夏站点、10个四季分明站点（简称20个站点）①，平均纬度北纬45.45°，平均海拔860.6 m，数据进行参照对比（图2）。以1981—2010年作为气候基准期（本文中除特殊注明外，均为1981—2010年气候数据），并与气候变化前的1951—1980年数据进行参照对比。第三，基于物候，包括农事和牧业关键期信息。

2.1　基于天文和历法的对位分析

2.1.1　昴宿星

古代哈萨克族人曾经使用“月昴宿历法”。昴宿星，是位于黄经60°的疏朗星团，所以太阳运行至小满节气时，它淹没在太阳的光芒

①本文所有“站点”均指国家地面气象观测站。

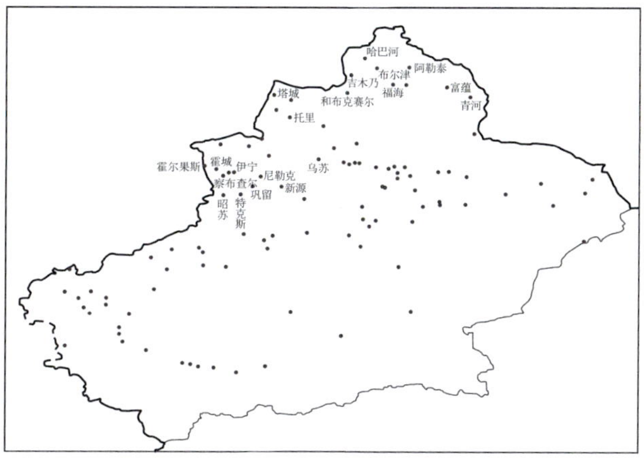

图 2 新疆北部哈萨克族主要聚居区的 20 个气象站点

中，于是人们就看不见它了（图 3）。它消失的时段，大约是公历 5 月 1 日—6 月 10 日（中高纬度地区）。

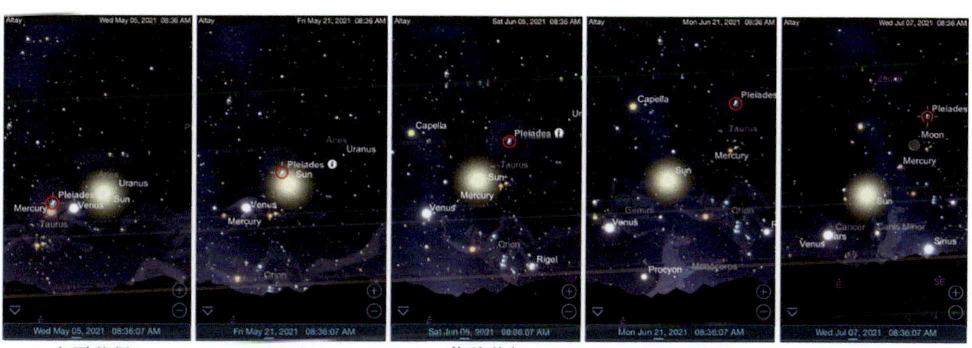

立夏节气 小满节气 芒种节气 夏至节气 小暑节气

图 3 以新疆阿勒泰市为观测视角，立夏至小暑疏朗星团变化图

（使用基于星历和星图的 App 即 SkySafari，图中红圈所定位的就是昴宿星团）

由于地轴进动造成的岁差（地轴进动的周期为 25800 年），在 500 年前的古代，这个日期更早一些，比现在要提前 10 d 左右。在哈萨克族谚语中，有“昴宿星不落地，夏天不会来”的说法，是指其预兆气候夏季的来临。有人将看不到昴宿星的 40 d 解读为哈萨克族人所说的“伏热四十天”，这并不符合真实的气候。昴宿星消失的时

段5月1日—6月10日（中高纬度地区），用节气语汇就是谷雨三候至芒种一候，显然不是一年之中最热的时段。表征昴宿星的吾尔开尔节气，有人将其解读为昴宿星“落地”的节气，可以对应谷雨节气。但吾尔开尔也可以解读为昴宿星“复出”的节气，可以对应芒种节气。

昴宿星“落地”之后的再度“复出”，代表着气候夏季即将来临，所以哈萨克族谚语中有“昴出腰间，准备过夏天”的说法。而在43个站点（除无夏站点）中，1981—2010年的平均入夏时间在6月9日，1951—1980年的平均入夏时间在6月13日，均处于芒种时节。而且对应芒种的6月第二个节气，正是新疆北部地区全年降水量最大的时段。因此，代表昴宿星“复出”的吾尔开尔节气，在季节转换和降水方面均具有良好的指征意义。

2.1.2 伏热四十天

与“夏至三庚数伏”相类似，哈萨克族也有自己的伏日。“伏热四十天”，表征1年之中最热的时段。将1981—2010年平均最高气温的40 d滑动平均序列最大值的起始日视为“伏热四十天”的开始，由于月亮与昴宿星团“相遇”的周期是27～28 d，昴宿星团复出后的首次昴月同辉（昴宿星团“日合”之后的首次“月合”）的时间大约是在6月11日—7月8日之间，平均日期是在6月27日左右（图4）。

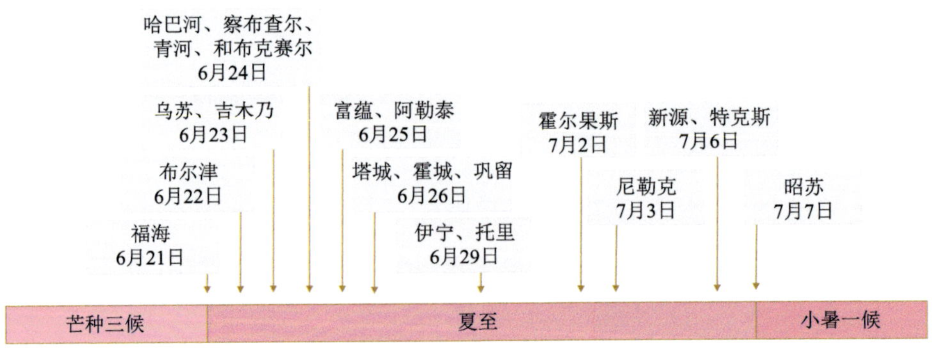

图4 1981—2010年新疆北部20个站点“伏热四十天”起始图

"昴月同辉"开始的 40 d,才应该是一年中最热的 40 d,平均是 6 月 25 日—8 月 5 日。这个时段,与我们对 20 个站点以平均气温界定的"伏热四十天"时段高度重合,95%的站点"伏热四十天"始于夏至时节。这 20 个站点的最热 40 d 的平均起始时间是 6 月 27 日,夏至二候。43 个站点的最热 40 d 滑动平均:1951—1980 年"伏热四十天"平均起始日为 6 月 25 日,1981—2010 年"伏热四十天"平均起始日为 6 月 27 日。换句话说,昴宿星团消失,只是预示夏季的开始;而昴宿星团复出后的首次"昴月同辉"才是伏热季的开始。

在哈萨克族语言中,公历 7 月的别称为"赤勒叠"(意为"四十"),表征最热"伏热四十天"涵盖的主要时段。而名为"巴斯赤勒叠"(赤勒叠月之初)的节气,应该对应的是处于"伏热四十天"前半段的小暑节气。另外,一个天气证据是,巴斯赤勒叠节气之际,时常多雨,河谷人家便提前在毡房周围挖排水渠。由于芒种、夏至、小暑时节,为新疆北部全年降水的峰值时段,多雨的累积效应最容易在巴斯赤勒叠节气时形成洪涝。

2.1.3 七寒

与冬季"数九"习俗相类似,哈萨克族有冬季数"七寒"的习俗。所谓"七寒",每一寒为 8～9 d,总共 60 d,代表最冷的降冬时节。那么,"七寒"始于什么时段?

在我们选取的 20 个站点中,按照最低气温的 60 d 滑动平均,80%的站点最冷的 60 d 始于 12 月 25 日前后(图 5)。换句话说,冬至、小寒、大寒、立春是新疆北部最冷的四个节气。而其中小寒、大寒的气温最低。有人认为月特节气对应大寒节气。如果这样对应,月特节气结束时,距离气温上"七寒"的结束还有大约 28 d(即 4 周)左右的时间。在"阿玛勒"中,月特节气代表"七寒之末",即最冷 60 d 的结束。

在 20 个站点中,80%的站点"七寒"(最冷 60 d)的结束日是在雨水节气之初的 2 月 21—23 日(图 6)。所以,月特应该对应的是雨水节气。在新疆北部,开始解冻,是在惊蛰—春分时节;全面消融,是在清明—谷雨时节。因此,有"月特到,商人跑"之说。之所以商人急于

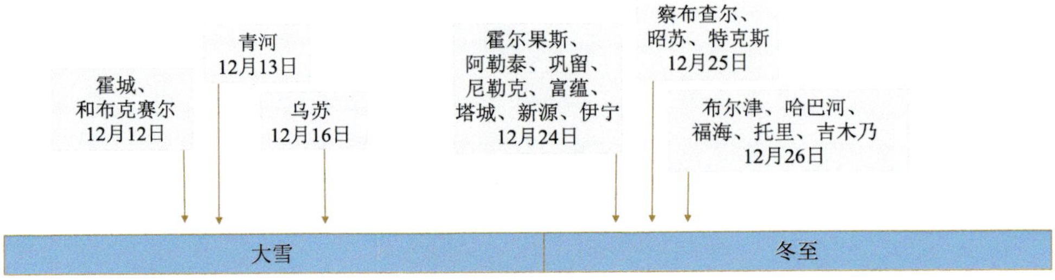

图 5　1981—2010 年新疆北部 20 个站点“七寒”起始图

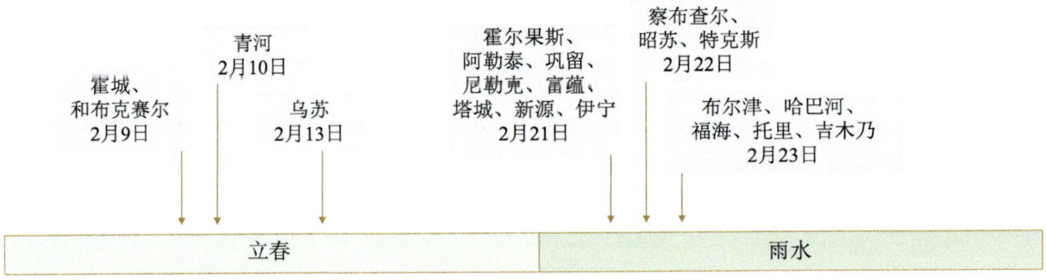

图 6　1981—2010 年新疆北部 20 个站点“七寒”结束图

“跑”，是急于利用冰雪开始消融前的一个月时间，赶赴大草原上进行货物交易。月特节气如果对应大寒，在“水泽腹坚”的大寒时节，初融之时尚远，商人也就不急于“跑”了。

2.1.4　白昼最短的节气

与表征寒暑极致时段一样，“白昼最短”也是刻画共性的节气。在二十四节气体系中，白昼最短的冬至节气，是最早被测定的节气，从“资历”和历法推步的视角来看，冬至是二十四节气中的第一个节气。在北半球冬季，各地日出最晚的日期不一样，日落最早的日期也不一样，但白昼最短的日期却是一致的。提炼共性，是各种节气体系创立过程中的共同路径。

从冬至日开始，白昼逐渐延长，平均增加时长为 34 s/d，所以节气谚语中，有“吃了冬至饭，一天长一线”的说法，在哈萨克族谚语中，则有“过了托克劳吾，一天长一乌鸦步”的说法。从立春开始，白昼平均增加时长为 189 s/d，哈萨克族谚语有“过了阿克潘，一天变宽一马步”

的说法。“乌鸦步”和“马步”，代表着冬至节气伊始和立春节气伊始每日白昼延长的幅度差异(图 7)。

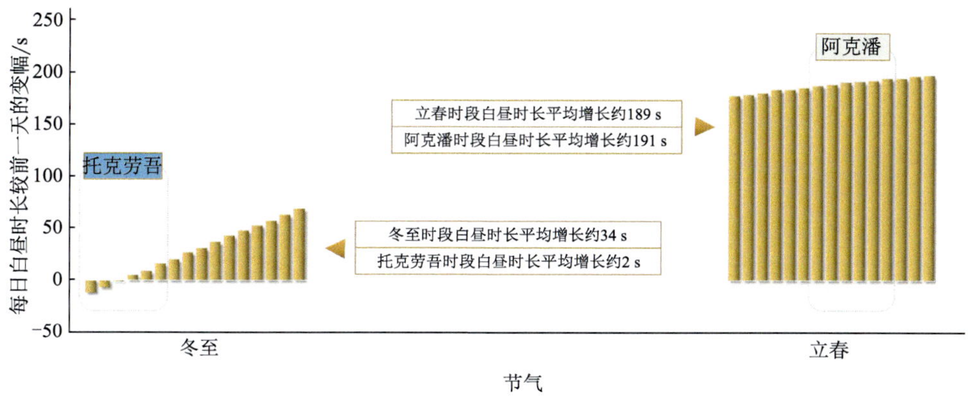

图 7 新疆阿勒泰地区冬至和立春时节每日白昼延长的幅度差异

2.1.5 春分时节的纳吾尔孜

春分时，太阳位于黄经 0°，昼夜平分之时，是哈萨克族的新年，所以纳吾尔孜所在的节气以及所处的月份，均以“纳吾尔孜”命名。哈萨克族诗云：“吃了纳吾尔孜饭，自此二月(农历)春始返。”这时正值新疆北部物候意义上的冬春交替之时，天气渐暖，草木初萌，正处于开始解冻但尚未完全消融的时段，还有残冰薄雪。这是春分时节的物候特征。在哈萨克族牧民看来，此时正是狼群踏着薄雪袭击羊圈的高发期。就转场节点而言，正值即将迁往春牧场或刚刚迁往春牧场之时。

2.2 基于气候的对位分析

通过提取气候基准期内的站点数据，界定天气气候现象的特征时段，包括换季时间、初雷、初霜终霜、初雪终雪、大风降温等，进行节气的对位分析。

2.2.1 萨吾尔

萨吾尔所代表的，是在春牧场迎来第一声春雷的时段。在 20 个站点中，有 11 个站点是在谷雨时节初雷，1 个站点是在清明时节初雷,8个站点是在立夏时节初雷。平均初雷日期为5月2日谷雨三候。10个四季分明的站点,平均初雷是5月5日。10个无夏的站点,平均初雷是4月30日。由初雷日期可以初步推断,萨吾尔对应的应该是谷雨节气。

2.2.2 萨拉坦和枣吾扎

这两个节气名的故事背景是:因烧奶和接羔取暖而短缺柴禾,于是,小女孩枣吾扎穿着单薄的衣服,骑着一头剪过毛(也相当于衣着单薄)的萨拉坦(骆驼)出去捡拾红柳树的枯根。即将返程时,暴风雪呼啸而来。待次日人们发现他们时,枣吾扎和萨拉坦都已经被冻僵了[1]。在1981—2010年的气候基准期内的立夏时节,43个站点中有39个站点(约占总站点数的91%)都出现了降雪,454个雪日×站数。有17个站点(约占总站点数的40%)降雪概率≥20%。

在1981—2010年的气候基准期内的小满时节,43个站点中有16个站点(约占总站点数的37%)都出现了降雪,80个雪日×站数。有9个站点(约占总站点数的21%)降雪概率≥10%。但鉴于小满时节人们已由春牧场开始迁往夏牧场中的中山牧场,实际降雪概率高于观测点。在牲畜陆续转往春秋牧场和中山牧场、人们也陆续脱去冬装的时候,以萨拉坦和枣吾扎遭遇风雪而冻僵的故事提示人们警惕这种低概率但高危害的冷空气过程。这是萨拉坦、枣吾扎对应立夏、小满节气的重要气候证据。

2.2.3 木尔扎

木尔扎,是指入夏之后人们穿上单薄而华丽的夏装,也特指在百草繁盛的时节,被称为"先生"的衣着优雅的游唱者。木尔扎节气,是牧民在入夏之后转往高山牧场的时间。43个站中,除13个无夏站点,其余均在芒种时节入夏。而转往高山牧场的时间,以阿勒泰地区为例,其各县市转往高山牧场的日期均值为6月21日(夏至日前后),因此木尔扎节气对应夏至更为合理。

2.2.4 波克劳

波克劳,指畜粪着霜(也往往特指驼粪着霜)。在不同版本中,波克劳节气有的对应白露,有的对应霜降。43 个站点的初霜平均日期为 10 月 1 日(1981—2010 年)和 9 月 28 日(1951—1980 年),均为秋分时节。1981—2010 年,24 个站点为秋分时节;1951—1980 年,27 个站点为秋分时节。但由于白露时节有人尚在中山牧场,有人已达春秋牧场,视角有所不同。假设比观测点海拔高 500 m,参照霍普金斯定律,物候期比观测点早 15 d 左右。中山牧场的初霜是在白露时节,与高纬度地区的谚语"八月雁门开,雁儿脚下带霜来""白露前三后四有秋霜"所描述的现象是一致的。如果是以中山牧场的视角,表征初霜的波克劳,很可能是白露节气。但学者在乡野调查中注意到,牧民们有这样的习俗:在萨吾尔节气时通过观察云,预测夏季的雨之多寡;在波克劳节气时通过观察畜粪结霜,预测冬季的雪之多寡。由此可以推论,萨吾尔是春季的最后一个节气,预测即将到来的夏季气候,波克劳应该是秋季的最后一个节气,预测即将到来的冬季气候。所以,波克劳更应该对应霜降。波克劳节气的设定,可能并非界定新疆北部的初霜,而是季节预测的物候标识。

2.2.5 塔拉孜(天秤)

塔拉孜节气,在不同版本中,有的对应处暑,有的对应秋分。塔拉孜,是指天气转凉、寒意初生的时节,这时玉米成熟。在 43 个站点中,有 36 个站点(约占总站点数的 84%)是在 9 月第二个节气之后到 10 月的第一个节气之间进入气候意义上的冬季,始有寒意的塔拉孜节气应是气候上的深秋。另外,新疆北部玉米成熟收获的高峰期,在 9 月下旬至 10 月上旬。因此,塔拉孜节气对应秋分更为合理。

2.2.6 卡拉杰勒(大风)

卡拉杰勒,特指秋季可能刮倒毡房的强风。大风像公山羊发怒一般来势汹汹,此风又叫"公山羊的怒火",谚云:"风随秋至,水随风寒。"[1]于是,在卡拉杰勒节气到来之前,牧民在毡房周围钉桩橛、用防风绳固定房屋。既然秋季的某一个节气是卡拉杰勒（大风）节气，以听到风声开始，那么，我们如何用气候证据进行判定呢？由于秋季节气时段，人们可能：一是立秋、处暑时在高山牧场；二是白露、秋分时在中山牧场；三是寒露、霜降时在秋牧场。

我们选取的测站普遍处于规避大风天气的定居点，其平均风、大风日，均不足以反映牧场的风力（风声）。如果我们以造成大风降温的寒潮数进行表征，存在一个问题，就是除了霜降之外的秋季节气时段，冷空气过程造成的 24 h 降温幅度可能≥10 ℃，但最低气温却很难达到≤4 ℃的寒潮标准，很可能漏掉了在牧场感受到的大风降温。于是，我们用 1981—2010 年秋季各节气 24 h 降温幅度≥8 ℃的日数总量以及较前一个节气时段的日数增幅，界定秋季节气中哪个是卡拉杰勒（大风）节气（图 8）。在 1981—2010 年，20 个代表站点中，12 个在秋分时节入冬，8 个在寒露时节入冬，正是气候秋冬交替时节。在 20 个站点中，有 12 个站点寒露时节在秋季各节气中日降温幅度≥8 ℃，大风降温过程数是最多的，另外还有 3 个站点，寒露时节为并列第一多，占到站点数的 75%。

20 个站点秋季节气的日降温≥8 ℃的大风降温过程总数为：立秋时节 114 站・日次，处暑时节 147 站・日次，白露时节 157 站・日次，秋分时节 227 站・日次，寒露时节 264 站・日次，霜降时节 209 站・日次。

各节气大风降温过程增幅为：处暑时节 28.9%，白露时节 6.8%，秋分时节 44.5%，寒露时节 16.3%，霜降时节－20.8%。

约 44%的最高气温 24 h 降温≥8 ℃的大风降温发生在气候秋冬交替的秋分—寒露时节。寒露时节为新疆北部地区大风降温过程的峰值时段，而秋分时节降温增幅最大。卡拉杰勒（大风）节气，对应寒露或秋分的可能性最大。

而在 43 个站点中，秋季节气之中平均气温下降幅度最大的时段，有 40 个站点（约占总站点数的 93%）是在寒露时节，3 个站点是在霜降时节。这说明在秋季节气时段，寒露时节新疆北部的冷空气过程最多，大风降温的频次更高，大风降温的强度最甚。所以，卡拉杰勒（大

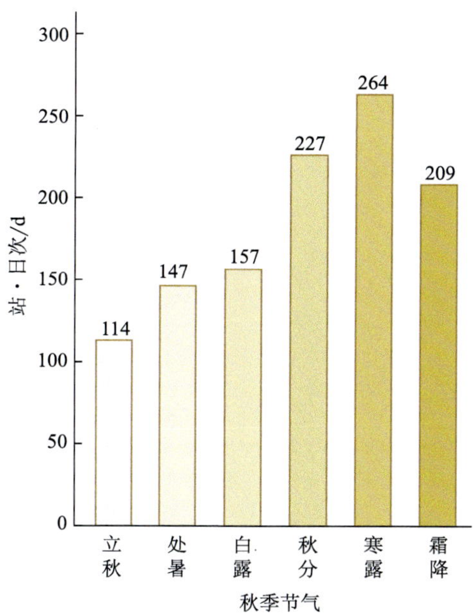

图 8　1981—2010 年新疆北部 20 个站点秋季节气 24 h 降温幅度≥8 ℃的日数总量对比

风)节气对应寒露最为合理。

2.2.7　克尔阿亚克(冰霰)

这个节气所反映的是冰粒和霰与降雪相伴生的天气现象。在新疆北部,大雪—冬至时节,是全年相对湿度的峰值时段(图 9)。这与北京相对湿度峰值时段在大暑—立秋时节、广州相对湿度峰值时段在春分—清明时节迥然不同。相对湿度的峰值时段,是体现区域气候的一个特征化指标。

我们再以新疆北部 43 个站点的数据,对应降雪日≥1.0 d 的各节气时段为例,可以看出,大雪时节开始进入相对湿度最高且降雪概率最高的时段(图 10)。在高湿多雪时节,雪花飞舞、冰霰弥漫,几乎是天气的一种常态。因此,克尔阿亚克对应大雪节气,能够反映特征化的气候状态。

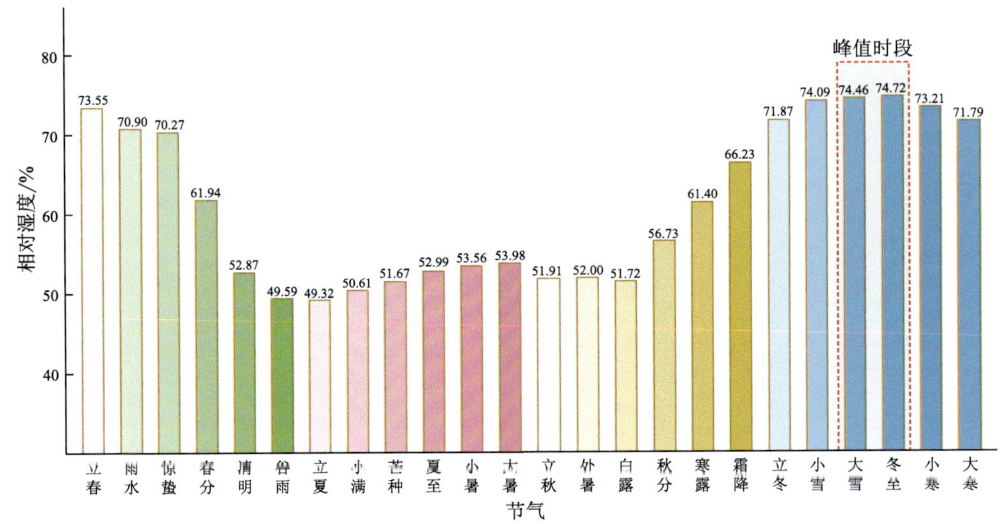

图 9　1981—2010 年新疆北部 20 个站点各节气相对湿度均值

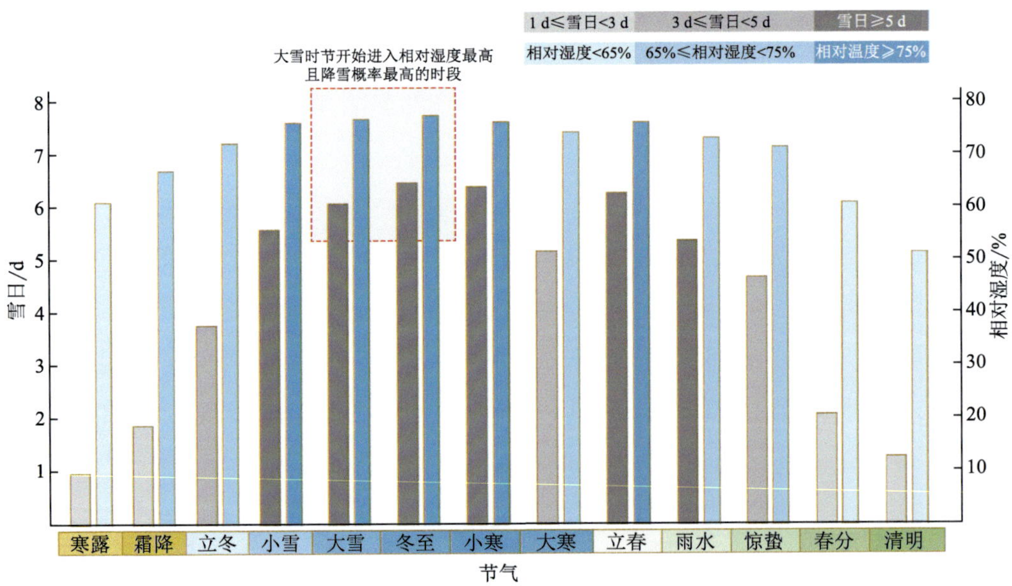

图 10　1981—2010 年新疆北部 43 个站点各节气

降雪日≥1 d 的雪日和相对湿度均值

2.2.8　阿克潘

阿克潘，有白色风雪之义。在不同版本中，阿克潘所对应的有从小寒、大寒到惊蛰的不同节气。在“阿玛勒”序列中，有的节气名即为其月份名，或是基于月份名的合成词。例如：

3 月为“纳吾尔孜”，3 月的第二个节气名为“纳吾尔孜”。

4 月为“萨吾尔”，4 月的第二个节气名为“萨吾尔”。

7 月为“赤勒叠”，7 月的第一个节气名为“巴斯赤勒叠”。

8 月为“塔木孜”，8 月的第二个节气名为“萨尔塔木孜”。

2 月的别称为“阿克潘”，因此，阿克潘对应二月的第一个节气立春更为合理。而且从气候上看，立春时节的风雪天气多于最冷的小寒、大寒（立春时节 43 个站点的平均风速、6 级以上大风日、降雪量均高于小寒和大寒）。

根据 43 个站点隆冬时节吹雪（强风卷起积雪，水平能见度＜10 km）和雪暴（雪被强风裹挟而行，水平能见度＜1 km）的观测数据，吹雪和雪暴日数的峰值时段：按照节气时段划分，为立春时节；按照哈萨克族“阿玛勒”时段划分，为 2 月 10—15 日。以阿克潘对应立春，契合气候状况（图 11）。

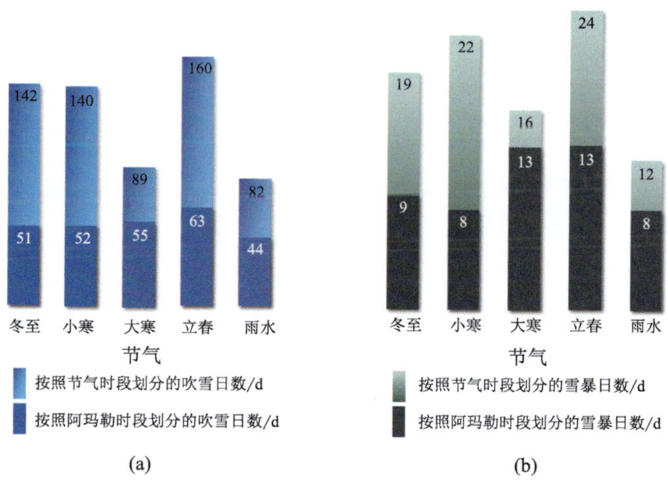

图 11　1981—2010 年新疆北部 43 个站点隆冬时节的吹雪日数(a)和雪暴日数(b)

（站点数×年份数＝1288，除阿克达拉观测年份数为 28 年，其余均为 30 年）

哈萨克族有谚语:“阿克潘、塔克潘共六天,滴水成冰出行难。”阿克潘,又称霜桦杆节气,刻画的是牧民的套马杆上都结着冰霜,但6 d(“阿玛勒”的一个节气时段)之后桦杆就不再结霜了[1]。桦杆不再结霜,很有可能是风力加大和气温升高所带来的微妙变化。因此,以阿克潘节气对应立春,符合气候实况,也具有一种心理预警功能:在气温由低谷开始回升的过程中,风雪天气反而增多,体感可能更为寒冷。

2.2.9　最寒冷的两个节气

“阿玛勒”各节气气温不同(图12),最寒冷的公历1月,被称为“康塔尔”,意为不动弹。而在二十四节气文化中,也有异曲同工的表述。唐代元稹在其《咏廿四气诗・大寒十二月中》中写道:“大寒宜近火,无事莫开门。”[2]明代徐光启的《农政全书》中也有这样的表述:“十二月谓之大禁月。忽有一日稍暖,即是大寒之侯……谚云:‘大寒须守火,无事不出门。’”[3]但就气温而言,往往小寒甚过大寒,在新疆北部也是

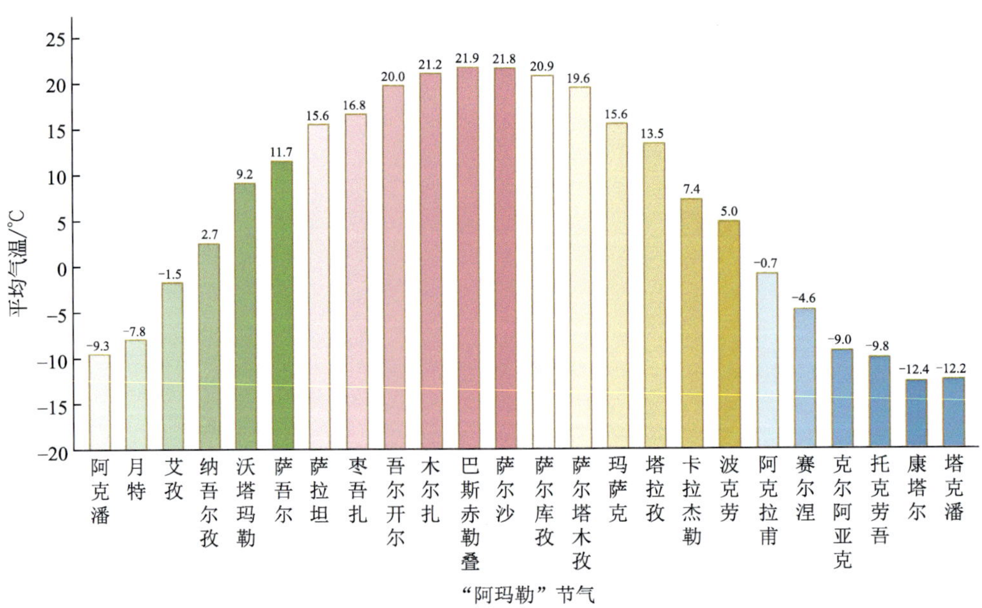

图12　1991—2010年新疆北部20个站点哈萨克族“阿玛勒”各节气平均气温

如此。新疆北部哈萨克族聚居区 20 个站点，公历 1 月的第一个节气时段(1 月 10—15 日)平均气温为－12.4 ℃，第二个节气时段平均气温－12.2 ℃。而且小寒时节的风雪天气也更多。因此，1 月的别称“唐塔尔”可以作为 1 月第一个节气的称谓，第二个节气为与阿克潘相接的塔克潘。

2.3 基于物候包括农事和牧业关键期信息的对位分析

通过开始解冻、全面消融、开始积雪、各次转场时段、麦收时间、羊羔出生时间的特征时段，进行节气的对位分析。

2.3.1 艾孜(阳气)

我们如何理解“艾孜”所代表的阳气？在冬春交替之时，阳气的可视，在于冰雪消融。二十四节气中的立春时节“东风解冻”，便是所谓的阳气由潜萌到崭露的通感。在关于艾孜节气的描述中，有开始“嗅到雪水和草芽清气”的描述。因此，“艾孜”所对应的物候状态，应该是初融。新疆北部的 43 个站点，1951—1980 年，28 个站点(约占总站点数的 65%)是在惊蛰时节开始消融，14 个站点是在春分时节开始消融，1 个站点是在清明时节开始消融；1981—2010 年，26 个站点(约占总站点数的 60%)是在惊蛰时节开始消融，5 个站点是在雨水时节开始消融，12 个站点是在春分时节开始消融。所以，代表开始初融的艾孜节气，最应该对应的是惊蛰。

2.3.2 沃塔玛勒

沃塔玛勒，在有的版本中对应立春，在有的版本中对应惊蛰。沃塔玛勒，有春来之义。但立春所处的 2 月，是以白色风雪为标识的阿克潘月，属于冬季月份，无论是以月份划定还是以气候划定，沃塔玛勒都不应该对应立春。在对沃塔玛勒的描述中，有“残存的冻土解冻苏醒”之语，它代表着在艾孜节气开始解冻之后，到了沃塔玛勒节气，全面消融。在 43 个站点中，积雪完全消融的平均日期是 4 月 13 日。至于具体消融时间，其中，5 个站点在春分时节，25 个站点(约占总站点数的 58%)在清明时节，11 个站点在谷雨时节，2 个站点在立夏时节。在 43 个站点中，气候入春的平均日期也是 4 月 13 日。入春的具体时间，其中，12 个站点是在春分时节，20 个站点在清明时节，8 个站点在谷雨时节，1 个站点在立夏时节。哈萨克族谚语说："三月是空肚子，四月是油肚子。"所谓"油肚子"，便是指 4 月春暖之时草木青葱、牛羊饱食的情境。因此，代表全面消融和气候入春的沃塔玛勒，应该对应清明。

2.3.3 萨尔塔木孜

"阿玛勒"各节气降水量不同（图 13），8 月的别称为"塔木孜"，而萨尔塔木孜表征的是初秋时节由于降水量骤降，草木开始枯黄的现象。当然，其中也包括了禾谷的自然黄熟。新疆北部地区的麦收便是自 8 月初次第展开，一直延续到 9 月初，主要时段为处暑时节。这与中原地区冬小麦"小满三候麦秋至"有着显著的季节差异。

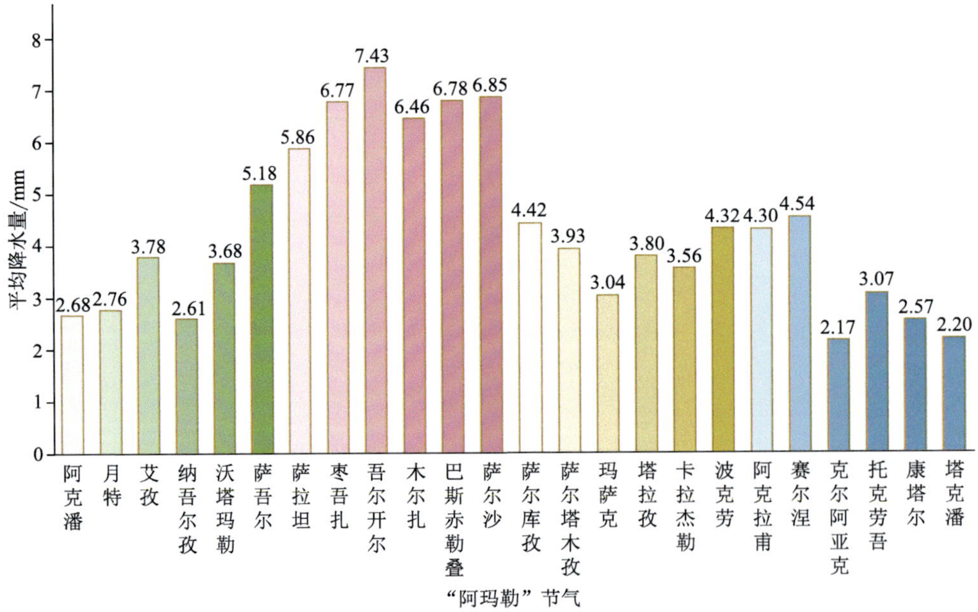

图 13　1991—2010 年新疆北部 20 个站点哈萨克族"阿玛勒"各节气平均降水量

8 月的两个节气较 7 月的两个节气，降水量骤减 40%左右。雨水丰沛、水草丰美的物候状态至此戛然而止。而在 8 月之中，第二个节气所体现的草木秋黄的情景更为典型，因此萨尔塔木孜节气应该对应的是处暑。

2.3.4 玛萨克（麦穗）

玛萨克节气所表征的是牧民转至秋牧场后，在农区收割过的茬地中放牧或捡拾麦穗。所以界定玛萨克节气的所在时段，一是根据转场时间，二是根据麦收时间。以阿勒泰地区为例，由中山牧场向秋牧场的转场标准时间为 9 月 5—10 日（以中山牧场没有风雪天气为后延前提）。而麦收，几乎同步地在 9 月上旬进入尾声。因此，玛萨克节气对应白露，最为合理。在有的版本中，玛萨克节气对应的是立秋，这与转场时间和麦收时间并不吻合，立秋时节北疆大部分地区处于气候意义上的夏季，与玛萨克节气所表征的意义并不相符（图 14）。

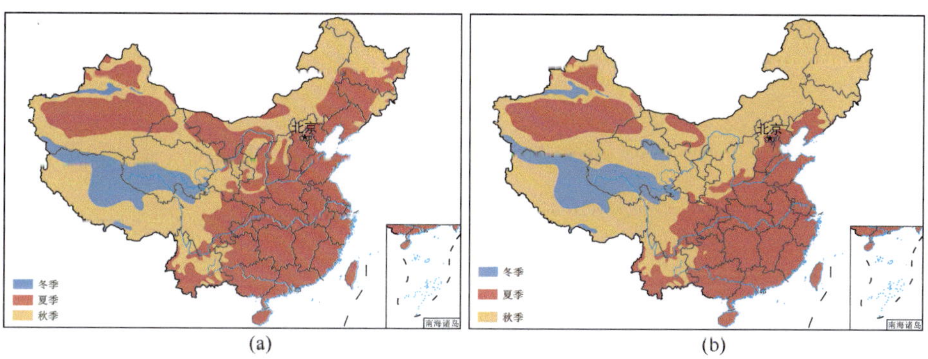

图 14　我国立秋时节开始时(a)和结束时(b)的季节分布图

新疆北部 43 个站点，1951—1980 年平均入秋日期是 8 月 9 日，1981—2010 年平均入秋日期是 8 月 10 日。这是气候上夏秋转换的重要节点。因此，以表征秋天来临的萨尔库孜节气对应立秋，更能够反映季节更迭的实际状态。

2.3.5 阿克拉甫和赛尔涅

阿克拉甫是表征秋牧场萧条毕现，人们准备转往冬牧场的节气。而赛尔涅是转往冬牧场后，以煮肉款待牧马人的哈萨克族古老习俗。在不同版本中，阿克拉甫和赛尔涅节气有的对应立冬和小雪，有的对应大雪和冬至。与主色调为黄色的塔木孜月（8 月）不同，喀赞月（10 月）主色调是灰色的。这可能与酿雪时天空层云铺陈、雾气弥漫有关。“连朝浓雾如铺絮，已识严冬酿雪心”，描述的便是雪前的色彩基调。新疆北部 43 个站点，平均初雪日期是 10 月 23 日，有 36 个站点（约占总站点数的 84%）是在寒露—霜降时节迎来初雪（图 15）。但促使人们转场的决定性因素不是开始降雪，而是开始积雪。

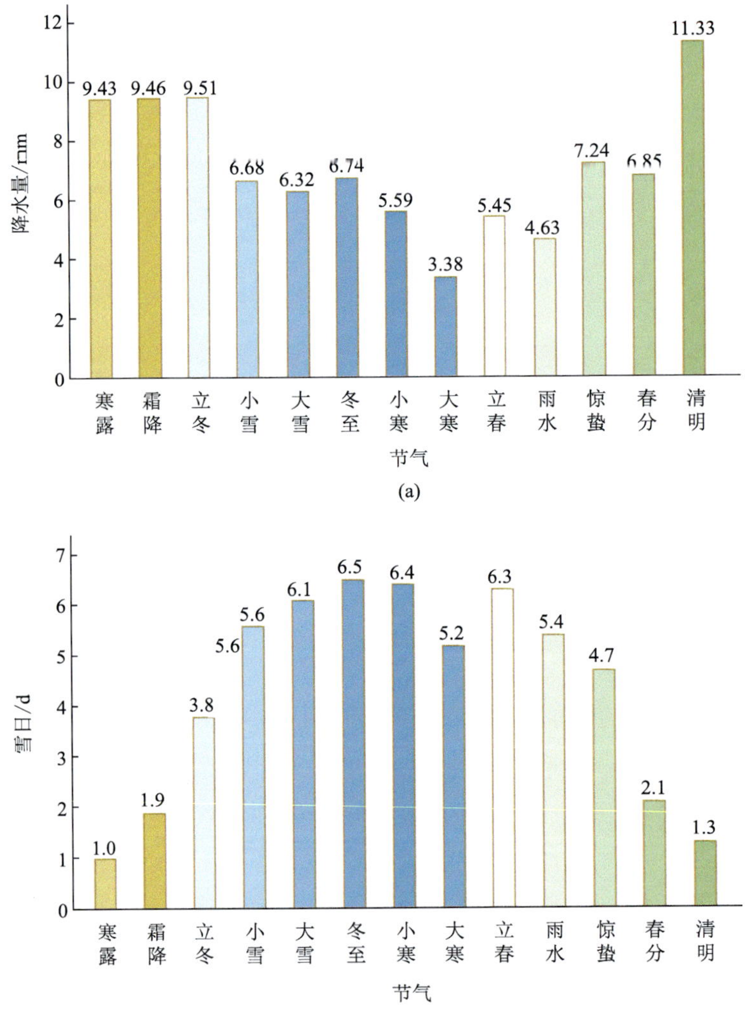

图 15　1981—2010 年新疆北部 43 个站点各节气主要降雪时段的降水量（a）和降雪日数（b）（平均雪日≥1 d）

43 个站点，1981—2010 年开始积雪的平均日期为 11 月 4 日（1951—1980 年为 11 月 1 日），即临近立冬时，开始呈现银装素裹的状态。立冬时节，有 3 个与雪有关的显著特征：一是降雪日数增多 1 倍，是整个主力降雪时段中增幅最大的节气；二是立冬为降雪量最大的节气；三是开始出现积雪。至于降雪日数，最多的是冬至时节，其后依次为小寒、立春、大雪、小雪、雨水、大寒。

在新疆北部，全年降雨量的峰值时段是小暑，降雪量的峰值时段是立冬（图 16）。由秋牧场转往冬牧场的时间，以阿勒泰地区为例，最早 10 月 10 日前后，最晚 11 月 25 日前后，平均转场时间为 11 月 9 日。因此，降雪增量显著、达到降雪量峰值且开始积雪的立冬节气对应开始迁往冬牧场的阿克拉甫节气更为合理。而到达冬牧场之后，肉香扑鼻的赛尔涅习俗对应小雪也就顺理成章了。

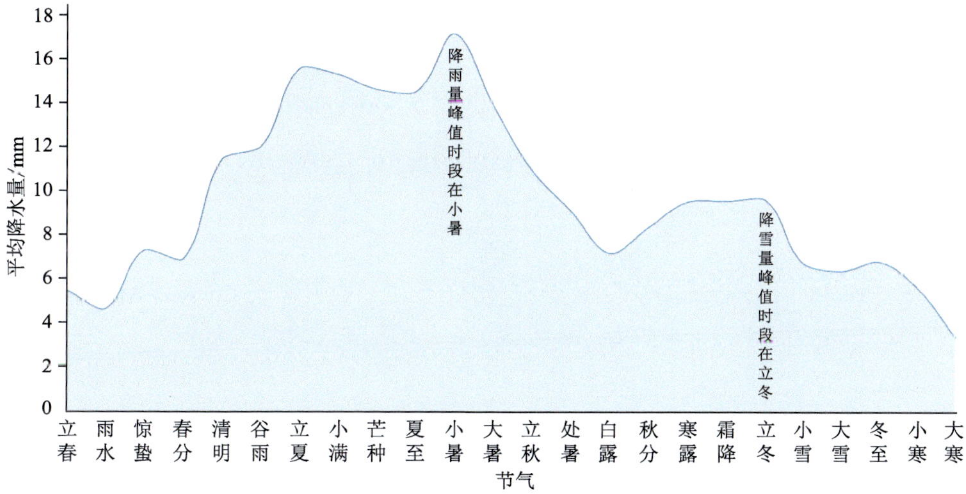

图 16　1981—2010 年新疆北部 43 个站点各节气平均降水量

3　对哈萨克族“阿玛勒”与二十四节气对位的基本结论

由于现存的多个哈萨克族“阿玛勒”版本各有不同，且与二十四节气的对位也存在显著差异，本研究从气象、天文、物候等多个维度对哈萨克族“阿玛勒”与二十四节气的对位进行梳理研究，最终的对位结果如图 17 所示。

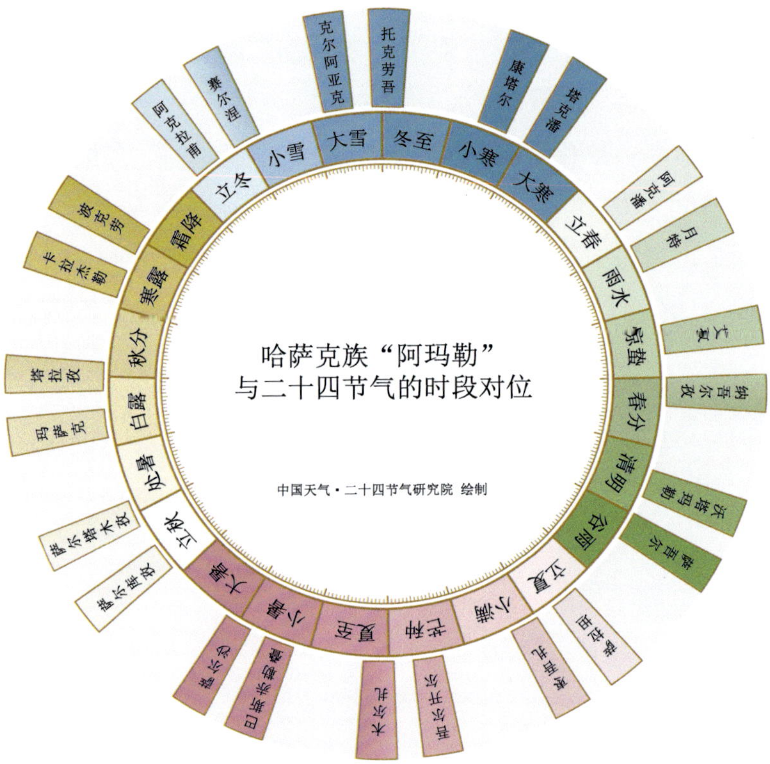

图 17　哈萨克族“阿玛勒”与二十四节气的时段对位

哈萨克族“阿玛勒”的本质是游牧民族对一年时间的划分，是哈萨克族先民长期与大自然共处中产生的智慧结晶，更是宝贵的非物质文化遗产。通过一个个具象化的名称提示牧民按照各个“阿玛勒”特点安排劳作活动，尤其需要警惕可能的气象灾害。

哈萨克族的时间划分体系与二十四节气虽有一些差异，但还是有很多共通之处。从实际应用上来说，“阿玛勒”和二十四节气都是指导人民进行一系列生产生活的重要依据；从表达方式上来说，“阿玛勒”和二十四节气都是基于气象和自然物候的表达，“阿玛勒”体系更加注重物候层面。“阿玛勒”与二十四节气虽然各时间段落的划分方式和称谓有所不同，但它们都是以24个时节表征一年中天文、气候/物候的时序节律，都高度一致地体现着“顺天应时”的文化内涵。

致谢

新疆维吾尔自治区民族语言文字工作委员会（翻译局）研究员努尔哈毕·苏里坦恰立夫和新疆维吾尔自治区民族事务委员会民族宗教政策研究所副研究员房若愚对哈萨克族“阿玛勒”所做的资料整编工作，使得这一极具科学性的古老文化遗产为更多人所知。本文在写作过程中，新疆维吾尔自治区青河县气象局从事“阿玛勒”研究的库拉西·马合木提对“阿玛勒”哈萨克族语各版本提供了翻译及甄别工作。新疆维吾尔自治区阿勒泰地区气象局从事农牧业气象服务的博尔楠·哈不都拉、伊犁州气象局从事农牧业气象服务的沈晓辉提供了转场及秋收时间等相关数据及分析。EasyNight团队成员蔡杰和中国科学院远古天文学者、研究员吕宇斐提供了天文及历法方面的指导。在此，一并致谢。

参考文献

[1] 房若愚. 哈萨克族节气的牧业特点及比较研究［J］. 新疆大学学报（哲学·人文社会科学版），2006（4）：83-88.

[2] 陈尚君. 全唐诗补编［M］. 北京：中华书局，1992.

[3] 徐光启. 农政全书［M］. 长沙：岳麓书社，2002.

基于方志的冬至食俗的地图化呈现路径研究

张永宁[1]，宋英杰[1]，智利蓉[1]，魏思静[1]，尹剑[2]，李文静[1]

（1 中国天气·二十四节气研究院，北京 100081；2 北京城市气象研究院，北京 100081）

摘要： 食俗是冬至节气风俗的重要组成部分。通过自动提取程序，利用大量收录节气食俗的清代至民国方志和新中国成立以来的方志库，对全国的冬至节气食俗进行量化系统性梳理和挖掘，以地图可视化的方式直观呈现全国的食俗种类、区域分布及古今流变。研究发现，我国冬至食俗较为丰富，但主要呈现北方饺子、东南汤圆、西南糍食的分布局面。从古至今，冬至食俗分布由相对集中趋向相对分散，部分食俗的范围出现盈缩。将计量的方法引入节气研究，把非结构化的文字资料转为可计算的结构化数据，形成一套可复制的自动分析程序，并将分析结果在地图上进行展示，可为节气文化研究提供一种新的方法和呈现方式。

关键词： 二十四节气；冬至；食俗；方志；自动提取程序；地图可视化

1 引言

二十四节气是中国古人根据太阳周年运动所形成的知识体系和应用实践。节气始于天文学，后进入了气候学范畴，经过三次降维后，形成物候、诗词谚语、民俗节日等立体的节气文化[1]。节气饮食文化便是重要节气民俗文化[2]。

在二十四节气中，冬至是最早确定的节气之一，也是最受关注的节气之一[3]。冬至一直是中国古代历法推算的起点和古代新年的开始。根据国家标准《农历的编算和颁行》(GB/T 33661—2017)，冬至所在的农历月之后的第2个农历月为农历年的第一个农历月[4]。冬至在中国历法中的地位可见一斑。

冬至也是备受官方民间重视的“大”节气。冬至一阳生，此时阴气最重，阳气始发，于是人们以“大如年”的隆重仪式庆祝冬至来表达对未来的期待。自古以来，冬至时节政府和民间举行祭祀天地、祖先的仪式，亲朋好友之间互相拜贺并馈赠食物，或举行宴饮活动。其中饮食习俗占有十分重要的位置。人们在热闹的庆典中产生了丰富多样的冬至节令食俗，如饺子、汤圆、糍食等，至今在民间盛而不衰。

冬至食俗指的是冬至节气时制作各种主食和副食的风俗。冬至食俗在古代广泛收录于各地的地方志、风俗志等典籍中，到了当代，学者们运用田野调查、文化溯源等方法进一步挖掘描述某一区域或某一群体的冬至食俗，如李路广、叶进从医学和民俗学的视角，考察了晚清民国时期沪上冬令时节人们食花糕、饮分冬酒、宰猪羊的传统饮食民俗[5]。王倩倩研究了楚雄大姚县铁锁乡彝族人冬至节食俗文化活动，并分析其文化内涵[6]。总的来说，他们的研究依然以定性为主，大量冬至食俗相关的历史资料、调查资料、记录资料还有待学者整理和保存。

记载了各地饮食风俗的地方志是学者们研究节气食俗的重要资料。我国地方志编修历史悠久。唐宋以来，全国地方志编修日益普及，各地几乎都有从省到府（市）、县乃至乡镇的地方志。据不完全统计，我国现存旧方志达9000余种、10万余卷，约占我国现存古籍的十分之一[7]。地方志是一个地方的“百科全书”，是以一定体例，全面系统地记述一定区域各个方面或一个方面历史与现状的资料性文献[8]。地方志中记录了丰富的地方风俗，对于了解当地的风土人情、饮食习惯具有巨大价值，这已经引起学者们的关注。例如蹇黎明、秦炳贞以及张祖群、王文江、付璇蝶等学者利用地方志资料考察各地的食俗乃至冬至食俗，但他们基本以手动摘录方式整理资料和描述现象为主，缺少自动化和量化研究分析[9-11]。互联网技术的快速发展为人文学科研究提供了新范式和新方法。在数字技术的加持下，详细记载各地物产、岁时习俗的地方志加快了数字化的步伐，万方中国地方志数据库、中国数字方志库等多个方志数据库不断涌现和完善，方志数量也在不断更新。这为节气习俗研究提供了丰富、便捷获取资料的渠道，进一步推动了相关研究的深入。有的学者已经率先利用数据开展食俗、物产的研究，如杨佳颖、邓璐芗、许鑫结合上海地方志以及游客札记文本与“下厨房”平台互联网数据，呈现上海晚近到现代百年来的食谱特征[12]。李娜、包平使用地理信息系统技术和量化统计方法，可视化分析山西地区物产在时空范围内的分布状况及其变迁状况[13]。然而，总体来看，使用跨学科、定量的方法对挖掘方志中食俗的研究仍处在起步阶段，学者们更聚焦于对某一区域空间的研究，缺少对全国节气食俗的全面考察。另外，从历时视角挖掘岁时节令食俗的研究依然鲜见。

基于此，本文创新研究方法，利用古代和当代的方志库，以数字人文的视角，通过自动化的量化统计分析方法、实体命名提取等技术，对全国的冬至节气食俗进行系统性梳理和挖掘，并以地图可视化的方式直观呈现各地的食俗种类、区域分布，以及古今的差异和历史流变，为冬至节气食俗乃至其他节气食俗文化研究提供一种新的研究路径。

2 资料文本及预处理

为了使用古代方志和当代方志分析我国冬至习俗的古今异同和流变，本文需严格筛选古今方志库，不仅需要资料齐全、覆盖全国，更需资料来源权威。经过认真筛选，本文使用的数据包括古代地方志资料和当代地方志资料，且均为各地的官修综合类地方志。其中，清代和民国时期的地方志资料来源于《中国地方志民俗资料汇编》，新中国成立以来的地方志资料来源于万方新方志数据库。

《中国地方志民俗资料汇编》是一部从几千种地方志中选录出来的专科性民俗资料的类书，是关于民俗记载的重要资料，选用的地方志基本为清代和民国时期编修，每种志书中注明卷数及版本年代。从类目来看，该书民俗分为“礼仪民俗”“岁时民俗”“民间文艺”“信仰民俗”“生活民俗”“民间语言”“其他”7类，本文涉及的冬至饮食以及习俗相关的内容均划分在“岁时民俗”章节中。从地域来说，该书分为东北卷、华北卷、西北卷、中南卷、西南卷、华东卷六卷，共十册，范围涵盖全国，为全面考察冬至饮食习俗的区域异同奠定基础[14]。我们使用光学字符识别技术（OCR）对《中国地方志民俗资料汇编》印刷本进行了文字识别，并人工校对修改识别文字错漏、格式有误的部分，最终获得文本转换后的可编辑地方志民俗资料文件。

万方新方志数据库是一个时间跨度大、涵盖范围广、资料全面、可多角度检索新方志文献资源的专业数据库，收录1949年新中国成立以来的方志书籍超过50000册，所收录新方志类型包括综合志、部门志、地名志、企业志、学科志、特殊志及地情书等。这些资料详细记录了各行政区域的自然、政治、经济、文化和社会的历史与现状。从类目来看，新方志库分“经济综合”“地方综合”“地理历史人物”“文化教育”“政治军事外交”“医药卫生”“科学技术”和“其他”8类，冬至饮食以及习俗相关的内容均划分在“地方综合”类目中。从地区来看，万方新方志数据库涵盖我国含港澳台地区在内的34个省级行政区的县市地方志。记载冬至饮食的“地方综合”类目共7649卷，基本全面涵盖了新中国成立以来的中国冬至食俗的记载条目。

3 研究方法及技术路线

在获取数据资料后，采用自动化方式提取、处理冬至饮食习俗的数据，并利用程序绘图冬至食俗地图。

3.1 冬至食俗关键词表建立及关键词数据提取

我们根据人工建立的冬至食俗关键词表，利用程序自动提取冬至食俗数据，这是本文的核心创新所在。

3.1.1 冬至食俗关键词表设立

通过阅读冬至食俗研究论著、新闻报道及方志库资料的方式，人工穷尽式整理出冬至食俗关键词表，并根据其材料、制法分成“饺子”“汤圆”“糕食”“糍食”“肉食”“米面粥”以及“其他”7个类别。这7个类别并不是单指食物本身，而是指一类食物。同类别的食物或原材料接近，或制法及造型相似，或文化意蕴相近，所以归为一类（表1）。

表1 冬至食俗关键词分类表

类别	关键词
饺子	饺子、水饺、馄饨[①]、扁食、娇耳、抄手、云吞、角子、包子、菜包、水角、面饺、饺
汤圆	汤圆、汤果、甜丸、粉丸、米丸、粉米丸[②]、冬至丸、丸、丸子、冬至团、团子、圆子、糯米团、擂圆、水圆、丸仔、粉圆、汤团、粉团[③]、米团、团、圆、汤丸、米圆
糕食	花糕、九层糕、黍米糕、年糕、米糕、油糕、糕米、糕、糖糕、糕饼、黍糕
糍食[④]	麻糍、糍饵、糍粑、糍块、粉糍、糍粉、米糍、糯米粑粑、糍食、糍团、糍、糖糍、麋糍、糍糕、糍饼、糍食、冬糍

续表

类别	关键词
肉食	牛、牛肉、羊、羔、羊肉、猪肉、猪、豚、腊肉、鱼生、鱼脍、头脑、白肉、冬至肉、烧腊、肉食、狗肉脍、腊脯
米面粥	赤豆粥、面条、荞麦面、馒首、冬至饭、粽子、羹饭、冬至面、冬至粥、米粉
其他[5]	冬至酒、分冬酒、豆腐、冬至盘、面茶、猫乳、打边炉

注：①《华县志》(万方新方志数据库)记载：冬至旧时，是日黄昏祭祖。今遍食水饺。俗传冬至吃馄饨(水饺)。

②《福清县志·二十卷》(清光绪二十四年(1898)刘玉璋刻本)记载：十一月"冬至日"，以粉米作丸，取团圆之义，又粘门楹间，取其圆以达阳气。

③《浪穹县志略·十三卷》(清光绪二十九年(1903)刻本)记载：十一月"冬至日"禁宰牲，作粉团、糍饼相饷遗。

④ 糍食和汤圆类食物均由米制成，但外形已完全不同，所以分为两类。

⑤ "其他"为出现次数较少不能单独归类，且无法归至已有类别中的饮食。

3.1.2 冬至食俗关键词数据提取

在此基础上，分别利用程序读取以及网页内容爬取的方式，从《中国地方志民俗资料汇编》和万方新方志数据库全面自动提取冬至食俗数据。

3.1.2.1 《中国地方志民俗资料汇编》冬至食俗数据的自动提取

虽然《中国地方志民俗资料汇编》冬至食俗数据分布较有规律，一般在"岁时民俗"一章的农历十一月民俗部分(例 1)中，但具体食俗名称的出现位置并不固定，所以我们先利用 Python 程序提取农历十一月冬至民俗的整段文本，以地点为线索形成冬至习俗文本资料。

例 1：

十一月　冬至，官府士夫相贺，民庶则否。作粉圆以祀先。

——《泰顺县志·十卷》，清雍正七年(1729)刻本

十一月　冬至拜贺，以糍饵相馈。

——《姚安县志·六十六卷》，民国三十七年(1948)铅印本

利用 Python 共有词抽取程序，根据冬至食俗关键词表，从《中国地方志民俗资料汇编》冬至习俗文本资料中提取含有冬至食俗的文本，提取内容包括方志名及对应的冬至饮食习俗。如某地冬至食俗不止一种，则以程序读取的第一个食物为准。万方新方志数据库冬至食俗数据的判断方法与此相同。

3.1.2.2 万方新方志数据库冬至食俗数据的自动提取

万方新方志数据库的冬至饮食习俗记载并非按照月份划分，食俗内容出现在“冬至”“长至日”等节气关键词前后。所以我们先以“冬至”“长至日”等为关键词进行定位，利用 Python 程序提取关键词的前两句和后三句（以逗号、句号、感叹号、问号等标点符号为判断依据）文本内容（例 2），同样以地点为线索形成冬至习俗文本资料。

例 2：

清末民初，学生致礼于师，请家宴。素有“冬至包子夏至面”之说。20 世纪 50 年代后，以水饺祭祖。

——《桓台县志》（万方新方志数据库）

利用 Python 共有词抽取程序，根据冬至食俗关键词表，从万方新方志数据库冬至习俗文本资料中提取含有冬至食俗的文本，提取内容包括方志名及对应的冬至饮食习俗。

3.1.2.3 数据人工订正

尽管程序检索更加高效，但依然存在误判、漏判等情况，因此需要对检索出来的资料内容进行人工订正。例如万方新方志数据库资料检索结果中的方志名称以及对应的冬至饮食习俗内容中，冬至与腊八、春节等传统节日较为接近，饮食习俗也非常相似，极易造成混淆，因此需要人工校对并去除其中与冬至饮食习俗无关的内容。

经过对文本内容进行格式化处理和人工校对订正后，最终获得古今冬至食俗数据近 900 条。根据已有的冬至食俗关键词分类表，利用 Python 程序对古今冬至食俗数据进行自动分类。

3.1.3 食俗地点的转换

我国古今行政区域的划分名称及区域并不相同。因此需要对方志中的地名与当代的区域及名称进行对应，如厅志对应省志、府志对应市志、县志、村志。随着朝代的变迁，我国区域的地名所辖区域古今发生了巨大变化，仅有少部分志书名称可直接对应到当代地名，如《绍兴府志》《常州府志》中的地名至今沿用。还有大部分志书名称无法直接对应当代地名，主要原因为地（市）改名、地（市）撤销、地（市）重名、地（市）合并等导致的地名变化、区域变化。这些具体的情况，需要逐一进行人工核对和订正，从而确定志书地名的当代地名，形成规范的方志当代地名表。使用 Python 程序，根据整理而成的当代地名表调用高德开放平台个人 API 接口，读取地理位置以及所属省（自治区、直辖市）的地名（网址为 https://lbs.amap.com/）。将程序读取完成后的方志当代地名与对应的冬至食物进行匹配，再次进行人工订正，剔除错误以及不准确的部分，最终形成可供绘图的方志名称、当代地名与冬至食物三种信息的数据资料（表 2）。以地级市为单位对冬至食俗数据进行整理合并。如遇到同一个地级市中的多个县区、乡镇、村出现食俗不一致情况，选取出现次数最多的食俗，最终形成包含地级市及冬至食物的数据资料。

表 2　方志名称对应当代地名及该地冬至食俗

方志名称	当代地名	冬至食俗
东光县志	河北省沧州市	饺子
建宁府志	福建省三明市	汤圆
景东县志稿	云南省普洱市	糍食

3.2 食俗地图的可视化呈现

在完成各地冬至食俗归类后，我们以地图可视化的方式对其进行呈现。首先使用 Python 程序将含有地名和食俗的数据表展现在地图上，经人工校对后，对其颜色、排版等进行优化。

考虑全国各地冬至饮食习俗的多样性和区域分散性，因此，除了美观，我们还需要以能够区分不同食物的代表颜色和同一食材属性的食物颜色为同一色系为原则，人工选取不同食俗的颜色。

根据选取原则，全国各地冬至饮食习俗的代表颜色以黄色系、蓝色系、红色系、绿色系等基本色系，区分不同食材的食物，而同一食材以同一色系明度大小调整以示区别。具体如下："饺子"类和"糕食"类配以不同明度的黄色系，代表内陆地区麦子的颜色，因为它们都是面的不同做法；"汤圆"类和"糍食"类配以不同明度的蓝色系，代表沿海地区糯米的颜色，因为它们都是米的不同做法；"肉食"类配为红色，符合食物本身的颜色特征；"米面粥"类的颜色配为绿色，且从地图上来看，该区域与"肉食"类的区域不相邻，不会出现颜色冲突的情景，视觉上容易分辨；"其他"类配为灰色（图 1）。

图 1　冬至食俗色谱

最终形成基于清代以来方志资料的冬至食俗地图、基于新中国方志资料的冬至食俗地图和基于清代—民国方志资料的冬至食俗地图。

4　结果讨论

4.1　冬至食俗整体分布情况分析

从清代至今，我国冬至食俗较为丰富，但主要呈现北方饺子、东南汤圆、西南糍食的"三足鼎立"分布局面。饺子区主要集中在华北黄淮、东北和西北的北京、天津、河北、山东、河南、黑龙江、吉林、辽宁、内蒙古、新疆、甘肃等地；汤圆区主要集中在江南和华南的江苏、安徽、浙江、福建、台湾、广东等地；糍食区集中在西南和华南的四川、贵州、云南、广西等地。此外，糕食区散落在华北、华中的辽宁、河北、陕西、山西、山东、湖北、湖南、江西、广西；食肉区南北均有分布，如黑龙江、吉林、甘肃、河北、山西、陕西、河南、山东、四川、湖北、湖南、江西、贵州、广西、广东等地；米面粥主要集中在北方的黑龙江、吉林、辽宁、新疆、陕西，以及南方的安徽、江苏、湖南等地；其他食俗分散在东北、西北、华中地区（图 2）。

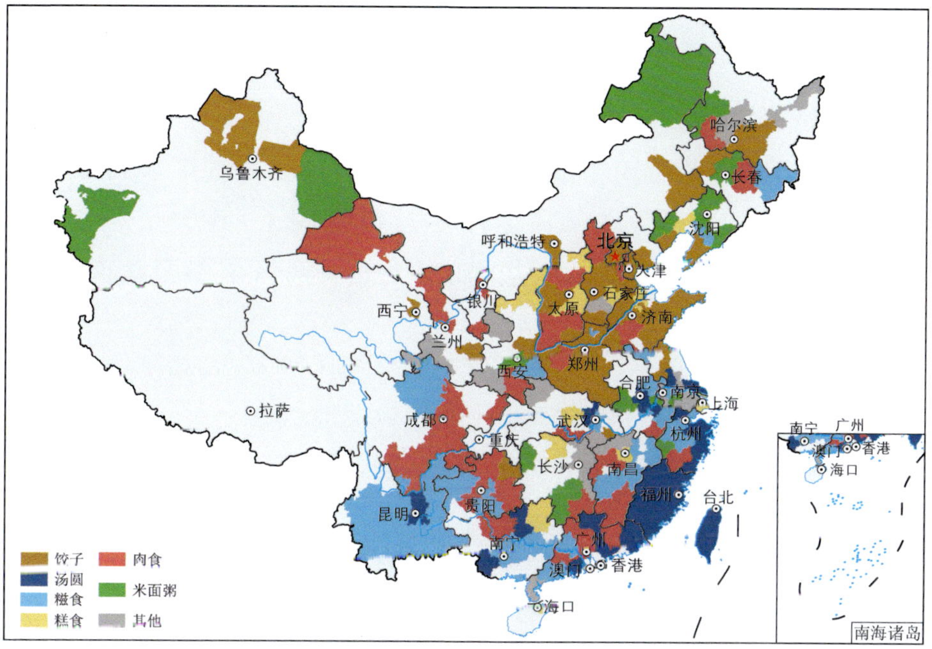

图 2　基于清代以来方志资料的我国冬至食俗地图

（一些地区冬至无食俗或冬至食俗记载不详，所以地图上显示为无数据）

4.2　冬至食俗历时发展变化分析

从古至今，社会历史变迁和人口流动等因素导致我国冬至食俗出现一定变化，由相对集中逐渐走向相对分散，部分食俗的范围出现了盈缩（图 3）。

通过梳理同一地区在清代、民国方志和新中国方志中均有冬至食

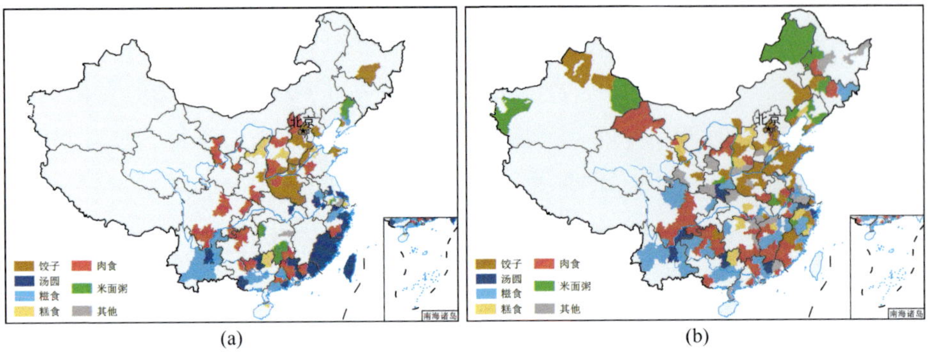

图 3　基于清代、民国方志资料(a)和基于新中国方志资料(b)的冬至食俗地图

俗记载的资料，可以发现冬至食俗的传承与变化。

从传承来看，冬至饺子食俗最为“稳定”，76.5％的区域古今一致，例如北京、郑州、沧州等地从古至今冬至都吃饺子；其次是肉食，50％的区域古今一致，例如贵阳、银川、成都等地依然保留冬至食肉的习俗（图 4）。

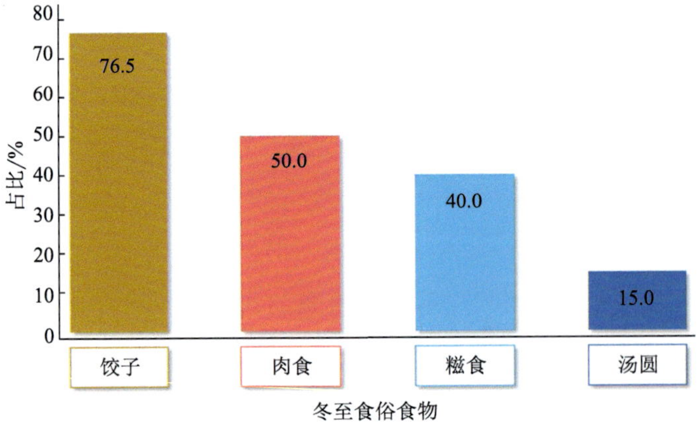

图 4　冬至食俗古今一致区域占比图

从变化来看，新中国较之清代、民国，冬至食用汤圆的地级市减少 11 个，食用米面粥的地级市减少 4 个，食用糍食的地级市减少 1 个。例如，浙江、安徽、福建、广东等地汤圆食俗的区域逐渐被饺子、糕食、肉食、糍食、其他等食俗替代。相反，冬至食用冬酿酒等其他食物的地

级市增加 5 个，冬至食用饺子的地级市增加 4 个，冬至食用肉食的地级市增加 4 个。例如，江苏苏州冬至吃汤圆的食俗被喝冬酿酒替代。

5 结语

本文利用清代、民国和新中国成立以来的方志库，通过自动化的量化统计分析方法，对冬至节气食俗进行系统性梳理和挖掘，并以地图可视化的方式直观呈现全国的食俗种类、区域分布以及古今的流变。

研究发现，从清代至今，我国冬至食俗丰富，最主要的是饺子、汤圆、糍食，呈现北方饺子、东南汤圆、西南糍食的分布局面。从古至今，我国冬至食俗既保持了传承，也出现了流变，总体由相对集中逐渐走向相对分散，部分食俗的范围出现了盈缩。其中，冬至吃饺子食俗最为“稳定”，北京、河南等地区古今一致。冬至食用汤圆“势力范围”大幅缩减，冬至食用冬酿酒等其他食物的“势力范围”相应扩张。

本研究以自然与人文跨学科的思路，把计量的方式引入民俗研究，通过程序编码自动将人文社科非结构化的数据转为可统计计算的结构化数据，并对其进行系统分析。这一创新的研究方法和思路，打破了传统民俗研究因定量不足导致的主观性、片面性的研究局限，形成了一套可复制的自动化分析程序，并使用地图可视化技术进行整体呈现，为冬至节气食俗文化乃至其他节气文化研究提供一种新的方法和展示方式。

参考文献

[1] 宋英杰. 二十四节气的破圈和降维传播对“双碳”科普的启示［J］. 科普研究，2022，17（1）：27-29.

[2] 姚伟钧. 中国食俗文化的形成与嬗变［J］. 人民论坛，2023（1）：110-112.

[3] 付娟. 二十四节气研究综述［J］. 古今农业，2018（1）：91-108.

[4] 中国科学院紫金山天文台. 农历的编算和颁行：GB/T 33661—2017［S］. 北京：中国标准出版社，2017.

[5] 李路广，叶进. 晚清民国时期沪上冬令食疗食养思想探析［J］. 中医药文化，2018，13（5）：86-91.

[6] 王倩倩. 楚雄彝族冬至节食俗文化内涵——以大姚县铁锁乡为例［J］. 楚雄师范学院学报，2019，34（6）：29-33.

[7] 高京斋. 中国地方志与中华优秀传统文化［J］. 中国地方志，2022（2）：4-10，124.

[8]《方志百科全书》编纂委员会. 方志百科全书［M］. 北京：方志出版社，2017.

[9] 蹇黎明. 地方志与烹饪文件［J］. 中州古今，2001（6）：51-53.

[10] 秦炳贞. 山东方志所见岁时饮食习俗的文化解读［J］. 民俗研究，2010，95（3）：243-252.

[11] 张祖群，王文江，付璇蝶. 试论饮食文化的“节气性”：基于二十四节气的讨论［C］//中国农业博物馆. 二十四节气国际学术研讨会论文集. 北京：中国农业出版社，2020：337-353.

[12] 杨佳颖，邓璐芗，许鑫. 觅江南佳馔：多源古今文本数据融合的沪上饮食图谱构建［J］. 图书馆论坛，2020，40（10）：24-31.

[13] 李娜，包平. 基于数字人文的明至民国山西物产分布研究［J］. 中国科技史杂志，2022，43（2）：204-217.

[14] 丁世良，赵放. 中国地方志民俗资料汇编［M］. 北京：北京图书馆出版社，1991.